"十二五"职业教育国家规划教材
经全国职业教育教材审定委员会审定

机床电气控制技术与技能

主　编　林尔付
参　编　张　静　张志芳　李彩红　唐　兵
崔　隽　张东莹　曹媛媛　赵　坤

机械工业出版社
CHINA MACHINE PRESS

本书是经全国职业教育教材审定委员会审定的“十二五”职业教育国家规划教材，是根据教育部最新公布的职业院校相关专业教学标准，同时参考国家相关职业资格标准编写的。本书主要内容包括：常用低压电器的识别与检修，三相异步电动机基本控制电路的安装与检修，常用普通机床电气控制电路的安装、调试与检修和机床电气控制系统的 PLC 改造、设计与装调。全书以“项目式一体化教学”为理念，以“实践导向、任务引领、项目驱动”为核心，按照理论与实践一体化的教学原则组织编写，实现做学一体，通过完成典型任务，激发学生的学习兴趣，使之获得完成工作任务所需要的综合职业技能。本书注意与最新国家规范、行业标准接轨，注重与生产实践紧密结合，强调内容的实用性和针对性，并及时反映了当前新技术、新材料、新设备、新工艺的“四新”技术。

本书可作为职业院校机电类、机械类等专业教材，也可作为相关行业岗位培训教材。

为便于教学，本书配套有电子课件等教学资源，选择本书作为教材的教师可来电（010-88379197）索取，或登录 www.cmpedu.com 网站，注册、免费下载。

图书在版编目（CIP）数据

机床电气控制技术与技能/林尔付主编. —北京：机械工业出版社，2016.3（2025.8 重印）
“十二五”职业教育国家规划教材
ISBN 978-7-111-52822-7

Ⅰ.①机… Ⅱ.①林… Ⅲ.①机床-电气控制-职业教育-教材
Ⅳ.①TG502.35

中国版本图书馆 CIP 数据核字（2016）第 020451 号

机械工业出版社（北京市百万庄大街 22 号 邮政编码 100037）
策划编辑：王佳玮 责任编辑：王莉娜 王佳玮 张利萍
版式设计：霍永明 责任校对：刘怡丹
封面设计：张 静 责任印制：邓 博
北京中科印刷有限公司印刷
2025 年 8 月第 1 版第 10 次印刷
184mm×260mm · 15.5 印张 · 378 千字
标准书号：ISBN 978-7-111-52822-7
定价：48.00 元

电话服务 网络服务
客服电话：010-88361066 机 工 官 网：www.cmpbook.com
010-88379833 机 工 官 博：weibo.com/cmp1952
010-68326294 金 书 网：www.golden-book.com
封底无防伪标均为盗版 机工教育服务网：www.cmpedu.com

前　言

本书是根据教育部关于职业教育专业技能课教材选题立项的相关文件，由全国机械职业教育教学指导委员会和机械工业出版社联合组织编写的“十二五”职业教育国家规划教材，是根据教育部最新公布的职业院校相关专业教学标准，同时参考国家相关职业资格标准编写的。

本书主要介绍常用普通机床电气控制技术的基本原理和技能训练，重点强调培养学生的岗位职业能力、创新能力，编写过程中力求体现以下的特色。

1. 执行新标准　本书依据最新教学标准和课程大纲要求，坚持技能导向和等级制的原则，涵盖国家职业标准所规定的该职业的所有知识及技能要求，内容精炼，结构紧凑，对接职业标准和岗位需求。

2. 体现新模式　本书采用理实一体化的编写模式，将工艺知识与实践操作有机融为一体，突出“做中教，做中学”的职业教育特色。本书每个任务的开始首先提出“学习目标”；然后进行“任务描述”，以生动、科学的生产生活实例呈现工作任务；“知识链接”介绍完成工作任务所需要的相关知识内容；“任务实施”完整地展现了工作任务的具体实施过程和细节；“任务评价”及时地检验了学生完成任务的质量和效果；“任务拓展”丰富和创新了任务；还在每个任务后适当安排了“课后测评”，巩固了所学知识和操作技能。

3. 贯彻新思路　在教材内容的呈现形式上，较多地利用图片、实物照片和表格等形式将知识点生动地展示出来，力求让学生更直观地理解和掌握所学内容。针对不同的知识点，设计了许多贴近实际的互动栏目，在激发学生学习兴趣和自主学习积极性的同时，使教材“易教易学，易懂易用”。

本书在内容处理上主要有以下几点说明：①本书分为4个项目，每个项目包含数个工作任务，每个工作任务按照学习目标、任务描述、知识链接、任务实施、任务评价、任务拓展和课后测评等环节实施教学，具有工作过程完整、工作要素全面、工作之间连接紧密等特点；②教学过程中建议以小组为单位，可采用小组讨论、实物展示（示范）、教师示范（指导）、总结演示等方法进行教学；③教学过程中建议适当安排去企业参观调研、参加行业展会等的时间；④教学实施过程中要强调安全；⑤本书建议学时为60，学时分配建议见下表。

项目序号	项目名称	学　时
一	常用低压电器的识别与检修	10
二	三相异步电动机基本控制电路的安装与检修	12
三	常用普通机床电气控制电路的安装、调试与检修	22
四	机床电气控制系统的PLC改造、设计与装调	16
合　计		60

本书由林尔付主编，张静、张志芳、李彩红、唐兵、崔隽、张东莹、曹媛媛、赵坤参加了编写。本书经全国职业教育教材审定委员会审定，评审专家对本书提出了宝贵的建议，在此对他们表示衷心的感谢！编写过程中，编者参阅了国内出版的有关教材和资料，在此一并表示衷心感谢！

由于编者水平有限，书中不妥之处在所难免，恳请读者批评指正。

编　者

目　录

项目一

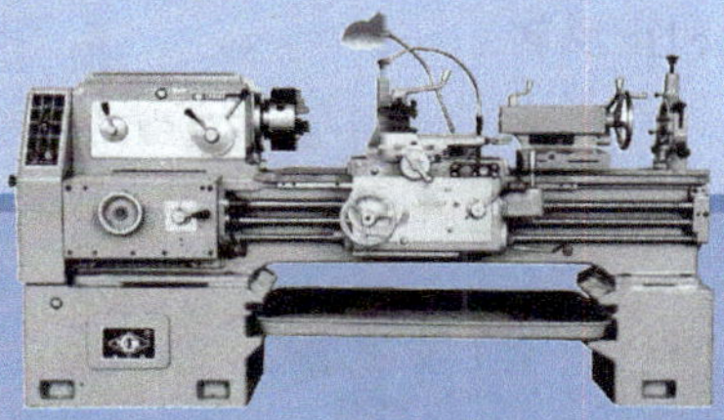

常用低压电器的识别与检修

项目描述

我国现行标准将工作电压交流1000V、直流1200V以下的电气线路中起通断、保护、控制和调节作用的电气设备称为低压电器。

日常生产中大量使用的各种各样的机床，如车床、铣床、钻床、磨床、镗床、刨床、造纸机和轧钢机等，都采用电动机作为原动机来拖动机械设备运动，而电动机的运转都是由熔断器、按钮、接触器和继电器等低压电器构成的控制电路来控制的。由于工作性质和加工工艺的不同，不同的机床对电动机的控制要求不一样。因此，控制电动机运转的控制电路所用的低压电器型号、规格和数量也不一样。其中，所用的低压电器由最新的低压电器国家标准（《低压熔断器》《低压开关设备和控制设备》等）所规范（常见的低压电气图形符号及文字符号参见本书附录A）。

根据加工工艺和控制要求，参照低压电器国家标准，合理选用低压电器，并学会安装和检修，以保障机床安全和正常运转，预防人身伤亡和设备事故，避免废品的产生。因此，学好常用低压电器的基础知识，掌握常用低压电器的安装和检修技能，需要我们进入项目一——常用低压电器的识别与检修。

任务一　低压熔断器、低压开关的识别和检测

学习目标

1. 熟悉低压熔断器和低压开关的作用、结构及工作原理，熟记低压熔断器和低压开关的电气图形符号及文字符号。

2. 能正确识别、选用和检测低压熔断器和低压开关。

任务描述

低压熔断器和低压开关（例如组合开关、低压断路器等）属于低压配电电器，是低压

配电系统及动力设备中的一种电器，如图 1-1 所示。低压熔断器主要起短路保护作用；低压开关主要用作隔离、转换及接通和分断电路，多数用作机床电路的电源开关和局部照明电路的开关，有时也可用来直接控制小容量电动机的起动、停止和正反转。

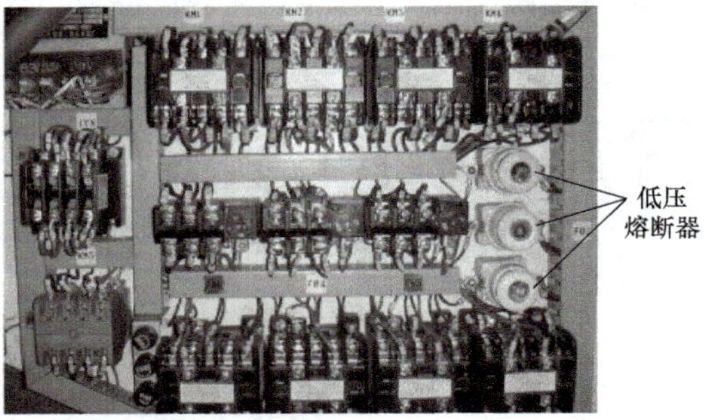

a) 某机床电气控制盘中的低压熔断器

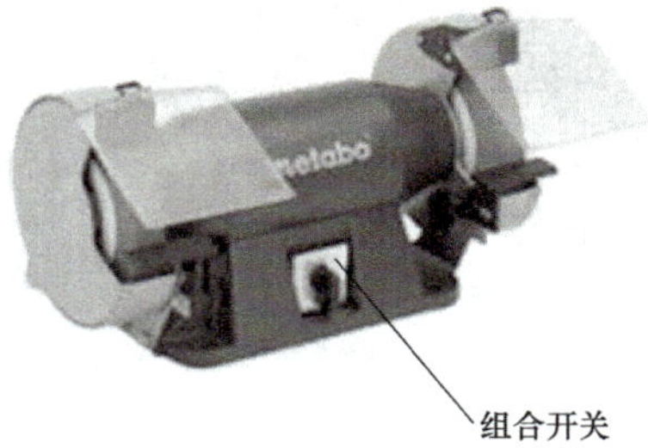

b) 控制砂轮机的组合开关

图 1-1　实际生产中常用的低压熔断器和低压开关

本任务的要求如下：

（1）能识别常用的低压熔断器和低压开关。

（2）会检测常用的低压熔断器和低压开关。

知识链接

一、低压熔断器

低压熔断器在低压配电系统和动力设备中起短路和过载保护作用。图 1-2a 所示为 RL1 系列螺旋式熔断器外形图，图 1-2b 所示为熔断器的电气图形符号及文字符号。

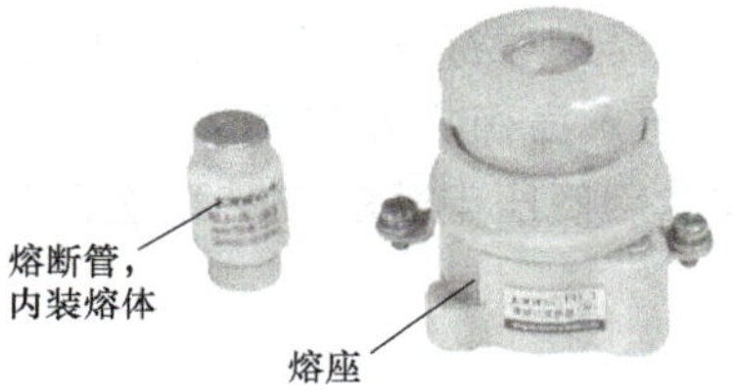

a) RL1系列螺旋式熔断器外形图

b) 电气图形符号及文字符号

图 1-2　低压熔断器

在使用时，熔断器串接在所保护的电路中，当该电路发生过载或短路故障时，通过熔断器的电流达到或超过了某一规定值，以其自身产生的热量使熔体熔断，从而自动切断电路，起到保护作用。这样，利用熔体的局部损坏，可以保护整个电路中的电气设备不因承受过多的热量或过大的电动力而损坏。

1. 熔断器的结构

熔断器主要由熔体、安装熔体的熔断管和熔座三部分组成，如图 1-2a 所示。熔体是用一种熔点低、易熔断、导电性能良好的合金金属丝或金属片制成的。在正常情况下，熔体温度低于熔断所必需的温度，不会熔断，相当于普通导线；当发生短路或严重过载时，熔体产生过量的热而熔化，从而切断电路，达到保护的目的。熔管是熔体的保护外壳，用耐热绝缘材料制成，在熔体熔断时兼有灭弧作用。熔座是熔断器的底座，作用是固定熔管和外接引线。

> **注意**　熔断器的熔断时间随电流的增大而减小。熔断器对过载反应是很不灵敏的，当电气设备发生轻度过载时，熔断器将持续很长时间才熔断，有时甚至不熔断。因此，除在照明和电加热电路中，熔断器一般不用作过载保护，主要用作短路保护。

2. 熔断器的主要技术参数

熔断器的型号及含义如下：

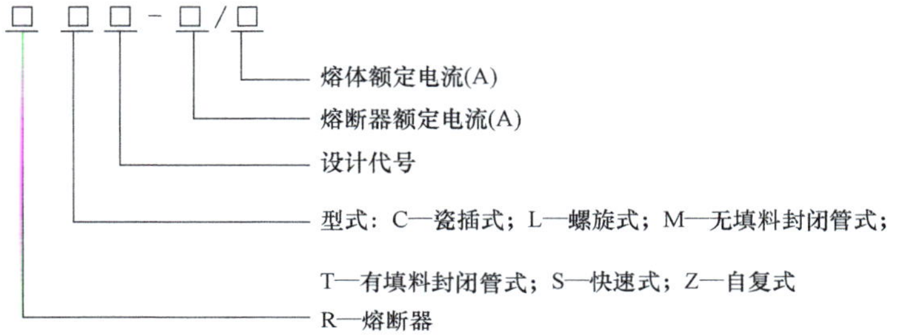

例如型号 RC1A—15/10，R 表示熔断器，C 表示瓷插式，设计代号为 1A，熔断器额定电流是 15A，熔体额定电流是 10A。

> **注意**　熔断器的额定电流和熔体的额定电流是两个不同的概念。熔断器的额定电流是在一般环境温度下，熔断器外壳和载流部分长期允许通过的最大工作电流。熔体的额定电流是熔体允许长期通过而不熔化的最大电流。熔体的额定电流不应大于熔断器的额定电流。

几种常用熔断器的名称、结构示意图、特点和应用场合，见表 1-1。

表 1-1　常用熔断器的名称、结构示意图、特点和应用场合

名　称	结构示意图	特　　点	应用场合
RC1A 系列 瓷插式熔断器		结构简单，价格低廉，更换方便（使用时将瓷盖插入瓷座，拔下瓷盖便可更换熔丝），但该熔断器极限分断能力较差。由于为半封闭结构，熔丝熔断时有声光现象，对易燃易爆的工作场合应禁止使用	主要用于交流 50Hz、额定电压 380V 及以下、额定电流为 5～200A 的低压线路末端或分支电路中，作线路和用电设备的短路保护。在照明线路中还可起过载保护作用
RL1 系列 螺旋式熔断器		结构紧凑，体积小，安装面积小，更换熔体方便，工作安全可靠，分断能力较高。熔断管内装有石英砂、熔丝和带小红点的熔断指示器，石英砂用以增强灭弧性能。熔丝熔断后，带小红点的熔断指示器自动脱落，表示熔丝已经熔断	广泛应用于控制箱、配电屏、机床设备及振动较大的场合。在交流额定电压 500V、额定电流 200A 及以下的电路中，作为短路保护器件

（续）

名　称	结构示意图	特　　点	应用场合
RM10 系列 无填料封闭管式 熔断器		熔断管由钢纸制成，两端为黄铜制成的可拆式管帽，管内熔体为变截面的熔片，更换熔体较方便。RM10 系列的极限分断能力比 RC1A 系列熔断器有所提高	主要用于额定电压交流 380V 及以下、直流 440V 及以下、电流在 600A 以下的电力线路中，作导线、电缆及电气设备的短路和连续过载保护
RT18 系列 有填料封闭管式 圆筒帽形熔断器		熔断体由熔管、熔体、填料组成，由纯铜片（或铜丝）制成的变截面熔体封装于高强度熔管内，熔管内充满高纯度石英砂作为灭弧介质，熔体两端采用点焊与端帽牢固连接。熔断器支持件由底板、载熔体、插座等组成，由塑料压制的底板装上载熔体插座后，铆合或螺钉固定而成，为半封闭式结构，且带有熔断指示灯（熔体熔断时指示灯即亮）	用于交流 50Hz、额定电压 380V、额定电流 63A 及以下工业电气装置的配电线路中，作为线路的短路保护及过载保护

几种常用低压熔断器的主要技术参数见表 1-2。

表 1-2　几种常用低压熔断器的主要技术参数

名　　称	额定电压/V	额定电流/A	熔体额定电流等级/A
RC1A 系列 瓷插式熔断器	380	5	2、5
		10	2、4、6、10
		15	6、10、15
		30	20、25、30
		60	40、50、60
		100	80、100
		200	120、150、200
RL1 系列 螺旋式熔断器	500	15	2、4、6、10、15
		60	20、25、30、35、40、50、60
		100	60、80、100
		200	100、125、150、200
RM10 系列 无填料封闭管式熔断器	380	15	6、10、15
		60	15、20、25、35、45、60
		100	60、80、100
		200	100、125、160、200
		350	200、225、260、300、350
		600	350、430、500、600
RT18 系列 有填料封闭管式圆筒帽形熔断器	380	32	2、4、6、8、10、12、16、20、25、32
		63	2、4、6、8、10、16、20、25、32、40、50、63

3. 熔断器的选用

(1) 熔断器类型的选用　根据使用环境、负载性质和短路电流的大小选用适当类型的熔断器。例如，对于容量较小的照明电路，可选用 RT 系列有填料封闭管式圆筒帽形熔断器或 RC1A 系列瓷插式熔断器；对于短路电流相当大或有易燃气体的地方，应选用 RT 系列有填料封闭管式圆筒帽形熔断器；在机床控制电路中，多选用 RL 系列螺旋式熔断器。

(2) 熔断器额定电压和额定电流的选用　熔断器的额定电压必须等于或大于线路的额定电压；熔断器的额定电流必须等于或大于所装熔体的额定电流；熔断器的分断能力应大于电路中可能出现的最大短路电流。

(3) 熔体额定电流的选用

1) 对照明和电热等电流较平稳、无冲击电流的负载的短路保护，熔体的额定电流应等于或稍大于负载的额定电流。

2) 对一台不经常起动且起动时间不长的电动机的短路保护，熔体的额定电流 I_{RN} 应为 1.5～2.5 倍电动机额定电流 I_N，即

$$I_{RN}=(1.5\sim2.5)I_N$$

3) 对一台起动频繁且连续运行的电动机的短路保护，熔体的额定电流 I_{RN} 应为 2.5～3 倍电动机额定电流 I_N，即

$$I_{RN}=(2.5\sim3)I_N$$

【例 1-1】 某机床所使用的电动机型号为 Y112M—4（4 kW，380 V，8.8A，△联结），该电动机工作时，不需要频繁起动。若用熔断器为该电动机提供短路保护，试确定熔断器的型号/规格。

解：(1) 类型的选用

一般电动机的控制电路中，多选用 RL 系列螺旋式熔断器。

(2) 选择熔体额定电流

该电动机的额定电压为 380V，额定电流为 8.8A，单台电动机手动不频繁起动控制，根据公式：$I_{RN}=(1.5\sim2.5)I_N=(1.5\sim2.5)\times8.8\text{A}\approx(13.2\sim22)\text{A}$。查表 1-2，可选择熔体额定电流为 $I_{RN}=20\text{A}$。

(3) 选择熔断器的额定电流和电压

查表 1-2，可选取 RL1－60/20 型熔断器，其额定电流为 60A，额定电压为 500V。

4. 熔断器的安装与使用要求

1) 熔断器安装时应保证熔体与夹头、夹头与夹座接触良好。螺旋式熔断器接线时，电源进线应接在下接线座上，以保证能安全地更换熔管。

2) 更换熔体或熔管时，必须切断电源，尤其不允许带负荷操作，以免发生电弧灼伤。管式熔断器的熔体应用专用的绝缘插拔器进行更换。

3) 熔体熔断后，应分析原因排除故障后，再更换熔体。更换熔体时不能轻易改变熔体规格，更不能用其他导体替代。

4) 熔断器兼作隔离器件使用时，应安装在控制开关的电源进线端；若仅作短路保护，应装在控制开关的出线端。

5. 熔断器的常见故障及处理方法

熔断器的常见故障及处理方法见表 1-3。

表 1-3 熔断器的常见故障及处理方法

故障现象	可能原因	处理方法
电路接通瞬间，熔体熔断	(1)熔体电流等级选择过小 (2)负载侧短路或接地 (3)熔体安装时受机械损伤	(1)更换熔体 (2)排除负载故障 (3)更换熔体
熔体未熔断，但电路不通	熔体或接线座接触不良	重新连接

二、组合开关

组合开关又称转换开关，其操作手柄是在平行于其安装面的平面内向左或向右转动，具有多触点、多位置、体积小、性能可靠、操作方便和安装灵活等特点。

1. 组合开关的结构

组合开关的型号很多，常用的有 HZ5、HZ10、HZ15 等系列。HZ10—10/3 型组合开关的外形及结构如图 1-3a、b 所示，其静触点装在绝缘垫板上，并附有接线柱用于与电源及负载相接，动触点装在能随转轴转动的绝缘垫板上，手柄和转轴能沿顺时针或逆时针方向转动 90°，带动三个动触点分别与静触点接触或分离，实现接通和分断电路的目的。HZ10—10/3 型组合开关能快速闭合及分断，其闭合和分断速度与手动操作无关，符号如图 1-3c 所示。

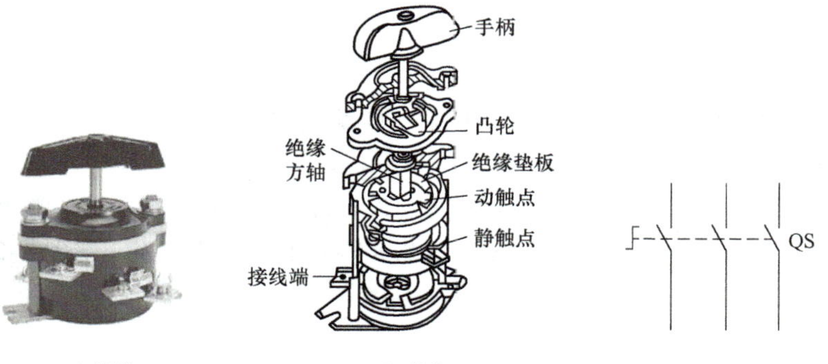

a) 外形　b) 结构　c) 电气图形及文字符号

图 1-3 HZ10—10/3 型组合开关

组合开关的型号及含义如下：

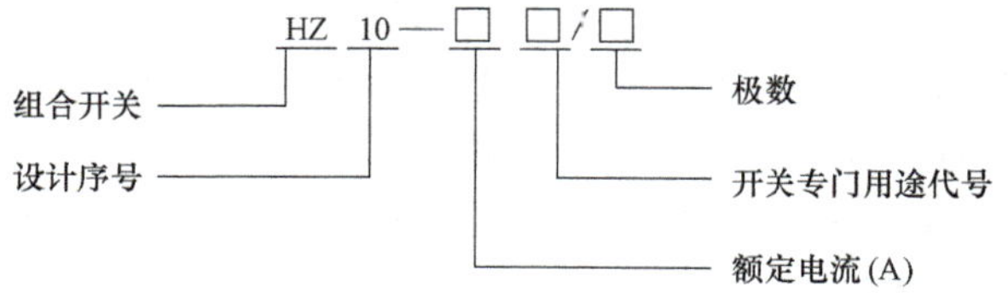

组合开关中，有一类是专为控制小容量三相异步电动机的正反转而设计生产的 HZ3—

132 型组合开关，俗称倒顺开关或可逆转换开关，其外形和符号如图 1-4 所示。HZ3—132 型倒顺开关的手柄有“倒”“停”“顺”三个位置，手柄只能从“停”的位置左转或右转 45°。

2. 组合开关的主要技术数据及选用

组合开关可分为单极、双极和多极三类，主要参数有额定电压、额定电流、极数等，额定电流有 10A、25A、60A、100A 等几个等级。HZ10 系列组合开关的主要技术数据见表 1-4。

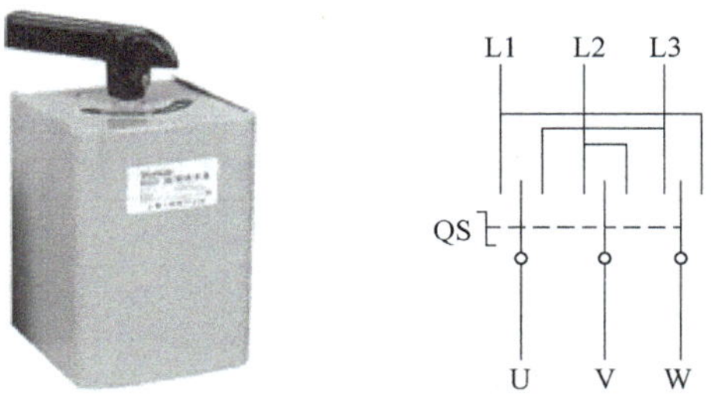

a) 外形　　b) 符号

图 1-4　倒顺开关

表 1-4　HZ10 系列组合开关的主要技术数据

型号	额定电压/V	额定电流/A		380V 时可控制电动机的功率/kW
		单极	三极	
HZ10—10	直流 220V 或交流 380V	6	10	1
HZ10—25		—	25	3.3
HZ10—60		—	60	5.5
HZ10—100		—	100	—

组合开关是根据电源种类、电压等级、所需触点数、接线方式和负载容量进行选用的。应用组合开关控制小型异步电动机的运转时，开关的额定电流一般取电动机额定电流的 1.5 ~2.5 倍。

3. 组合开关的安装与使用要求

1）HZ10 系列组合开关应安装在控制箱（或壳体）内，其操作手柄最好伸出在控制箱的前面或侧面。开关为断开状态时应使手柄在水平旋转位置。倒顺开关外壳上的接地螺钉应可靠接地。

2）若需在箱内操作，开关最好装在箱内右上方，并且在它的上方不要安装其他电器，否则应采取隔离或绝缘措施。

3）用于电动机的正反转控制时，应当在电动机完全停止转动后，方可允许反向起动，否则会烧坏开关触点或造成弧光短路事故。

4）组合开关的通断能力较低，不能用来分断故障电流。

4. 组合开关的常见故障及处理方法

组合开关的常见故障及处理方法见表 1-5。

表 1-5　组合开关的常见故障及处理方法

故障现象	可能原因	处理方法
手柄转动后，内部触点未动	(1)手柄上的轴孔磨损变形 (2)绝缘杆变形(由方形磨为圆形) (3)手柄与方轴，或轴与绝缘杆配合松动 (4)操作机构损坏	(1)调换手柄 (2)更换绝缘杆 (3)紧固松动部件 (4)修理更换
手柄转动后，触点通断情况不符合要求	(1)组合开关型号选用不正确 (2)触点角度装配不正确 (3)触点失去弹性或接触不良	(1)更换开关 (2)重新装配 (3)更换触点或清除氧化层或尘污

（续）

故障现象	可能原因	处理方法
接线柱间短路	因铁屑或油污附着在接线柱间，形成导电层，将胶木烧焦，绝缘损坏而形成短路	更换开关

三、低压断路器

低压断路器集控制和多种保护功能于一体，在电路工作正常时，它作为电源开关不频繁地接通和分断电路；当电路中发生短路、过载和失电压等故障时，它能自动跳闸切断故障电路，保护线路和电气设备。断路器具有操作安全、安装使用方便、工作可靠、动作值可调、分断能力较高、兼作多种保护和动作后不需要更换元件等优点，因此得到广泛应用。

断路器种类繁多，其分类方法也是多种多样。按结构形式分，断路器有塑料外壳式和万能式。几款常用的塑壳式断路器的外形和符号如图 1-5a、b、c 所示。断路器的符号如图 1-5d所示。

a) DZ5系列

b) DZ15系列

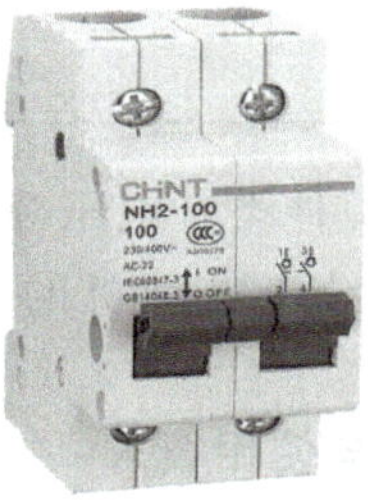

c) NH2 系列

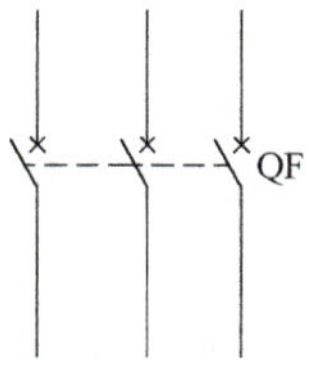

d) 符号

图 1-5 常用的塑壳式断路器的外形及符号

1. 低压断路器的结构

DZ5 系列低压断路器的结构如图 1-6 所示。它主要由触点系统、灭弧装置、操作机构、热脱扣器、电磁脱扣器及绝缘外壳等部分组成。

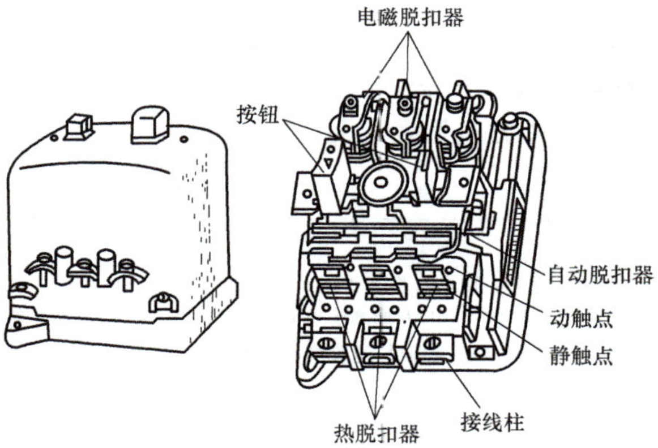

图 1-6 DZ5 系列低压断路器的结构和电路

DZ5 系列低压断路器的型号及含义如下：

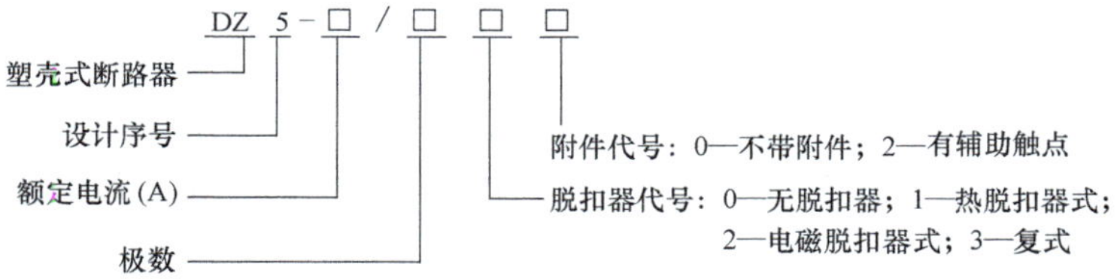

DZ5—20 型低压断路器的主要技术数据见表 1-6。

表 1-6　DZ5—20 型低压断路器的主要技术数据

型号	额定电压/V	主触点额定电流/A	极数	脱扣器形式	热脱扣器额定电流/A（括号内为整定电流调节范围）	电磁脱扣器瞬时动作整定值/A
DZ5—20/330 DZ5—20/230	AC 380 DC 220	20	3 2	复式	0.15(0.10～0.15) 0.20(0.15～0.20) 0.30(0.20～0.30) 0.45(0.30～0.45) 0.65(0.45～0.65) 1(0.65～1) 1.5(1～1.5) 2(1.5～2) 3(2～3) 4.5(3～4.5) 6.5(4.5～6.5) 10(6.5～10) 15(10～15) 20(15～20)	为热脱扣器额定电流的 8～12 倍（出厂时整定为 10 倍）
DZ5—20/320 DZ5—20/220	AC 380 DC 220	20	3 2	电磁脱扣器式		
DZ5—20/310 DZ5—20/210	AC 380 DC 220	20	3 2	热脱扣器式		
DZ5—20/300 DZ5—20/200	AC 380 DC 220	20	3 2	无脱扣器式		

DZ5 系列低压断路器适用于交流 50Hz、额定电压 380V、额定电流至 50A 的电路中，保护电动机用断路器用于电动机的短路和过载保护；配电用断路器在配电网络中用来分配电能和作为线路及电源设备的短路和过载保护之用；也可分别作为电动机不频繁起动及线路的不频繁转换之用。

2. 低压断路器的工作原理

图 1-7 所示为低压断路器的工作原理示意图。

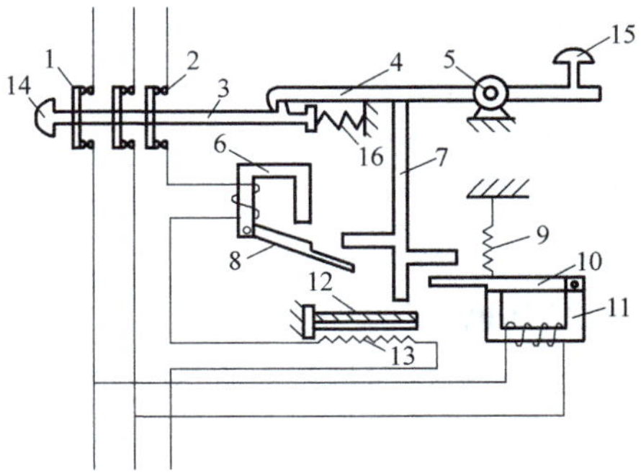

图 1-7　低压断路器的工作原理示意图

1—动触点　2—静触点　3—锁扣　4—搭钩　5—转轴座　6—电磁脱扣器　7—杠杆　8—电磁脱扣器衔铁　9—拉力弹簧　10—欠电压脱扣器衔铁　11—欠电压脱扣器　12—双金属片　13—热元件　14—接通按钮　15—停止按钮　16—压力弹簧

按下接通按钮时，外力使锁扣克服反作用弹簧的力，将固定在锁扣上面的静触点与动触点闭合，并由锁扣锁住搭钩使静触点与动触点保持闭合，开关处于接通状态。

当电路发生过载时，过载电流流过热元件，电流的热效应使双金属片受热向上弯曲，通过杠杆推动搭钩与锁扣脱扣，在弹簧力的作用下，动、静触点分断，切断电路，完成过电流保护。

当电路发生短路故障时，短路电流使电磁脱扣器产生很大的磁力吸引衔铁，衔铁撞击杠杆，推动搭钩与锁扣脱扣，切断电路，完成短路保护。一般低压断路器的电磁脱扣的整定电流出厂时定为 $10I_N$（I_N为断路器的额定电流）。

当电路欠电压时，欠电压脱扣器上产生的电磁力小于拉力弹簧上的力，在弹簧力的作用下，衔铁松脱，衔铁撞击杠杆推动搭扣与锁扣脱扣，切断电路，完成欠电压保护。

3. 低压断路器的选用

1）低压断路器的额定电压和额定电流应不小于线路、设备的正常工作电压和工作电流。

2）热脱扣器的整定电流应等于所控制负载的额定电流。

3）电磁脱扣器的瞬时脱扣整定电流应大于负载电路正常工作时的峰值电流。用于控制电动机的断路器，其瞬时脱扣整定电流 I_z 可按下式选取：

$$I_z \geqslant KI_{st}$$

式中　K——安全系数，可取 1.5～1.7；

I_{st}——电动机的起动电流。

4）欠电压脱扣器的额定电压应等于电路的额定电压。

5）断路器的极限通断能力应不小于电路的最大短路电流。

【例 1-2】 用低压断路器控制一台型号为 Y132S—4 的三相异步电动机，电动机的额定功率为 5.5kW，额定电压为 380V，额定电流为 11.6A，起动电流为额定电流的 7 倍，试选择断路器的型号和规格。

解：

1）确定断路器的种类。确定选用 DZ5—20 型低压断路器。

2）确定热脱扣器额定电流。根据电动机的额定电流查表 1-6，选择热脱扣器的额定电流为 15A，相应的电流整定范围为 10～15A。

3）校验电磁脱扣器的瞬时脱扣整定电流。电磁脱扣器的瞬时脱扣整定电流为 $I_z = 10 \times 15A = 150A$，而 $KI_{st} = 1.7 \times 7 \times 11.6A = 138A$，满足 $I_z \geqslant KI_{st}$，符合要求。

4）确定低压断路器的型号和规格。应选用 DZ5—20/330。

---

4. 低压断路器的安装与使用要求

1）低压断路器应垂直安装，电源线应接在上端，负载线应接在下端。

2）低压断路器用作电源总开关或电动机的控制开关时，在电源进线侧必须加装刀开关或熔断器等，以形成明显的断开点。

3）低压断路器使用前应将脱扣器工作面上的防锈油脂擦净，以免影响其正常工作。同时应定期检修，清除断路器上的积尘，给操作机构添加润滑剂。

4）各脱扣器的动作值一经调整好，不允许随意变动，并定期检查各脱扣器的动作值是否满足要求。

5）断路器的触点使用一定次数或分断短路电流后，应及时检查触点系统，如果触点表面有毛刺、颗粒等，应及时维修或更换。

5. 低压断路器的常见故障及处理方法

低压断路器的常见故障及处理方法见表 1-7。

表 1-7 低压断路器的常见故障及处理方法

故障现象	可能原因	处理方法
不能合闸	(1)欠电压脱扣器无电压或线圈损坏 (2)储能弹簧变形 (3)反作用弹簧力过大 (4)操作机构不能复位再扣	(1)检查施加电压或更换线圈 (2)更换储能弹簧 (3)重新调整 (4)调整再扣接触面至规定值
电流达到整定值，断路器不动作	(1)热脱扣器双金属片损坏 (2)电磁脱扣器的衔铁与铁心距离太大或电磁线圈损坏 (3)主触点熔焊	(1)更换双金属片 (2)调整衔铁与铁心的距离或更换断路器 (3)检查原因并更换主触点
起动电动机时断路器立即分断	(1)电磁脱扣器瞬时整定值过小 (2)电磁脱扣器的某些零件损坏	(1)调高整定值至规定值 (2)更换脱扣器
断路器闭合后一定时间自行分断	热脱扣器整定值过小	调高整定值至规定值
断路器温升过高	(1)触点压力过小 (2)触点表面过分磨损或接触不良 (3)两个导电零件连接螺钉松动	(1)调整触点压力或更换弹簧 (2)更换触点或修整接触面 (3)重新拧紧

任务实施

实施本任务所使用的工具、仪表及器材可参考表 1-8。

表 1-8 工具、仪表及器材

类别	序号	名称	型号与规格	单位	数量	备注
工具	1	电工常用工具	测电笔、螺钉旋具、尖嘴钳、斜口钳、剥线钳、电工刀等	套	1	
仪表	2	万用表	MF47	块	1	
	3	兆欧表	500V，0～200 MΩ	只	1	
器材	4	熔断器	RC1A、RL1、RM10、RT0、RT18、RLS 系列	只	各 1	
	5	组合开关	HZ10—25/3	只	1	
	6	低压断路器	DZ5—20/330、DZ15 系列、NH2－100	只	各 1	

一、识别熔断器

1）在教师指导下，仔细观察各种不同类型、规格的熔断器的外形结构和特点。

2）由指导教师从所给的熔断器中任选几只，用胶布盖住其型号并且编号，由学生根据实物写出名称和型号/规格，填入表 1-9 中。

表 1-9 识别熔断器

序号	1	2	3	4	5
名称					
型号/规格					

3）更换 RC1A 系列和 RL1 系列熔断器的熔体。

① 检查所给熔断器的熔体是否完好。对 RC1A 系列可拔下瓷盖进行检查；对 RL1 系列

应首先查看其熔断指示器。

② 若熔体已熔断，应按原规格选配熔体。

③ 更换熔体。对 RC1A 系列熔断器，安装熔丝时，熔丝缠绕方向一定要正确，安装过程中不得损伤熔丝；对 RL1 系列熔断器，熔断管不能倒装。

④ 用万用表检查更换熔体后的熔断器各部分接触是否良好。

二、识别与检测低压开关

1）在教师指导下，仔细观察各种不同类型、规格的低压开关，熟悉它们的外形、结构、型号及主要技术参数，理解它们的工作原理等。

2）将所给低压开关的铭牌数据用胶布盖住并编号，由学生根据实物写出各低压开关的名称、型号/规格及文字符号，并画出图形符号，填入表 1-10 中。

表 1-10 识别低压开关

序号	1	2	3	4	5
名称					
型号/规格					
文字符号					
图形符号					

3）将低压开关的手柄扳到合闸位置，用万用表的电阻档测量各对触点之间的接触情况，再用兆欧表测量每两相触点之间的绝缘电阻。

4）熟悉低压断路器的结构和原理。将一只 DZ5—20 型塑壳式低压断路器的外壳拆开，认真观察其结构，理解其控制和保护原理。

任务评价

任务评价参见表 1-11。

表 1-11 低压熔断器、低压开关的识别和检测任务评价表

序号	评价内容	配分	评价标准	得分
1	识别熔断器	10	(1)写错或漏写名称，每个扣 5 分 (2)写错或漏写型号，每个扣 5 分	
2	更换熔体	30	(1)检查方法不正确，扣 5 分 (2)不能正确选配熔体，扣 5 分 (3)更换熔体方法不正确，扣 5 分 (4)损坏熔体，扣 10 分 (5)更换熔体后熔断器断路，扣 5 分	
3	识别低压开关	20	(1)写错或漏写名称，每个扣 5 分 (2)写错或漏写型号/规格，每个扣 5 分 (3)写错或漏写文字符号，每个扣 5 分 (4)画错或漏画图形符号，每个扣 5 分	

（续）

<table>
<tr><th>序号</th><th>评价内容</th><th>配分</th><th colspan="4">评价标准</th><th>得分</th></tr>
<tr><td>4</td><td>检测低压开关</td><td>40</td><td colspan="4">（1）仪表使用方法有误，扣 5 分
（2）检测方法或测量结果有误，每次扣 5 分
（3）损坏仪表或电器，扣 20 分
（4）不会检测，扣 40 分</td><td></td></tr>
<tr><td>5</td><td>安全与文明生产</td><td colspan="5">违反安全与文明生产规程，扣 5～50 分</td><td></td></tr>
<tr><td colspan="2">开始时间</td><td colspan="2"></td><td>结束时间</td><td></td><td>成绩</td><td></td></tr>
<tr><td colspan="2">学生姓名</td><td colspan="2"></td><td>考评员</td><td colspan="3">（签字）　　年　月　日</td></tr>
</table>

任务拓展

自复式熔断器

自复式熔断器是一种采用气体、超导体或液态金属钠等作熔体的限流元件。图 1-8a 所示是采用液态金属钠等作熔体的自复式熔断器的结构原理图。

在故障短路电流产生的高温下，其中的局部液态金属钠迅速汽化而蒸发，阻值剧增，即瞬间呈现高阻状态，从而限制了短路电流。当故障消失后，温度下降，金属钠蒸气冷却并凝结，自动恢复至原来的导电状态。自复式熔断器有限流型和复合型两种，限流型本身不能分断电路，常与断路器串联使用限制短路电流，以提高组合分断性能；复合型的具有限流和分断电路两种功能。自复式熔断器具有限流作用显著、动作时间短、动作后不必更换熔体、能重复使用、能实现自动重合闸等优点，所以在生产中的应用范围不断扩大。图 1-8b 为目前应用较多的 PTC 聚合物自复式熔断器。

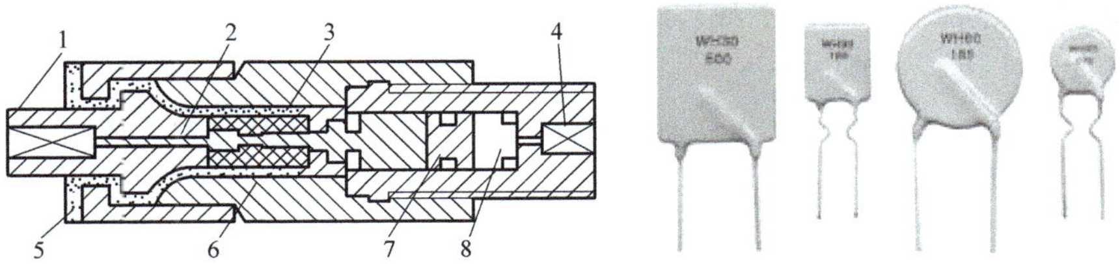

a) 采用液态金属钠作熔体　　b) PTC聚合物自复式熔断器

图 1-8　自复式熔断器

1、4—端子　2—熔体　3—绝缘管　5—填充剂　6—钢套　7—活塞　8—氮气

课后测评

一、填空题

1. 低压熔断器主要起__________作用，使用时__________在被保护的电路中；低压开关主要用作________、__________及________和________电路。

2. 熔断器作隔离目的的使用时，应安装在控制开关的________端，而仅作短路保护使用，应接在控制开关的____________端。

3. 组合开关的通断能力较低，不能用来分断____________。用于控制异步电动机的正反转时，必须在电动机____________后才能反向起动。

4. HZ3—132 型组合开关俗称__________或__________，是专为控制小容量三相异步电动机的__________而设计生产的，开关的手柄有______、______和________三个位置。

5. 低压断路器集________和多种________功能于一体，在正常情况下用于不频繁地接通和断开电路以及控制电动机的运行。当电路中发生________、________和________等故障时，能自动切断故障电路，保护线路和电气设备。

6. 低压断路器用作电源总开关或电动机控制开关时，在电源进线侧必须加装________或__________等，以及形成明显的____________。

7. 低压断路器闭合后经一定时间自动断开，则故障原因是____________________，处理的方法是____________________。

二、判断题（正确的打“√”，错误的打“×”）

1. 熔体的额定电流是指在规定工作条件下，长时间通过熔体而熔体不熔断的最大电流值。（　　）

2. 熔体的熔断时间与流过熔体的电流大小成反比。（　　）

3. 在装接 RL1 系列螺旋式熔断器时，电源线应接在上接线座，负载线接在下接线座。（　　）

4. 低压断路器中电磁脱扣器的作用是实现失电压保护。（　　）

三、选择题（请把正确答案的字母填入括号中）

1. 熔断器的额定电流应（　　）所装熔体的额定电流。

A. 大于　　B. 大于或等于　　C. 小于

2. HZ3—132 型组合开关的手柄只能从“停”位置左右各旋转（　　）。

A. 45°　　B. 90°　　C. 180°

3. HZ3 系列组合开关用于直接控制电动机的起动和正反转时，开关的额定电流一般为电动机额定电流的（　　）倍。

A. 1～1.5　　B. 1.5～2.5　　C. 2.5～3

4. DZ5—20 型低压断路器的过载保护是由断路器的（　　）完成的。

A. 欠电压脱扣器　　B. 电磁脱扣器　　C. 热脱扣器

四、问答题

1. 某机床 Y132S-4 型三相异步电动机（5.5kW，380V，11.6A，△联结）工作时，不需要频繁起动。若用熔断器为该电动机提供短路保护，试确定熔断器的型号/规格。

2. 螺旋式熔断器应如何接线？为什么？

3. 某电路中，电路接通瞬间熔体熔断，试分析故障原因。

4. 低压断路器具有哪些保护功能？这些保护功能分别由低压断路器的哪些部件完成？

5. 如果低压断路器在使用过程中温升过高，故障原因可能是什么？

6. 用低压熔断器控制一台 Y112M-4 型三相异步电动机（4.0kW，380V，8.77A，△联结），起动电流为额定电流的 7 倍，试选择断路器的型号/规格。

任务二　按钮、行程开关的识别和检测

学习目标

1. 熟悉按钮和行程开关的作用、结构及工作原理。
2. 熟记按钮和行程开关的图形符号和文字符号。
3. 能正确识别、选用、检测按钮和行程开关。

任务描述

按钮和行程开关都属于主令电器，用来接通或断开控制电路，以发出指令或用于程序控制。图 1-9 所示为摇臂钻床上的按钮，用于主轴起动和停止、摇臂上升和下降、急停控制等。

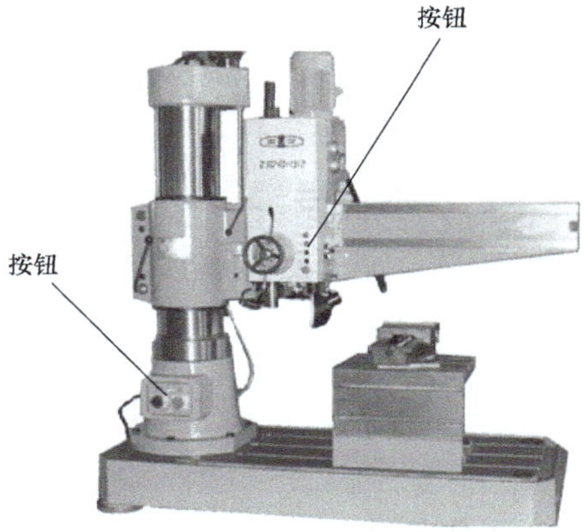

图 1-9　机床中常用的按钮

本任务的要求如下：

1）能识别常用的按钮和行程开关。

2）会检测常用的按钮和行程开关。

知识链接

一、按钮

按钮是一种短时接通或分断小电流电路的控制电器。它的触点允许通过的电流较小，一般不超过 5A，因此一般情况下不直接控制主电路，而是在控制电路中发出指令或信号去控制接触器、继电器等，再由它们去控制主电路的通断、功能转换或电气联锁。图 1-10 是几款常用按钮的外形。

a) LA10系列　b) LA18系列　c) LA19系列

图 1-10　几款常用按钮的外形

1. 按钮的结构

按钮一般都是由按钮帽、复位弹簧、桥式动触点、常闭静触点、常开静触点、支柱连杆及外壳等组成的，如图 1-11 所示。

按钮按照静态时触点的分合状况，可分为常开按钮（起动按钮）、常闭按钮（停止按钮）及复合按钮（常开、常闭组合为一体的按钮）。

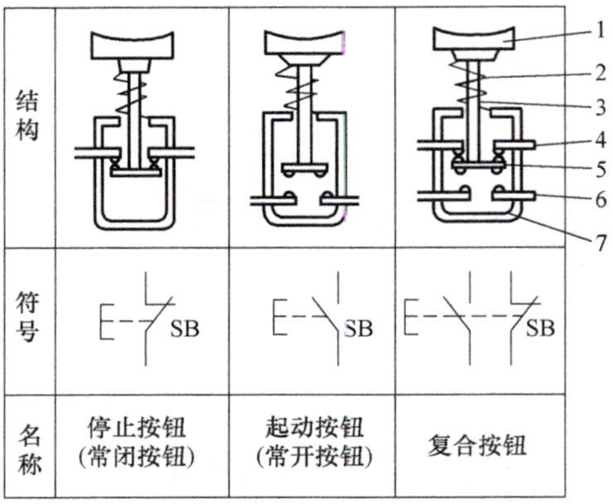

图 1-11　按钮的结构与符号

1—按钮帽　2—复位弹簧　3—支柱连杆　4—常闭静触点　5—桥式动触点　6—常开静触点　7—外壳

小提示

对起动按钮而言，按下按钮帽时触点闭合，松开后触点自动断开复位；停止按钮则相反，按下按钮帽时触点分断，松开后触点自动闭合复位；复合按钮是当按下按钮帽时，桥式动触点向下运动，使常闭触点先断开后，常开触点才闭合；当松开按钮帽时，则常开触点先分断复位后，常闭触点再闭合复位。

为了便于识别各个按钮的作用，避免误操作，通常用不同的颜色和符号标志来区分按钮的作用。按钮颜色的含义见表 1-12。

表 1-12　按钮颜色的含义

颜色	含义	说明	应用举例
红	紧急	危险或紧急情况时操作	急停
黄	异常	异常情况时操作	干预、制止异常情况，干预、重新起动中断了的自动循环
绿	安全	安全情况或为正常情况准备时操作	起动/接通
蓝	强制性的	要求强制动作情况下的操作	复位功能
白	未赋予特定含义	除急停以外的一般功能的起动（如果用代码的辅助手段，如标记、形状、位置等来识别按钮操作件，则白、灰或黑同一颜色可用于标注各种不同功能，如白色用于标注起动/接通和停止/断开）	起动/接通（优先） 停止/断开
灰			起动/接通 停止/断开
黑			起动/接通 停止/断开（优先）

另外，根据不同需要，可将单个按钮组成双联按钮、三联按钮或多联按钮，如将两个独立的按钮安装在同一个外壳内组成双联按钮，这里的“联”指的是同一个开关面板上有几

个按钮。双联按钮、三联按钮可用于电动机的起动、停止及正转、反转、制动的控制。有的也可将若干按钮集中安装在一块控制板上，以实现集中控制，称为按钮站。

2. 按钮的型号

按钮的型号及含义如下：

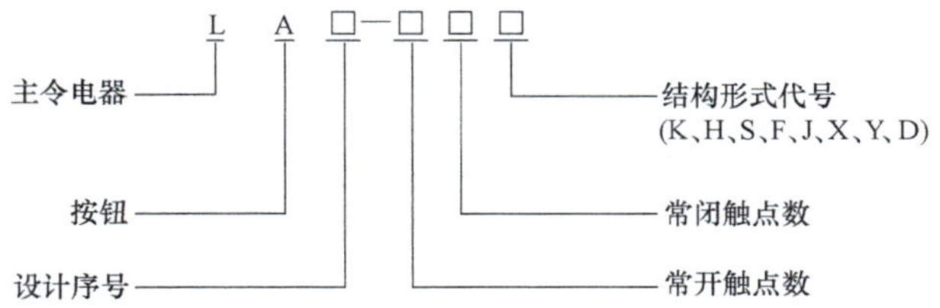

其中结构形式代号的含义如下：

K——开启式，适用于嵌装在操作面板上；

H——保护式，带保护外壳，可防止内部零件受机械损伤或人偶然触及带电部分；

S——防水式，具有密封外壳，可防止雨水侵入；

F——防腐式，能防止腐蚀性气体进入；

J——紧急式，带有红色大蘑菇钮头（突出在外），作紧急切断电源用；

X——旋钮式，用旋钮旋转进行操作，有通和断两个位置；

Y——钥匙操作式，用钥匙插入进行操作，可防止误操作或供专人操作；

D——光标按钮，按钮内装有信号灯，兼作信号指示。

LA10 系列按钮的主要技术数据见表 1-13。

表 1-13　LA10 系列按钮的主要技术数据

型号	形式	触点数量		额定电压、电流和控制容量	按钮	
		常开	常闭		钮数	颜色
LA10—1K	开启式	1	1		1	或黑、或绿、或红
LA10—2K	开启式	2	2		2	黑、红或绿、红
LA10—3K	开启式	3	3		3	黑、绿、红
LA10—1H	保护式	1	1		1	或黑、或绿、或红
LA10—2H	保护式	2	2		2	黑、红或绿、红
LA10—3H	保护式	3	3	电压:AC 380V DC 220V 电流:5A 容量:AC 300V · A DC 60W	3	黑、绿、红
LA10—1S	防水式	1	1		1	或黑、或绿、或红
LA10—2S	防水式	2	2		2	黑、红或绿、红
LA10—3S	防水式	3	3		3	黑、绿、红
LA10—1F	防腐式	1	1		1	或黑、或绿、或红
LA10—2F	防腐式	2	2		2	黑、红或绿、红
LA10—3F	防腐式	3	3		3	黑、绿、红

3. 按钮的选用

1）根据使用场合和具体用途选择按钮的种类。例如，嵌装在操作面板上的按钮可选用开启式；需显示工作状态的选用光标式；为防止无关人员误操作的重要场合宜用钥匙操作式；在有腐蚀性气体的场合宜用防腐式。

2）根据工作状态指示和工作情况要求，选择按钮或指示灯的颜色。例如，起动按钮可选用白、灰或黑色，优先选用白色，也允许选用绿色。急停按钮应选用红色。停止按钮可选用黑、灰或白色，优先用黑色，也允许选用红色。

3）根据控制电路的需要选择按钮的数量。如单联钮、双联钮和三联钮等。

4. 按钮的安装与使用维护要求

1）按钮安装在面板上时，应布置整齐，排列合理，如根据电动机起动的先后顺序，从上到下或从左到右排列。

2）同一机床的运动部件有几种不同的工作状态时（如上、下；前、后；松、紧等），应使每一对相反状态的按钮安装在一组。

3）按钮的安装应牢固，安装按钮的金属板或金属按钮盒必须可靠接地。

4）由于按钮的触点间距较小，如有油污等极易发生短路故障，所以应注意保持触点间的清洁。

5）光标按钮一般不宜用于需长期通电显示处，以免塑料外壳过度受热而变形，使更换灯泡困难。

5. 按钮的常见故障及处理方法

按钮的常见故障及处理方法见表 1-14。

表 1-14　按钮的常见故障及处理方法

故障现象	可能原因	处理方法
触点接触不良	(1)触点烧损 (2)触点表面有尘垢 (3)触点弹簧失效	(1)修整触点或更换产品 (2)清洁触点表面 (3)重绕弹簧或更换产品
触点间短路	(1)塑料受热变形，导致接线螺钉相碰短路 (2)杂物或油污在触点间形成通路	(1)查明发热原因，排除并更换产品 (2)清洁按钮内部

二、行程开关

行程开关又称位置开关或限位开关，是一种利用生产机械某些运动部件的碰撞来发出控制指令的主令电器。行程开关主要用于控制生产机械的运动方向、速度、行程大小或位置，是一种自动控制电器。

行程开关的作用原理与按钮相同，区别在于它不是靠手指的按压使其触点动作，而是利用生产机械运动部件的碰压使其触点动作，从而将机械信号转变为电信号，使运动机械按一定的位置或行程实现自动停止、反向运动、变速运动或自动往返运动等。

机床中常用的行程开关有 LX19 和 JLXK1 等系列，如图 1-12 所示。

a) LX19系列

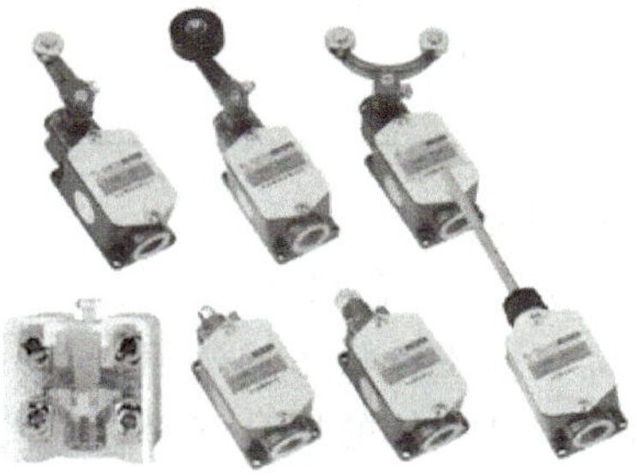

b) JLXK1系列

图 1-12　行程开关外形图

1. 行程开关的结构

行程开关按其动作及结构可分为按钮式（直动式）、旋转式（滚轮式）和微动式三种。

直动式行程开关的外形及结构如图 1-13 所示。其动作原理与控制按钮相同，其缺点是触点分合速度取决于生产机械的移动速度，当移动速度低于 0.40m/min 时，触点分断太慢，易受电弧烧损，此时，应采用有盘行弹簧机构瞬时动作的滚轮式行程开关。

滚轮式行程开关分为单滚轮自动复位式和双滚轮非自动复位式。单滚轮式行程开关的结构及动作原理如图 1-14 所示。随机械部件运动的挡铁（撞块）压到行程开关时，通过传动杠杆使下部的微动开关快速动作，其常闭触点先断开，常开触点闭合。当机械部件上的挡铁移开时，复位弹簧的弹力使杠杆复位，微动开关也恢复到原来位置。

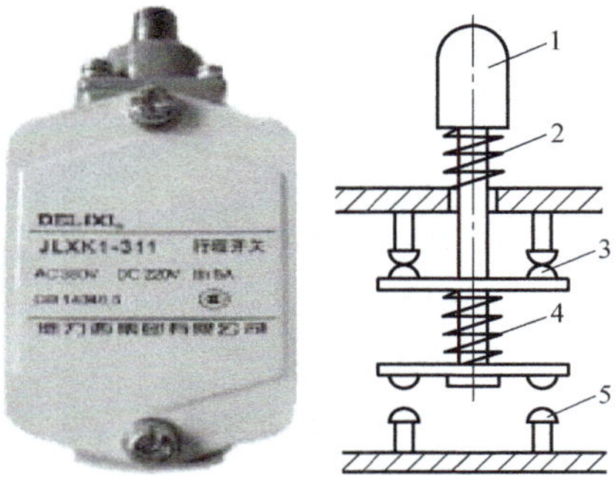

图 1-13　直动式行程开关的外形及结构

1—顶杆　2—弹簧　3—常闭触点
4—触点弹簧　5—常开触点

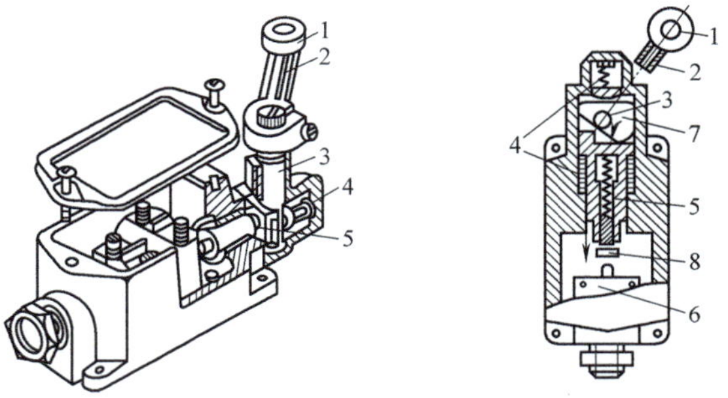

图 1-14　单滚轮式行程开关的结构及动作原理

1—滚轮　2—杠杆　3—转轴　4—复位弹簧　5—撞块
6—微动开关　7—凸轮　8—调节螺钉

双滚轮式行程开关不能自动复原，它是依靠运动机械反向移动时，挡铁碰撞另一滚轮将其复原。双滚轮行程开关具有两个稳态位置，有“记忆”作用，在某些情况下可以简化线路。

当生产机械的行程较小而作用力很小时，可采用具有微小行程和瞬时动作的微动式行程开关。以常用的 LXW-11 系列产品为例，其结构原理如图 1-15 所示。

行程开关的触点类型有一常开一常闭、一常开二常闭、二常开一常闭、二常开二常闭等形式。行程开关在电路图中的符号如图 1-16 所示。

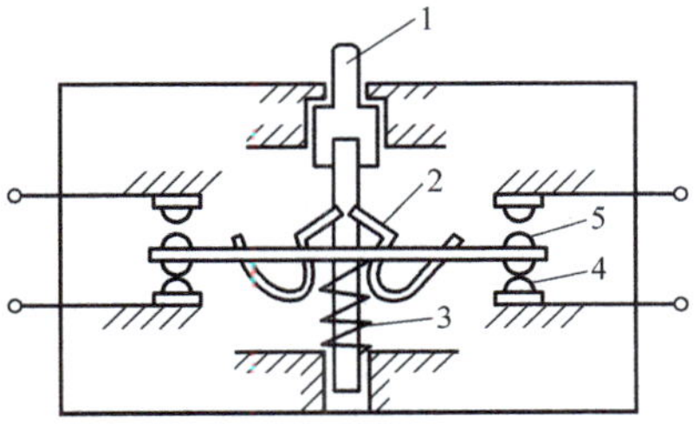

图 1-15　微动式行程开关的结构

1—推杆　2—弹簧　3—压缩弹簧
4—常闭触点　5—常开触点

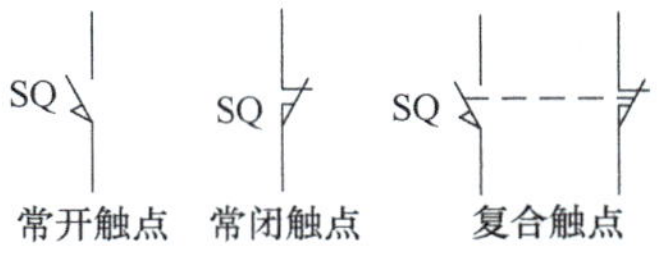

图 1-16　行程开关的符号

2. 行程开关的型号

LX19 系列和 JLXK1 系列行程开关的型号及含义如下：

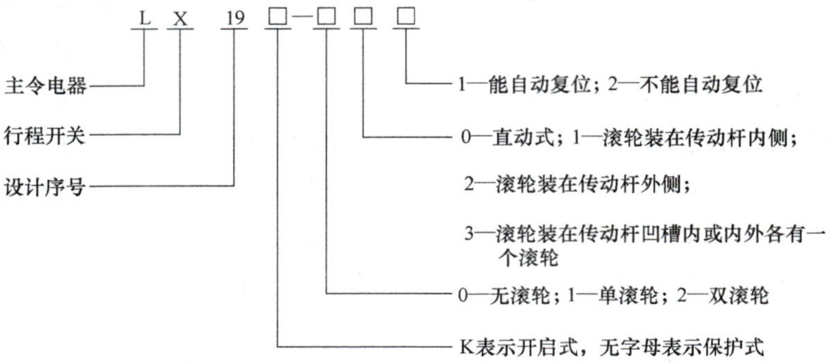

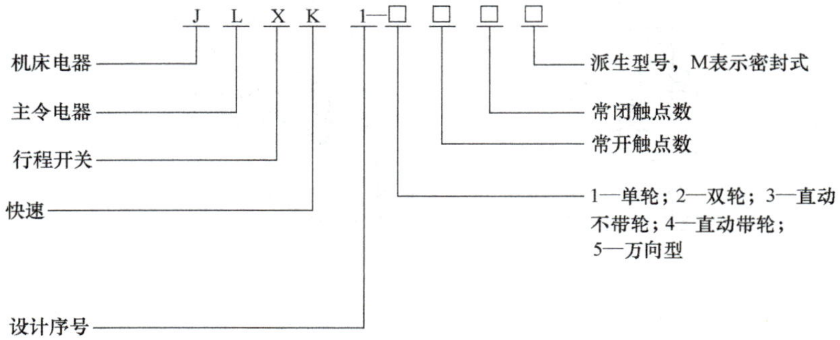

LX19 和 JLXK1 系列行程开关的主要技术数据见表 1-15。

表 1-15 LX19 和 JLXK1 系列行程开关的主要技术数据

型号	额定电压/额定电流	结构特点	触点对数		工作行程	超行程	触点转换时间
			常开	常闭			
LX19		元件	1	1	3mm	1mm	
LX19—111		单轮，滚轮装在传动杆内侧，能自动复位	1	1	约 30°	约 20°	
LX19—121		单轮，滚轮装在传动杆外侧，能自动复位	1	1	约 30°	约 20°	
LX19—131		单轮，滚轮装在传动杆凹槽内，能自动复位	1	1	约 30°	约 20°	
LX19—212	380V/5A	双轮，滚轮装在 U 形传动杆内侧，不能自动复位	1	1	约 30°	约 15°	≤0.04s
LX19—222		双轮，滚轮装在 U 形传动杆外侧，不能自动复位	1	1	约 30°	约 15°	
LX19—232		双轮，滚轮装在 U 形传动杆内外侧各一个，不能自动复位	1	1	约 30°	约 15°	
LX19—001		无滚轮，仅有径向传动杆，能自动复位	1	1	<4mm	3mm	
JLXK1—111		单轮防护式	1	1	12°~15°	≤30°	
JLXK1—211	500V/5A	双轮防护式	1	1	约 45°	≤45°	
JLXK1—311		直动防护式	1	1	1~3mm	2~4mm	
JLXK1—411		直动滚轮防护式	1	1	1~3mm	2~4mm	

3. 行程开关的选用

行程开关主要根据动作要求、安装位置及触点数量选择。

行程开关的控制机构是机械结构，工作中需要与工作机械进行频繁的接触，如果在室外或环境较差的地方较容易损坏，如在户外工作门式起重机上的吊钩上的行程限位控制，其行程开关在日晒雨淋的环境中容易损坏，往往行程开关的损坏又会伴随着一些设备事故的发生。随着技术的发展，在这些场合使用的行程开关，逐步被一种不需要接触、密封较好的接近开关所取代。

4. 行程开关的安装与使用

1）行程开关安装时，其位置要准确，安装要牢固；滚轮的方向不能装反，挡铁与其碰撞的位置应符合控制电路的要求，并确保能可靠地与挡铁碰撞。

2）行程开关在使用中，要定期检查和保养，除去油垢及粉尘，清理触点，经常检查其动作是否灵活、可靠，及时排除故障，防止因行程开关触点接触不良或接线松脱而产生误动作，导致设备和人身安全事故。

5. 行程开关的常见故障及处理方法

行程开关的常见故障及处理方法见表1-16。

表1-16　行程开关的常见故障及处理方法

故障现象	可能原因	处理方法
挡铁碰撞行程开关后，触点不动作	安装位置不准确	调整安装位置
	触点接触不良或接线松脱	清刷触点或紧固接线
	触点弹簧失效	更换弹簧
杠杆已经偏转，或无外界机械力作用，但触点不复位	复位弹簧失效	更换弹簧
	内部撞块卡阻	清扫内部杂物
	调节螺钉太长，顶住开关按钮	检查调节螺钉

任务实施

实施本任务所使用的工具、仪表及器材可参考表1-17。

表1-17　工具、仪表及器材

类别	序号	名称	型号与规格	单位	数量	备　注
工具	1	电工常用工具	测电笔、螺钉旋具、尖嘴钳、斜口钳、剥线钳、电工刀等	套	1	
仪表	2	万用表	MF47	块	1	
器材	3	按钮	LA10系列	只	1	
	4	按钮	LA18系列	只	1	
	5	按钮	LA19系列	只	1	
	6	行程开关	直动式	只	1	
	7	行程开关	单轮旋转式	只	1	
	8	行程开关	双轮旋转式	只	1	

一、识别按钮和行程开关

1）在教师指导下，仔细观察多种不同类型、不同结构形式的按钮和行程开关，熟悉它们的外形、型号、主要技术参数的意义、功能、结构及工作原理等。

2）由指导教师从所给的按钮和行程开关中任选几种，用胶布盖住铭牌数据并编号，由学生根据实物写出各电器的名称、型号/规格及文字符号，并画出图形符号，填入表1-18中。

表 1-18 识别按钮和行程开关

序号	1	2	3	4	5	6
名称						
型号/规格						
文字符号						
图形符号						

二、检测按钮和行程开关

拆开外壳观察其内部结构，比较按钮和行程开关的相似和不同之处，理解常开触点、常闭触点和复合触点的动作情况，用万用表的电阻档测量各对触点的通断情况，分辨常开触点和常闭触点。

任务评价

按钮和行程开关的识别和检测任务评价参见表 1-19。

表 1-19 按钮和行程开关的识别和检测任务评价

序号	评价内容	配分	评价标准			得分
1	识别按钮和行程开关	40	(1)写错或漏写名称,每个扣 5 分 (2)写错或漏写型号,每个扣 5 分 (3)写错或漏写文字符号,每个扣 5 分 (4)画错或漏画图形符号,每个扣 5 分			
2	检测按钮和行程开关	60	(1)仪表使用方法有误,扣 5 分 (2)检测方法或测量结果有误,每次扣 5 分 (3)损坏仪表或电器,扣 30 分 (4)不会检测,扣 60 分			
3	安全与文明生产	违反安全与文明生产规程,扣 5 ~ 50 分				
开始时间			结束时间		成绩	
学生姓名			考评员	(签字) 年 月 日		

任务拓展

接近开关

行程开关是有触点开关，操作频繁时容易产生故障，工作可靠性较低。还有一种非接触式的、无触点行程开关，称之为接近开关，如图 1-17 所示。

接近开关不仅可以代替有触点的行程开关来完成行程控制和限位保护，还可用于检测金

a) 外形　　b) 符号

图 1-17　接近开关

属体的存在、高速计数、测速、定位、变换运动方向、检测零件尺寸、液面控制及作无触点按钮等。也可以说，它是一种开关性位置传感器，既有行程开关、微动开关的特性，同时又具有传感性能，且动作可靠，性能稳定，频率响应快，使用寿命长，抗干扰能力强，并具有防水、防振、耐腐蚀等特点。接近开关的产品按原理分，有电感式、电容式、霍尔式等；按电源种类分，有交流型和直流型；按结构形式分，有圆柱形、方形、普通型、槽形、分离型等。

接近开关按工作原理细分，有高频振荡型、感应电桥型、霍尔效应型、光电型、永磁及磁敏元件型、电容型和超声波型等多种类型，其中以高频振荡型最为常用。高频振荡型接近开关原理框图如图 1-18 所示。

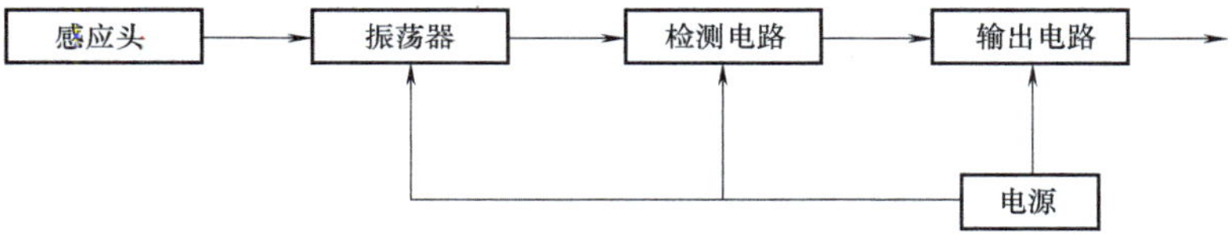

图 1-18　高频振荡型接近开关原理框图

接近开关工作原理如下：当有金属体接近一个以一定频率稳定振荡的高频振荡器的感应头时，由于电磁感应，该物体内部产生涡流损耗，以致振荡回路等效电阻增大，能量损耗增加，使振荡减弱至终止。检测电路根据振荡器的工作状态控制输出电路的工作，输出信号去控制电器或其他电器，以达到控制目的。通常把接近开关刚好动作时感应头与检测体之间的距离称为检测距离。

接近开关的型号及含义如下：

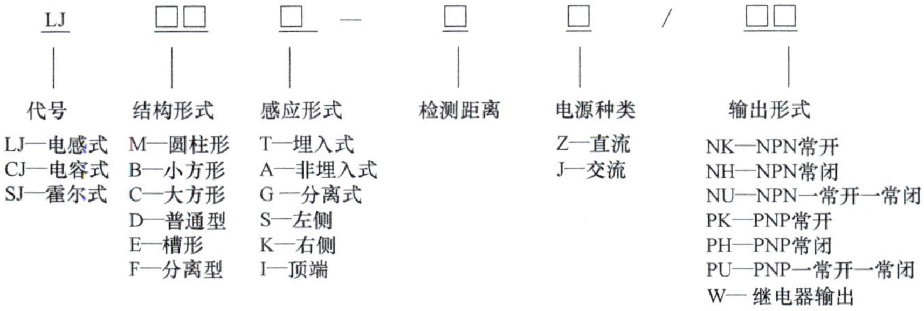

例如，LJM18T—5Z/NK 表示电感式接近开关，外形为 M18 圆柱形，T 为埋入式，5Z 表示直流型，检测距离为 5mm，NK 表示 NPN 常开。

课后测评

一、填空题

1. 因为按钮的触点容量一般不超过____A，因此一般情况下不用它直接控制____的通断，而是在__________中发出指令信号去控制__________、__________等电器，再由它们去控制____________的通断、功能转换或电气联锁。

2. 为了便于操作人员识别，避免发生误操作，生产中用不同的______和______区分按钮的功能。

3. 行程开关与按钮的区别在于：行程开关不是靠______而是利用______使其触点动作，从而将______信号转变为______信号，用以控制机械动作或用作程序控制。

4. 瞬动型行程开关的触点动作速度与挡铁的移动速度______，性能优于蠕动型。

二、判断题（正确的打“√”，错误的打“×”）

1. 按下复合按钮时，其常开触点和常闭触点同时动作。（　　）
2. 光标按钮可用于需长期通电显示处，兼作指示灯使用。（　　）
3. 常闭按钮可作停止按钮使用。（　　）
4. 单轮旋转式行程开关在挡铁离开滚轮后能自动复位。（　　）
5. 蠕动型行程开关的触点使用寿命高于瞬动型。（　　）

三、选择题（请把正确答案的字母填入括号中）

1. 按下复合按钮时（　　）。

A. 常开触点先闭合　　B. 常闭触点先断开　　C. 常开、常闭触点同时动作

2. 按钮帽的颜色和符号标志用来（　　）。

A. 注意安全　　B. 引起警惕　　C. 区分功能

3. （　　）系列按钮只有一对常开触点和一对常闭触点。

A. LA18　　B. LA19　　C. LA20

4. 停止按钮应优先选用（　　）。

A. 红色　　B. 白色　　C. 黑色

5. 双轮旋转式行程开关为（　　）。

A. 自动复位式　　B. 非自动复位式　　C. 自动或非自动复位式

任务三　交流接触器的识别和检修

学习目标

1. 熟悉交流接触器的作用、结构及工作原理。
2. 熟记交流接触器的图形符号和文字符号。
3. 能正确识别、选用和检修交流接触器。

任务描述

低压开关、按钮、行程开关等电器都是依靠手控直接操作来实现触点接通或断开电路，属于非自动切换电器。在动力设备中，广泛采用一种自动切换电器——接触器来实现电路的

自动控制。图1-19所示为某星-三角起动器控制箱中所用的交流接触器。

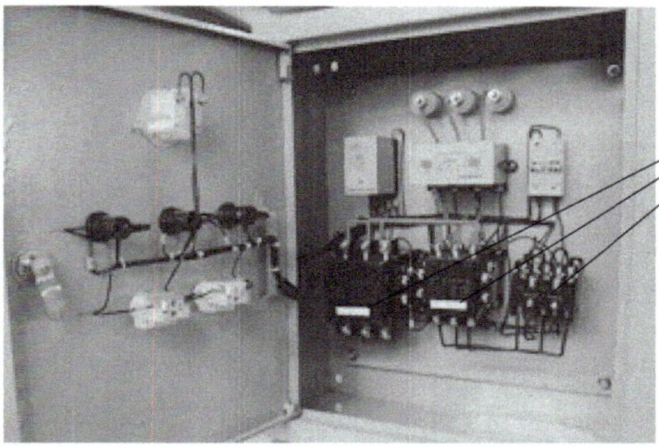

图1-19 星-三角起动器控制箱中所用的交流接触器

本任务的要求如下：

1）能识别常用的交流接触器。

2）会拆装和检修常用的交流接触器。

知识链接

接触器是一种用来接通或切断交、直流主电路和控制电路，并且能够实现远距离控制的电器。大多数情况下其控制对象是电动机，也可以用于其他电力负载，如电阻炉、电焊机等。接触器不仅能自动地接通和断开电路，还具有控制容量大、欠电压释放保护、零电压保护、频繁操作、工作可靠和寿命长等优点。

接触器实际上是一种自动的电磁式开关。触点的通断不是由手来控制，而是电动操作，属于自动切换电器。接触器按主触点通过电流的种类，分为交流接触器和直流接触器两类，本任务仅介绍交流接触器。

交流接触器的种类很多，以空气电磁式交流接触器应用最为广泛，常用的有国产的CJ10（使用逐步减少，由CJT1替代）、CJ20和CJ40等系列，引进国外先进技术生产的CJX1（3TB、3TF，德国西门子公司）、CJX2（法国施耐德TE公司）、CJX8（B，德国ABB公司）系列等。图1-20所示为几款常用的交流接触器的外形。

这里需要说明一下，CJ10系列接触器已经逐步减少使用，但目前没有完全停产，且库存还有，旧机床也还在使用，教学中还广泛使用，以后将逐步被CJT1系列所代替。

a) CJ10系列（CJT1系列） b) CJ20系列 c) CJ40系列

图1-20 常用的交流接触器

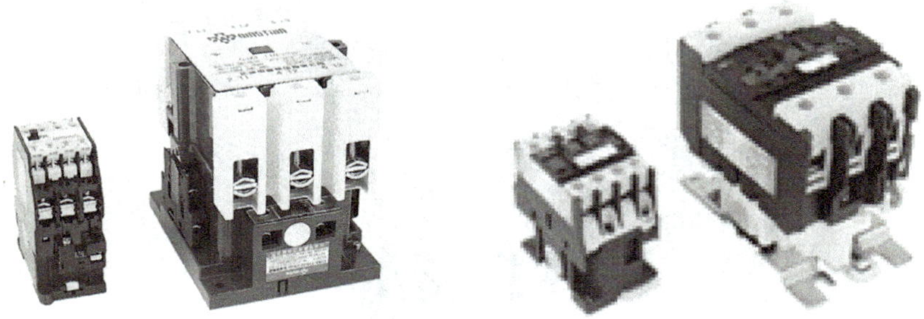

d) CJX1 (3TB、3TF)系列　　　　e) CJX2系列

图 1-20　常用的交流接触器（续）

交流接触器的型号及含义如下：

C J □ □ — □ □ / □

- 接触器 — C
- 交流 — J
- 设计序号
- Z—重任务；X—消弧；B—栅片去游离灭弧
- 额定电流(A)
- A,B—改型产品；Z—直流线圈；S—带锁扣
- 极数(以数字表示，三极产品不标注)

一、交流接触器的结构和工作原理

1. 交流接触器的结构

交流接触器主要由电磁系统、触点系统、灭弧装置和辅助部件等组成。常见交流接触器的结构如图 1-21 所示。

（1）电磁系统　电磁系统主要由线圈、静铁心和动铁心（衔铁）三部分组成。静铁心

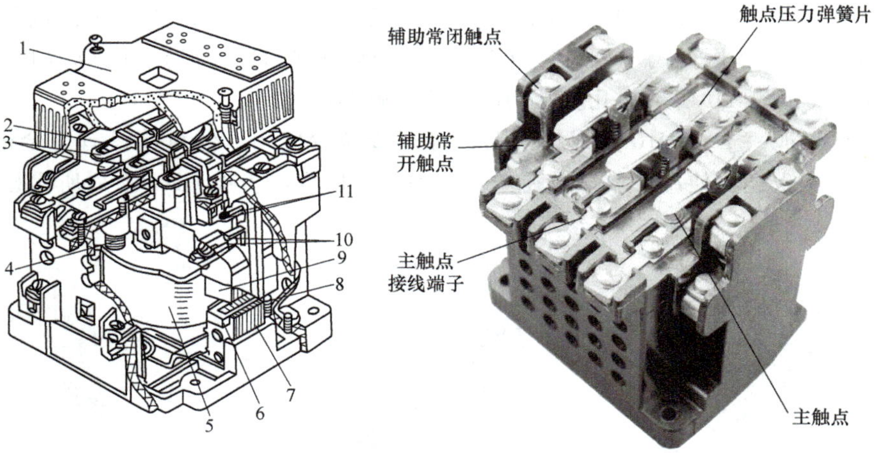

图 1-21　常见交流接触器的结构

1—灭弧罩　2—触点压力弹簧片　3—主触点　4—反作用弹簧　5—线圈　6—短路环
7—静铁心　8—弹簧　9—动铁心　10—辅助常开触点　11—辅助常闭触点

在下、动铁心在上，线圈装在静铁心上。静、动铁心一般用 E 形硅钢片叠压而成，以减少铁心的磁滞和涡流损耗；铁心的两个端面上嵌有短路环，如图 1-22 所示，用以消除电磁系统的振动和噪声；线圈做成粗而短的圆筒形，且在线圈和铁心之间留有空隙，以增强铁心的散热效果。交流接触器利用电磁系统中线圈的通电或断电，使静铁心吸合或释放衔铁，从而带动动触点与静触点闭合或分断，实现电路的接通或断开。

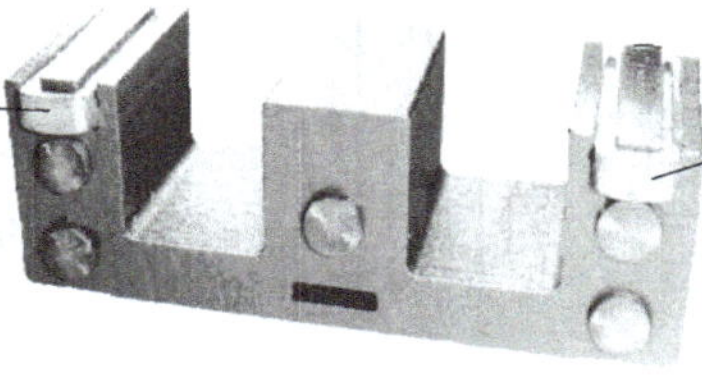

图 1-22　铁心的两个端面上嵌有短路环

（2）触点系统　交流接触器的触点按接触情况可分为点接触式、线接触式和面接触式三种，如图 1-23 所示。

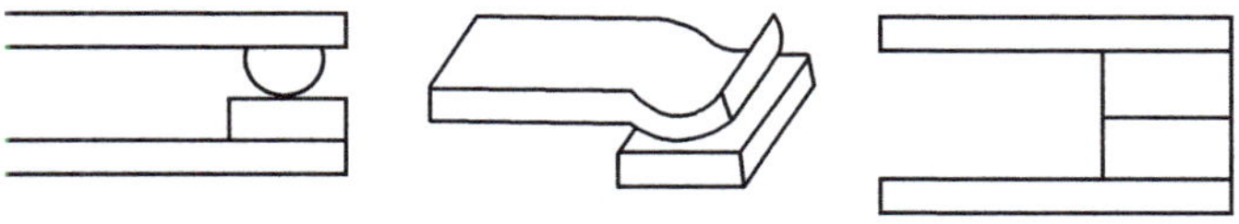

图 1-23　触点的三种接触形式

交流接触器的触点按触点的结构形式可分为桥式触点和指形触点两种，如图 1-24 所示。目前常用交流接触器的触点一般采用双断点桥式触点，其动触点用纯铜片冲压而成，在触点桥的两端镶有银基合金制成的触点块，以避免接触点由于氧化铜的产生影响其导电性能。静触点一般用黄铜板冲压而成，一端镶焊触点块，另一端为接线柱。在触点上装有压力弹簧片，用以减小接触电阻，并消除开始接触时产生的有害振动。

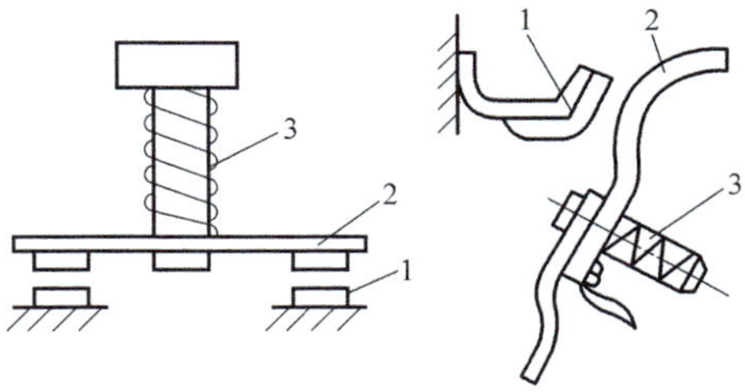

图 1-24　触点的结构形式

1—静触点　2—动触点　3—触点压力弹簧

交流接触器的触点按通断能力可分为主触点和辅助触点，如图 1-21 所示。主触点用以通断电流较大的主电路，一般由三对常开触点组成。辅助触点用以通断较小电流的控制电路，一般由两对常开和两对常闭触点组成。所谓触点的常开和常闭，是指电磁系统未通电动作前触点的状态。常开触点和常闭触点是联动的。当线圈通电时，常闭触点先断开，常开触点随后闭合，中间有一个很短的时间差。当线圈断电后，常开触点先恢复断开，随后常闭触点恢复闭合，中间也存在一个很短的时间差。这个时间差虽短，但对分析电路的控制原理却很重要。

（3）灭弧装置　交流接触器在断开大电流或高电压电路时，会在动、静触点之间产生很强的电弧。电弧是触点间气体在强电场作用下产生的放电现象，它的产生一方面会灼伤触点，减少触点的使用寿命；另一方面会使电路切断时间延长，甚至造成弧光短路或引起火灾事故。因此触点间的电弧应尽快熄灭。

灭弧装置的作用是熄灭触点分断时产生的电弧，以减轻电弧对触点的灼伤，保证可靠地分断电路。交流接触器常采用的灭弧装置有双断口结构的电动力灭弧装置、纵缝灭弧装置和栅片灭弧装置，如图 1-25 所示。

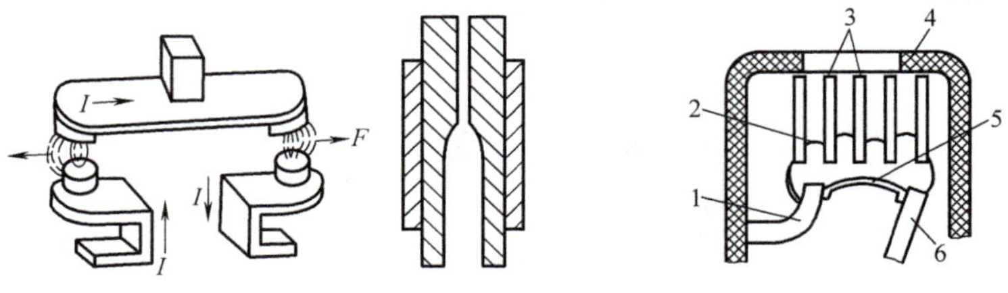

a) 双断口结构的电动力灭弧装置　b) 纵缝灭弧装置　　c) 栅片灭弧装置

图 1-25　常用的灭弧装置

1—静触点　2—短电弧　3—灭弧栅片　4—灭弧罩　5—电弧　6—动触点

对于容量较小的交流接触器，一般采用双断口结构的电动力灭弧装置；额定电流在 20A 及以上的，常采用纵缝灭弧装置灭弧；对于容量较大的交流接触器，多采用栅片来灭弧。

（4）辅助部件　交流接触器的辅助部件有反作用弹簧、缓冲弹簧、触点压力弹簧、传动机构及底座、接线端子等，如图 1-21 所示。反作用弹簧安装在衔铁和线圈之间，其作用是线圈断电后，推动衔铁释放，带动触点复位；缓冲弹簧安装在静铁心和线圈之间，其作用是缓冲衔铁在吸合时对静铁心和外壳的冲击力，保护外壳；触点压力弹簧安装在动触点上面，其作用是增加动、静触点间的压力，从而增大接触面积，以减少接触电阻，防止触点过热损伤；传动机构的作用是在衔铁或反作用弹簧的作用下，带动动触点实现与静触点的接通或分断。

交流接触器在电路图中的符号如图 1-26 所示。

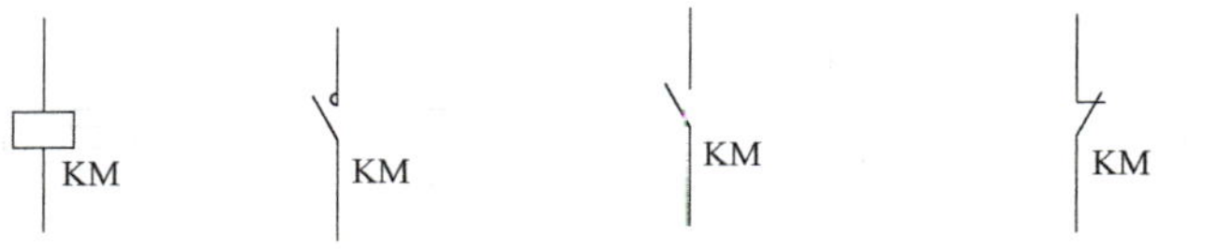

a) 线圈　　b) 主触点　　c) 辅助常开触点　　d) 辅助常闭触点

图 1-26　接触器的符号

2. 交流接触器的工作原理

交流接触器的工作原理示意图如图 1-27 所示。当接触器的线圈通电后，线圈中的电流产生磁场，使静铁心磁化产生足够大的电磁吸力，克服反作用弹簧的反作用力将衔铁吸合，衔铁通过传动机构带动辅助常闭触点先断开，三对常开主触点和辅助常开触点后闭合；当接触器线圈断电或电压显著下降时，由于铁心的电磁吸力消失或过小，衔铁在反作用弹簧力的作用下复位，并带动各触点恢复到原始状态。

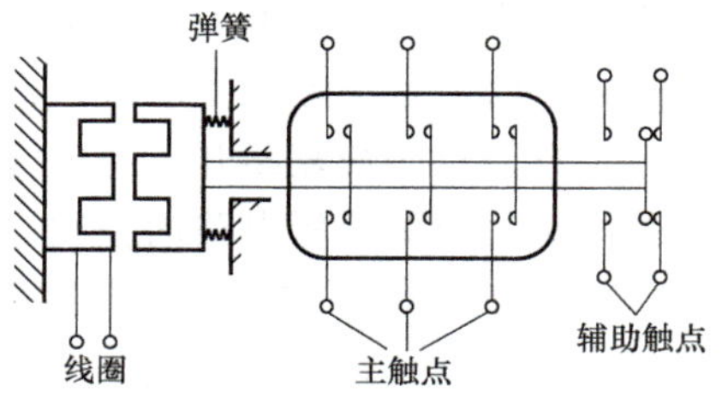

图 1-27　交流接触器的工作原理示意图

交流接触器线圈在其额定电压的 85% ~105% 时，能可靠地工作。电压过高，则磁路趋于饱和，线圈电流将显著增大，线圈有被烧坏的危险；电压过低，则吸不牢衔铁，触点跳动，不但影响电路正常工作，而且线圈电流会达到额定电流的十几倍，使线圈过热而烧坏。因此，电压过高或过低都会造成线圈发热而烧毁。

二、交流接触器的选择

1. 选择交流接触器时应考虑的主要因素

1）主触点的额定工作电流应大于或等于负载电路的电流，还要注意的是接触器主触点的额定工作电流是在规定的条件下（额定工作电压、使用类别、操作频率等）能够正常工作的电流值，当实际使用条件不同时，这个电流值也将随之改变。

2）主触点的额定工作电压应不低于负载电路的电压。

3）吸引线圈的额定电压应与控制电路电压相一致，接触器在线圈额定电压 85% 及以上时应能可靠地吸合。

2. 选择交流接触器的具体步骤

1）选择接触器主触点的额定电压。通常选择接触器主触点的额定电压应不低于负载回路的额定电压。

2）选择接触器主触点的额定电流。接触器控制电阻性负载（如电热设备）时，主触点的额定电流可等于负载的工作电流。接触器控制电动机时，主触点的额定电流应大于电动机的额定电流。可根据经验公式的计算来选择接触器主触点的额定电流，即

$$I_C = \frac{P_N \times 10^3}{KU_N}$$

式中　K——经验系数，一般取 1 ~ 1.4；

P_N——被控制电动机的额定功率（kW）；

U_N——被控制电动机的额定电压（V）；

I_C——接触器主触点电流（A）。

此经验公式仅适用于 CJ10 系列，可根据所控制电动机的最大功率查表进行选择。接触器如使用在频繁起动、制动和频繁正、反转的场合时，容量应增大一倍以上去选择接触器。

3）选择接触器吸引线圈的额定电压。接触器的线圈电压，一般应低一些为好，这样对接触器的绝缘要求可以降低，使用时也较安全。当控制电路简单、使用电器较少时，可直接选用 380V 或 220V 的电压。若电路较复杂、使用电器的个数超过 5 只，可选用 36V 或 110V 电压的线圈，以保证安全。

4）选择接触器触点的数量和种类。接触器的触点数量和种类应满足控制电路的要求。常用 CJ10 系列、CJT1 系列和 CJ20 系列交流接触器的技术数据分别见表 1-20、表 1-21 和表 1-22。CJX1、CJX2 等其他系列接触器的技术数据可查相关技术说明书。

表 1-20　CJ10 系列交流接触器的技术数据

型　号	触点额定电压/V	主触点		辅助触点		线圈		可控制电动机最大容量/kW	
		额定电流/A	对数	额定电流/A	对数	电压/V	功率/V·A	220V	380V
CJ10—10	380	10	3	5	均为2常开、2常闭	可为36、110、220、380	11	2.2	4
CJ10—20		20					22	5.5	10
CJ10—40		40					32	11	20
CJ10—60		60					70	17	30

表 1-21　CJT1 系列交流接触器的技术数据

产品型号		CJT1—10	CJT1—20	CJT1—40	CJT1—60	CJT1—100	CJT1—150
额定绝缘电压和工作电压/V		380	380	380	380	380	380
额定工作电流(AC-1 ~ AC-4,380V)/A		10	20	40	60	100	150
控制功率/kW	220V	2.2	5.8	11	17	28	43
	380V	4	10	20	30	50	75
每小时操作循环数/(次/h)		AC-1、AC-3 为 600,AC-2、AC-4 为 300,CJT1-150、AC-4 为 120					
电寿命/万次		60	60	60	60	60	60
机械寿命/万次	AC-3	2	2	2	1	1	0.6
	AC-4	300	300	300	300	300	300
辅助触点		2 常开 2 常闭,AC-15 180V · A;DC-13 60W I_{th} 为 5A					
配用熔断器		RT16—20	RT16—50	RT16—80	RT16—160	RT16—250	RT16—315
线圈消耗功率/V · A	起动功率	65	140	230	485	760	950
	保持功率	11	22	32	95	105	110

表 1-22　CJ20 系列交流接触器的技术数据

型号	极数	额定工作电压 U_N/V	约定发热电流 I_{th}/A	额定工作电流 I_N/A	额定操作频率(AC-3)/(次/h)	机械寿命/万次	辅助触点	
							约定发热电流 I_{th}/A	触点组合
CJ20—10	3	220	10	10	1200	1000	10	2 常开,2 常闭
		380		10	1200			
		660		5.8	600			
CJ20—16		220	16	16	1200			
		380		16	1200			
		660		13	600			
CJ20—25		220	32	25	1300			
		380		25	1200			
		660		16	600			
CJ20—40		220	55	40	1200			
		380		40	1200			
		660		25	600			
CJ20—63		220	80	63	1200			
		380		63	1200			
		660		40	600			
CJ20—100		220	125	100	1200			
		380		100	1200			
		660		63	600			
CJ20—160		220	200	160	1200			
		380		160	1200			
		660		100	600			
CJ20—160/11		1140	200	80	300			

【例 1-3】 某机床所使用的电动机型号为 Y132S—4（5.5kW，11.6A，380 V，△联结），该电动机工作时，不需要频繁起动。若用接触器为该电动机提供自动控制运行，试确定接触器的型号/规格。

解：(1) 选择接触器的类型。负载为交流电动机，应选用交流接触器。

(2) 选择接触器主触点的额定电压。选择接触器主触点的额定电压等于 380V 即可。

(3) 选择接触器主触点的额定电流。如选择 CJ10 系列，可根据经验公式 $I_C = \dfrac{P_N \times 10^3}{KU_N}$ 计算来选择接触器主触点的额定电流：$I_C = \dfrac{5.5 \times 10^3}{1 \times 380}\text{A} = 14.5\text{A}$。

(4) 选择接触器吸引线圈的额定电压。选择接触器吸引线圈的额定电压为 380V。

(5) 选择接触器触点的数量和种类。选择主触点 3 对，辅助常开触点 2 对、辅助常闭触点 2 对。

综合上述，可选择 CJ10—20（或 CJT1—20、CJ20—16、CJX1-12、CJX2-12 等）型号接触器，吸引线圈电压 380V。

三、交流接触器的安装与使用维护要求

1. 安装要求

1）交流接触器一般应安装在垂直面上，倾斜度不得超过 5°；若有散热孔，则应将有孔的一面放在垂直方向上，以利散热，并按规定留有适当的飞弧空间，以免飞弧烧坏相邻电器。

2）安装和接线时，注意不要将零件散落或掉入接触器内部。安装孔的螺钉应装有弹簧垫圈和平垫圈，并拧紧螺钉以防振动松脱。

3）安装完毕，检查接线正确无误后，在主触点不带电的情况下操作几次，然后测量产品的动作值和释放值，所测数值应符合产品的规定要求。

2. 日常维护要求

1）应对接触器作定期检查，观察螺钉有无松动，可动部分是否灵活等。

2）接触器的触点应定期清扫，保持清洁，但不允许涂油。当触点表面因电灼作用形成金属小颗粒时，应及时清除。

3）拆装时注意不要损坏灭弧罩。带灭弧罩的接触器绝不允许不带灭弧罩或带破损的灭弧罩运行，以免发生电弧短路故障。

四、交流接触器的常见故障及处理方法

交流接触器的常见故障及处理方法见表 1-23。

表 1-23　交流接触器的常见故障及处理方法

故障现象	可能原因	处理方法
吸不上或吸不足（触点已闭合而铁心尚未完全吸合）	(1)电源电压太低或波动过大 (2)操作回路电源容量不足或发生断线、配线错误及触点接触不良 (3)线圈技术参数与使用条件不符 (4)产品本身受损 (5)触点弹簧压力过大	(1)调高电源电压 (2)增加电源容量，更换线路，修理控制触点 (3)更换线圈 (4)更换新品 (5)按要求调整触点参数

（续）

故障现象	可能原因	处理方法
不释放或释放缓慢	(1)触点弹簧压力过小 (2)触点熔焊 (3)机械可动部分被卡住，转轴生锈或歪斜 (4)反力弹簧损坏 (5)铁心极面有油垢或尘埃粘着 (6)铁心磨损过大	(1)调整触点参数 (2)排除熔焊故障，更换触点 (3)排除卡住现象，修理受损零件 (4)更换反力弹簧 (5)清理铁心极面 (6)更换铁心
电磁铁(交流)噪声大	(1)电源的电压过低 (2)触点弹簧压力过大 (3)短路环断裂 (4)铁心极面有污垢 (5)磁系统歪斜或机械上卡住，使铁心不能吸平 (6)铁心极面过度磨损而不平	(1)提高操作回路电压 (2)调整触点弹簧压力 (3)更换短路环 (4)清除铁心极面 (5)排除机械卡住的故障 (6)更换铁心
线圈过热或烧坏	(1)电源电压过高或过低 (2)线圈技术参数与实际使用条件不符 (3)操作频率过高 (4)线圈匝间短路	(1)调整电源电压 (2)调换线圈或接触器 (3)选择其他合适的接触器 (4)排除短路故障，更换线圈
触点灼伤或熔焊	(1)触点压力过小 (2)触点表面有金属颗粒异物 (3)操作频率过高，或工作电流过大，断开容量不够 (4)长期过载使用 (5)负载侧短路	(1)调高触点弹簧压力 (2)清理触点表面 (3)调换容量较大的接触器 (4)调换合适的接触器 (5)排除短路故障，更换触点

任务实施

实施本任务所使用的工具、仪表及器材可参考表 1-24。

表 1-24　工具、仪表及器材

类别	序号	名称	型号与规格	单位	数量	备　注
工具	1	电工常用工具	验电笔、螺钉旋具、尖嘴钳、斜口钳、剥线钳、电工刀等	套	1	
仪表	2	万用表	任选	块	1	
	3	兆欧表	500V，0～200MΩ	只	1	
器材	4	交流接触器	CJT1、CJ20、CJ40、CJX1（3TB 和 3TF）、CJX2、CJX8（B）系列	只	各 1	

一、识别交流接触器

1）在教师指导下，仔细观察各种不同系列、规格的交流接触器，熟悉它们的外形、型号、结构和工作原理，并能认识它们的主触点、辅助常开触点、辅助常闭触点、线圈的接线端子等。

2）用胶布盖住型号并编号，由学生根据实物写出各交流接触器的系列名称、型号/规格、文字符号，画出图形符号，填入表 1-25 中。

表 1-25　识别交流接触器

序号	1	2	3	4	5
系列名称					
型号/规格					
文字符号					
图形符号					

二、拆装和检修交流接触器

1. 按照以下步骤拆卸交流接触器

1）卸下灭弧罩紧固螺钉，取下灭弧罩。

2）拉紧主触点动触点定位弹簧夹，将主触点动触点侧转 45°后，取下主触点动触点和压力弹簧片。

3）松开辅助常开静触点的线桩螺钉，取下常开静触点。

4）松开接触器底部的盖板螺钉，取下盖板。在松盖板螺钉时，要用手按住螺钉并慢慢放松。

5）取下静铁心缓冲绝缘纸片及静铁心。

6）取下静铁心支架及缓冲弹簧。

7）拔出线圈接线端的弹簧夹片，取下线圈。

8）取下反作用弹簧。

9）取下衔铁（动铁心）和塑料支架。

10）从支架上取下动铁心定位销。

11）取下动铁心及缓冲绝缘纸片。

2. 按照以下步骤检修交流接触器

1）检查灭弧罩有无破裂或烧损，清除灭弧罩内的金属飞溅物和颗粒。

2）检查触点的磨损程度，磨损严重时应更换触点。若不需更换，则清除触点表面上烧毛的颗粒。

3）清除铁心端面的油垢，检查铁心有无变形及端面接触是否平整。

4）检查触点压力弹簧及反作用弹簧是否变形或弹力不足。如有需要则更换弹簧。

5）检查电磁线圈是否有短路、断路及发热变色现象。

3. 按照拆卸的逆顺序装配交流接触器

4. 自检

1）用万用表电阻档检查线圈及各触点是否良好。

2）用兆欧表测量各触点间及主触点对地电阻是否符合要求。

3）用手按动主触点，检查运动部分是否灵活，以防产生接触不良、振动和噪声。

5. 注意事项

1）拆卸过程中，应备有盛放零件的容器，以免丢失零件。

2）拆装过程中不允许硬撬，以免损坏电器。装配辅助静触点时，要防止卡住动触点。

任务评价

任务评价参见表 1-26。

表 1-26 交流接触器的识别和检修任务评价

序号	评价内容	配分	评价标准	得分
1	识别 交流接触器	40	(1)写错或漏写名称,每个扣 5 分 (2)写错或漏写型号,每个扣 5 分 (3)写错或漏写文字符号,每个扣 5 分 (4)画错或漏画图形符号,每个扣 5 分	
2	拆装和检修 交流接触器	60	(1)拆装方法不正确或不会拆装,扣 20 分 (2)损坏、丢失或漏装零件,每次扣 5 分 (3)未进行检修或检修方法不正确,扣 10 分 (4)仪表使用方法有误,扣 5 分 (5)检测方法或测量结果有误,每次扣 5 分 (6)损坏仪表,扣 20 分 (7)不会检测,扣 10 分	
3	安全 与文明生产		违反安全与文明生产规程,扣 5 ~ 50 分	

开始时间		结束时间		成绩	
学生姓名		考评员	(签字)	年 月 日	

任务拓展

B 系列交流接触器

B 系列交流接触器是引自德国 BBC 公司生产技术的产品，它可以部分或全部取代我国现在生产的 CJ10 系列交流接触器，是很有推广和应用价值的更新换代产品。

B 系列交流接触器的基本工作原理与我国现有的交流接触器相同，但由于采用了更合理的结构设计，各零部件按其功能选取了较合适的材料和利用了先进的加工工艺，故使产品有较高的经济技术指标。

(1) B 系列交流接触器的结构形式 B 系列交流接触器有下述两种结构形式：

1) “正装式”结构，如图 1-28a 所示，即触点系统在上面，磁系统在下面（靠近安装面）。

2) “倒装式”结构，如图 1-28b 所示，即触点系统在下面，磁系统在上面。由于这种结构的磁系统在上面，故更换线圈很方便。而主接线板靠近安装面，使接线距离缩短，接线方便。另外也便于安装多种附件，扩大了使用功能。

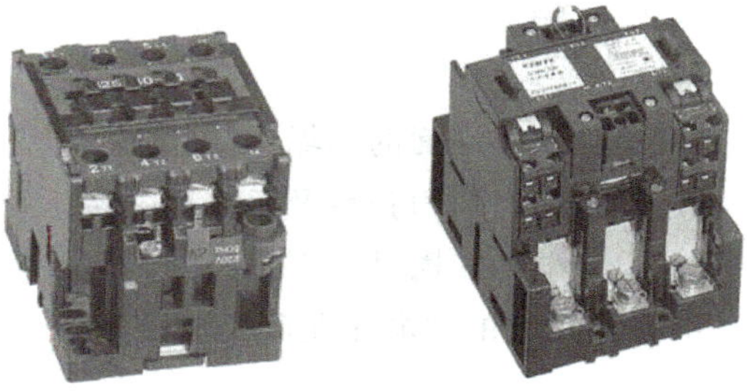

a) 正装式 b) 倒装式

图 1-28 B 系列交流接触器

(2) B 系列交流接触器各功能系统简介 B 系列接触器各功能系统的结构简介如下：

1) 磁系统。交流操作的 B 系列采用硅钢片叠成 E 形铁心，直流操作的磁系统由叠片式铁心加上串接经济电阻的特制线圈和整块软钢制成的铁心配上直流线圈构成。铁心、衔铁都用高弹性橡胶和片簧制成的缓冲装置来吸收碰撞能量，以减轻接触器的振动。

2）触点系统。接触器的触点均为直动双断点桥式，主触点按不同电流等级分别采用电性能高的银合金材料制成。桥式动触点的触桥有直片桥式、弯片桥式及船形桥式等形状，均选用良好导电性的高强度材料制成。这些措施均使动触点在满足电性能方面显出良好效果。

3）灭弧系统。各种型号产品按触点容量的不同均有相应的灭弧方式，如封闭式自然灭弧、铁磁片灭弧及铁磁栅片灭弧等，由于多数采用了封闭式灭弧室，电弧不易喷出，故缩短了安全距离。

B 系列交流接触器有 14 个电流等级，而且安装的基座有部分产品是通用的，所以有相同的外形尺寸和安装尺寸。各零部件和组件的连接多采用卡装或螺钉组件。B 系列交流接触器通用件多，这是一个显著特点。型号/规格虽然不同，但除触点系统外，其余零部件都基本通用，这给制造厂和用户在制造和使用维修方面，提供了方便条件。

课后测评

一、填空题

1. 交流接触器主要由______、______、______及______等组成。

2. 交流接触器的电磁系统主要由______、______和______三部分组成。

3. 为了减小工作过程中交变磁场在铁心中产生的__________及__________损耗，避免铁心过热，交流接触器的铁心和衔铁一般用__________叠压而成。

4. 常用的 CJ0、CJ10 等系列的交流接触器在______倍的额定电压下，能保证可靠吸合。

5. 交流接触器触点的常见故障有______、______和______。

二、判断题（正确的打“√”，错误的打“×”）

1. 接触器除用来通断大电流电路外，还具有欠电压和过电压保护功能。（　）

2. 所谓触点的常开和常闭是指电磁系统通电动作后的触点状态。（　）

3. 接触器的电磁线圈通电时，常开触点先闭合，常闭触点再断开。（　）

4. 交流接触器的线圈电压过高或过低都会造成线圈过热。（　）

5. 修整触点时，不允许使用砂布或砂轮。（　）

三、选择题（请把正确答案的字母填入括号中）

1. 交流接触器的铁心端面装有短路环的目的是（　）。

A. 减小铁心振动　B. 增大铁心磁通　C. 减缓铁心冲击

2. 交流接触器操作频率过高会导致（　）过热。

A. 铁心　B. 线圈　C. 触点

3. （　）是交流接触器发热的主要部件。

A. 线圈　B. 铁心　C. 触点

4. 如果交流接触器衔铁吸合不紧，工作气隙较大，将导致（　）。

A. 铁心涡流增大　B. 线圈电感增大　C. 线圈电流增大

四、问答题

1. 简述交流接触器的工作原理。

2. 交流接触器的线圈电压过高或过低会出现什么问题？为什么？

3. 造成交流接触器触点熔焊的原因主要有哪些？

4. 交流接触器铁心噪声大的原因有哪些？应如何处理？

5. 用接触器控制一台 Y160M-6 型三相异步电动机（11kW，24.8A，380V，△联结），该电动机工作时，不需要频繁起动。试确定接触器的型号/规格。

任务四　继电器的识别和检修

学习目标

1. 熟悉继电器的作用、结构及工作原理。
2. 熟记继电器的图形符号和文字符号。
3. 能正确识别、选用和检修继电器。

任务描述

继电器是自动控制电路中应用最为广泛的一种重要电器元件之一。机床设备的正常和安全运转，正是由各种继电器、接触器、按钮、行程开关等电器元件组成的继电-接触器控制系统来进行自动控制和保护的。图 1-29a 所示为某动力设备控制柜中所用的热继电器，图 1-29b 所示为某星-三角起动器控制箱中所用的时间继电器。

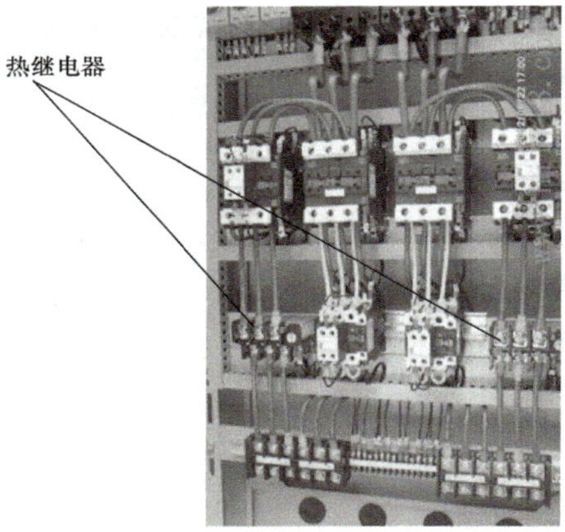

a) 动力设备控制柜

b) 星-三角起动器控制箱

图 1-29　动力设备控制柜中的继电器

本任务的要求如下：

1）能识别常用的继电器。

2）会调整和检修常用的继电器。

知识链接

继电器是一种根据输入信号（如电流、电压、温度、压力及速度等电量或非电量）的变化，接通或断开小电流电路，实现自动控制和保护电力拖动装置的电器。一般情况下不直接控制电流较大的主电路，而是通过控制接触器或其他电器的线圈来实现对主电路的控制。

因此，继电器实际上是用较小的电流去控制较大电流的一种“自动开关”，广泛应用于自动控制电路中。

继电器的种类很多，按输入信号的性质可分为电压继电器、电流继电器、时间继电器、温度继电器、速度继电器和压力继电器等；按工作原理可分为电磁式继电器、感应式继电器、电动式继电器、热继电器和电子式继电器等；按输出形式可分为有触点继电器和无触点继电器。

任何一种继电器，不论它们的动作原理、结构形式、使用场合如何，都可以分为感测机构、中间机构和执行机构三个组成部分。感测机构把感测到的电量或非电量传递给中间机构，并将它们与预定值（整定值）相比较，当达到预定值（过量或欠量）时，中间机构便执行机构动作，从而接通或断开电路。

图 1-30 所示为几种常用的继电器的外形。

a) JZ14系列中间继电器

b) JR36系列热继电器

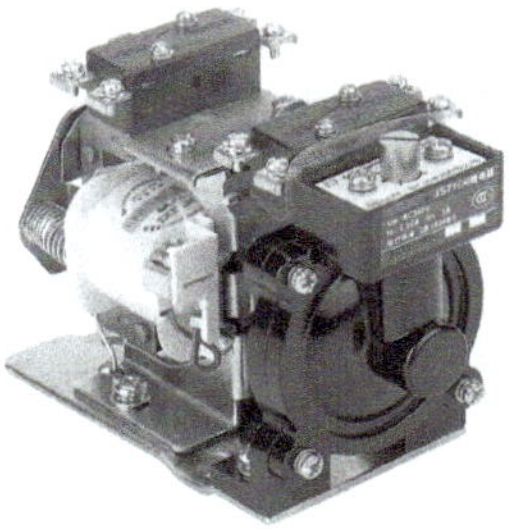

c) JS7—A系列时间继电器

图 1-30　几种常用的继电器

一、中间继电器

中间继电器是一种将一个输入信号变成一个或多个输出信号的电磁式继电器。它的输入信号为线圈的通电和断电，输出信号是触点的动作，不同动作状态的触点分别将信号传给几个元件或回路。

1. 中间继电器的基本结构及工作原理

中间继电器的基本结构及工作原理与接触器完全相同，故也称为接触式继电器。与接触器不同的是中间继电器的触点对数较多，并且没有主、辅之分，各对触点允许通过的电流大小是相同的，其额定电流约为5A。因此，对于工作电流小于5A 的电气控制电路，可用中间继电器代替接触器来控制。

图 1-30a 所示为 JZ14 系列交直流中间继电器，采用螺管式电磁系统及双断点桥式触点。其基本结构为交直流通用，交流铁心为平顶形，直流铁心与衔铁为圆锥形接触面。触点采用直列式布置，触点对数可达 8 对，按 6 常开 2 常闭、4 常开 4 常闭及 2 常开 6 常闭等方式任意组合。继电器还有手动操作按钮，便于点动操作和作为动作指示，同时还带有透明外罩，以防尘埃进入内部，影响工作的可靠性。

图 1-31 所示为 JZ7 系列中间继电器的外形、结构及符号。

中间继电器有以下两个主要用途：

1）当电压或电流继电器触点容量不够时，可借助中间继电器来控制，用中间继电器作

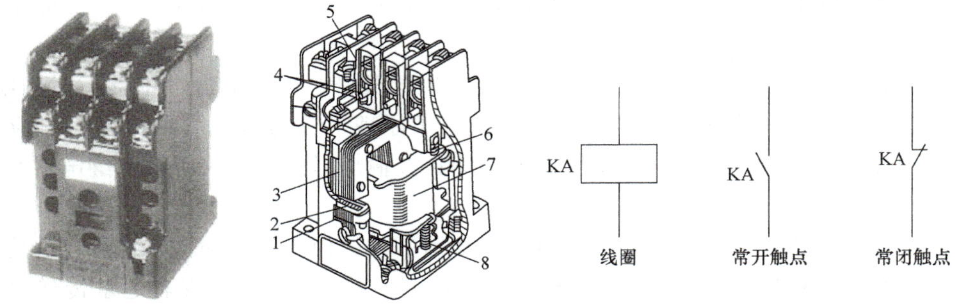

a) JZ7系列中间继电器外形　b) JZ7系列中间继电器结构　c) 中间继电器符号

图 1-31　JZ7 系列中间继电器的外形、结构及符号

1—静铁心　2—短路环　3—衔铁　4—常开触点　5—常闭触点　6—反作用弹簧　7—线圈　8—缓冲弹簧

为执行元件，这时中间继电器可被看成是一级放大器。

2）当其他继电器或接触器触点数量不够时，可利用中间继电器来切换多条电路。

中间继电器的型号和含义如下：

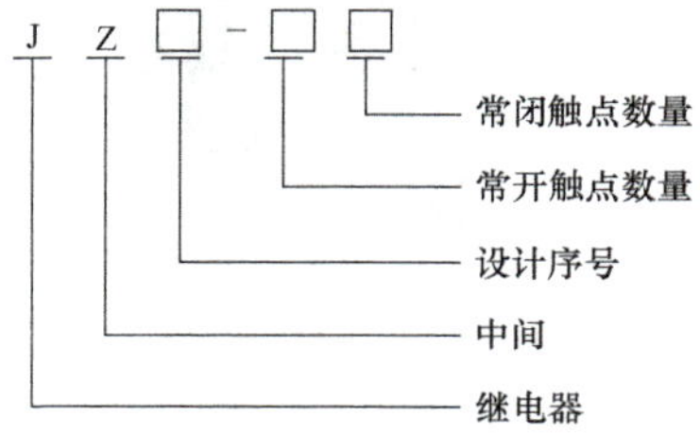

2. 中间继电器的选用

中间继电器主要依据被控制电路的电压等级、所需触点的数量、种类、容量等要求来选择。常用中间继电器的技术数据见表 1-27。

表 1-27　中间继电器的技术数据

<table>
<tr><th rowspan="2">型号</th><th rowspan="2">电压种类</th><th rowspan="2">触点电压/V</th><th rowspan="2">触点额定电流/A</th><th colspan="2">触点组合</th><th rowspan="2">通电持续率(%)</th><th rowspan="2">吸引线圈电压/V</th><th rowspan="2">吸引线圈消耗功率</th><th rowspan="2">额定操作频率/(次/h)</th></tr>
<tr><th>常开</th><th>常闭</th></tr>
<tr><td>JZ7—44
JZ7—62
JZ7—80</td><td>交流</td><td>380</td><td>5</td><td>4
6
8</td><td>4
2
0</td><td>40</td><td>12、24、36、48、110、127、380、420、440、500</td><td>12V · A</td><td>1200</td></tr>
<tr><td>JZ14—□□J/□</td><td>交流</td><td>380</td><td rowspan="2">5</td><td rowspan="2">6
4
2</td><td rowspan="2">2
4
6</td><td rowspan="2">40</td><td>110、127、220、380</td><td>10V · A</td><td rowspan="2">2000</td></tr>
<tr><td>JZ14—□□Z/□</td><td>直流</td><td>220</td><td>24、48、110、220</td><td>7W</td></tr>
<tr><td>JZ15—□□J/□</td><td>交流</td><td>380</td><td rowspan="2">10</td><td rowspan="2">6
4
2</td><td rowspan="2">2
4
6</td><td rowspan="2">40</td><td>36、127、220、380</td><td>11V · A</td><td rowspan="2">1200</td></tr>
<tr><td>JZ15—□□Z/□</td><td>直流</td><td>220</td><td>24、48、110、220</td><td>11W</td></tr>
</table>

中间继电器的安装、使用、常见故障及处理方法与接触器类似，可以参考项目一任务三的有关内容。

二、热继电器

热继电器是利用流过继电器的电流所产生的热效应而反时限动作的自动保护电器。所谓反时限动作，是指电器的延时动作时间随通过电路电流的增加而缩短。热继电器主要与接触器配合使用，用作电动机的过载保护、断相保护、电流不平衡运行的保护及其他电气设备发热状态的控制。

热继电器的形式有多种，按工作原理划分主要有双金属片式和电子式，其中双金属片式应用最多。按极数划分有单极、两极和三极三种，其中三极的又包括带断相保护装置的和不带断相保护装置的；按复位方式分有自动复位式和手动复位式。

图 1-32 所示为常见的双金属片式热继电器的外形图。一般情况下，每一系列的热继电器只能和相适应系列的接触器配套使用。例如，JR36 系列热继电器与 CJT1 系列接触器配套使用，JR20 系列热继电器与 CJ20 系列接触器配套使用，T 系列热继电器（德国 ABB 公司）与 B 系列接触器配套使用，3UA 系列热继电器（德国西门子公司）与 3TB、3TF 等系列接触器配套使用等。

a) JR36系列　b) JR20系列　c) T系列　d) JRS2(3UA)系列

图 1-32　双金属片式热继电器

1. 双金属片式热继电器的结构及工作原理

（1）结构　图 1-33a 所示为三极双金属片式热继电器的结构，它主要由热元件、传动机构、常闭触点、电流整定装置和复位按钮组成。热继电器的热元件由主双金属片和绕在外面的电阻丝组成。主双金属片是由两种热膨胀系数不同的金属片复合而成的。

（2）工作原理　热继电器使用时，需要将热元件串联在主电路中，常闭触点串联在控制电路中，如图 1-33b 所示。当电动机过载时，流过电阻丝的电流超过热继电器的整定电

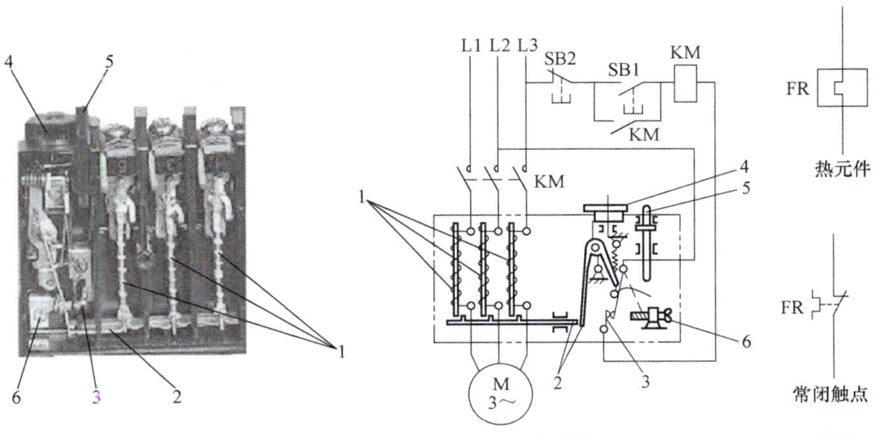

a) 结构　b) 原理图　c) 符号

图 1-33　双金属片式热继电器

1—热元件　2—传动机构　3—常闭触点　4—电流整定旋钮　5—复位按钮　6—限位螺钉

流，电阻丝发热增多，温度升高，由于主双金属片的热膨胀程度不同而使主双金属片向一侧弯曲，通过传动机构推动常闭触点断开，分断控制电路，再通过接触器切断主电路，实现对电动机的过载保护。

电源切除后，主双金属片逐渐冷却恢复原位。热继电器的复位机构有手动复位和自动复位两种形式，可根据使用要求通过复位调节螺钉来自由调整选择。一般自动复位时间不大于5min，手动复位时间不大于2min。

热继电器的整定电流大小可通过旋转电流整定旋钮来调节。热继电器的整定电流是指热继电器连续工作而不动作的最大电流。超过整定电流，热继电器将在负载未达到其允许的过载极限之前动作。

由于热继电器主双金属片受热膨胀的热惯性及传动机构传递信号的惰性原因，热继电器从电动机过载到触点动作需要一定的时间，也就是说，即使电动机严重过载甚至短路，热继电器也不会瞬时动作，因此热继电器不能作短路保护。但也正是这个热惯性和机械惰性，保证了热继电器在电动机起动或短时过载时不会动作，从而满足了电动机的运行要求。

实践证明，三相异步电动机的断相运行是导致电动机过热烧毁的主要原因之一。对定子绕组接成星形的电动机，普通两极或三极结构的热继电器均能实现断相保护；而定子绕组接成三角形的电动机，必须采用三极带断相保护装置的热继电器，才能实现断相保护。

热继电器在电路图中的符号如图 1-33c 所示。

2. 热继电器的型号及主要技术数据

常用 JR36 系列热继电器的型号及含义如下：

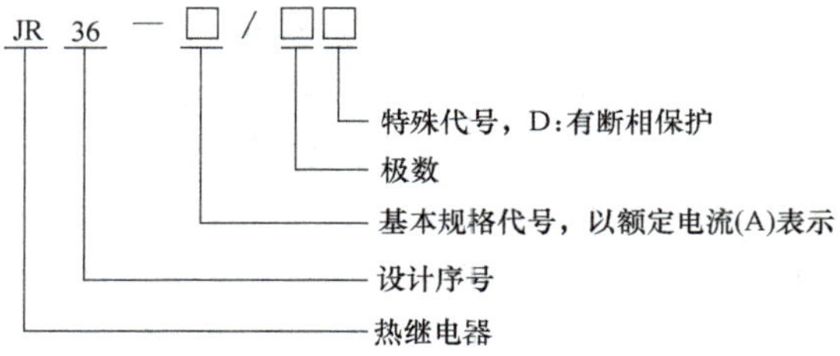

JR36 系列热继电器是在 JR16B 基础上改进设计的，是 JR16B 的替代产品，其外形尺寸和安装尺寸与 JR16B 系列完全一致。它具有断相保护、温度补偿、自动与手动复位等功能，动作可靠，适用于交流频率 50Hz，电压至 660V（或 690V）、电流 0.25～160A 的电路中，对长期或间断长期工作的交流电动机的过载与断相保护。该产品可与 CJT1 接触器组成 QC36 型电磁起动器。JR36 系列热继电器的主要技术数据见表 1-28。

表 1-28　JR36 系列热继电器的主要技术数据

热继电器型号	热继电器额定电流/A	热元件等级	
		热元件额定电流/A	电流调节范围/A
JR36—20	20	0.35	0.25～0.35
		0.5	0.32～0.5
		0.72	0.45～0.72
		1.1	0.68～1.1

（续）

热继电器型号	热继电器额定电流/A	热元件等级	
		热元件额定电流/A	电流调节范围/A
JR36—20	20	1.6	1～1.6
		2.4	1.5～2.4
		3.5	2.2～3.5
		5	3.2～5
		7.2	4.5～7.2
		11	6.8～11
		16	10～16
		22	14～22
JR36—32	32	16	10～16
		22	14～22
		32	20～32
JR36—63	63	22	14～22
		32	20～32
		45	28～45
		63	40～63
JR36—160	160	63	40～63
		85	53～85
		120	75～120
		160	100～160

3. 热继电器的选用

选择热继电器时，主要根据所保护电动机的额定电流来确定热继电器的规格和热元件的电流等级。

1）根据电动机的额定电流选择热继电器的规格。一般应使热继电器的额定电流略大于电动机的额定电流。

2）根据需要的整定电流值选择热元件的编号和电流等级。一般情况下，热元件的整定电流为电动机额定电流的0.95～1.05倍。

3）根据电动机定子绕组的连接方式选择热继电器的结构形式，即定子绕组做Y联结的电动机选用普通三相结构的热继电器，而做△联结的电动机应选用三相结构带断相保护装置的热继电器。

【例1-4】 某电动机的主要参数是：Y112M—4，4kW，380V，8.8A，△联结。请选用热继电器。

解： 电动机的定子绕组采用△联结，应选用带断相保护装置的热继电器。根据电动机的额定电流值8.8A，应选择额定电流为20A的热继电器，其整定电流可取电动机的额定电流8.8A，热元件的电流等级选用11A，其调节范围为6.8～11A。因此，应选择型号为JR36—20的热继电器，热元件的额定电流选用11A，其整定电流取电动机的额定电流8.8A。

4. 热继电器的安装与使用要求

1）热继电器必须按照产品说明书中规定的方式安装。安装处的环境温度应与电动机所处环境温度基本相同。当与其他电器安装在一起时，应注意将热继电器安装在其他电器的下方，以免其动作特性受到其他电器发热的影响。

2）安装时，应清除触点表面尘污，以免因接触电阻过大或电路不通而影响热继电器的动作性能。

3）热继电器出线端的连接导线，应按表1-29的规定选用。这是因为导线的粗细和材料将影响到热元件端接点传导到外部热量的多少。导线过细，轴向导热性差，热继电器可能提前动作；反之，导线过粗，轴向导热快，热继电器可能滞后动作。

表1-29　热继电器连接导线选用表

热继电器额定电流/A	连接导线截面积/mm^2	连接导线种类
10	2.5	单股铜芯塑料线
20	4	单股铜芯塑料线
60	16	多股铜芯橡皮线

4）使用中的热继电器应定期通电校验。此外，当发生短路事故后，应检查热元件是否已发生永久变形。若已变形，则需通电校验。若因热元件变形或其他原因致使动作不准确，只能调整其可调部件，而绝不能弯折热元件。

5）热继电器在出厂时均调整为手动复位方式，如果需要自动复位，只要将复位螺钉沿顺时针方向旋转3～4圈，并稍微拧紧即可。

6）热继电器在使用中，应定期用布擦净尘埃和污垢，若发现双金属片上有锈斑，应用清洁棉布蘸汽油轻轻擦除，切忌用砂纸打磨。

5. 热继电器常见故障及处理方法

热继电器的常见故障及处理方法见表1-30。

表1-30　热继电器的常见故障及处理方法

故障现象	故障原因	维修方法
热元件烧断	(1)负载侧短路，电流过大 (2)操作频率过高	(1)排除故障，更换热继电器 (2)更换合适参数的热继电器
热继电器不动作	(1)热继电器的额定电流值选用不合适 (2)整定值偏大 (3)动作触点接触不良 (4)热元件烧断或脱焊 (5)动作机构卡阻 (6)导板脱出	(1)按保护容量合理选用 (2)合理调整整定电流值 (3)消除触点接触不良因素 (4)更换热继电器 (5)消除卡阻因素 (6)重新放入导板并调试
热继电器动作不稳定，时快时慢	(1)热继电器内部机构某些部件松动 (2)在检修中弯折了双金属片 (3)通电电流波动太大，或接线螺钉松动	(1)紧固松动部件 (2)用两倍电流预试几次或将双金属片拆下来热处理(一般约240℃)以去除内应力 (3)检查电源电压或拧紧接线螺钉

（续）

故障现象	故障原因	维修方法
热继电器动作太快	(1)整定值偏小 (2)电动机起动时间过长 (3)连接导线太细 (4)操作频率过高 (5)使用场合有强烈冲击和振动 (6)可逆转换频繁 (7)安装热继电器处与电动机处环境温差太大	(1)合理调整整定值 (2)按起动时间要求,选择具有合适的可返回时间的热继电器或在起动过程中将热继电器短接 (3)选用标准导线 (4)更换合适型号的热继电器 (5)采取防振动措施或选用带防冲击振动的热继电器 (6)改用其他保护方式 (7)按两地温差情况配置适当的热继电器
主电路不通	(1)热元件烧断 (2)接线螺钉松动或脱落	(1)更换热元件或热继电器 (2)紧固接线螺钉
控制电路不通	(1)触点烧坏或动触点片弹性消失 (2)可调整式旋钮转到不合适的位置 (3)热继电器动作后未复位	(1)更换触点或簧片 (2)调整旋钮或螺钉 (3)按动复位按钮

三、时间继电器

时间继电器是一种利用电磁原理或机械原理实现延时控制的自动控制电器。它从得到动作信号到触点动作有一定延时，因此广泛用于按时间顺序控制的电气电路中。

时间继电器的种类很多，常用的主要有电磁式、电动式、空气阻尼式、晶体管式和单片机控制式等类型。如图 1-34 所示是几款时间继电器的外形图。目前机床电气控制电路中，应用较多的是空气阻尼式和晶体管式时间继电器。

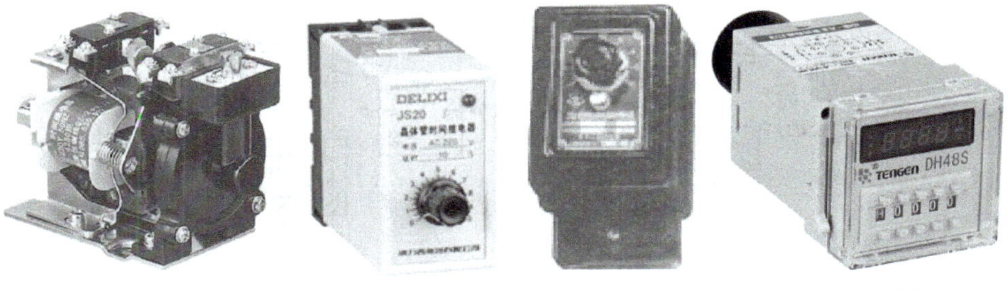

a) 空气阻尼式　　b) 晶体管式　　c) 电动式　　d) 单片机控制式

图 1-34　时间继电器

1. JS7—A 系列空气阻尼式时间继电器

空气阻尼式时间继电器又称气囊式时间继电器，是利用气囊中的空气通过小孔节流的原理获得延时动作的。常用的 JS7—A 系列空气阻尼式时间继电器的外形及结构如图 1-35 所示，主要由电磁系统、延时机构和触点系统三部分组成。电磁系统为直动式双 E 形电磁铁，延时机构采用气囊式阻尼器，触点系统是借用 LX5 型微动开关，包括两对瞬时触点（1 对常开、1 对常闭）和两对延时触点（1 对常开、1 对常闭）。根据触点延时的特点，可分为通电延时动作型和断电延时复位型两种。

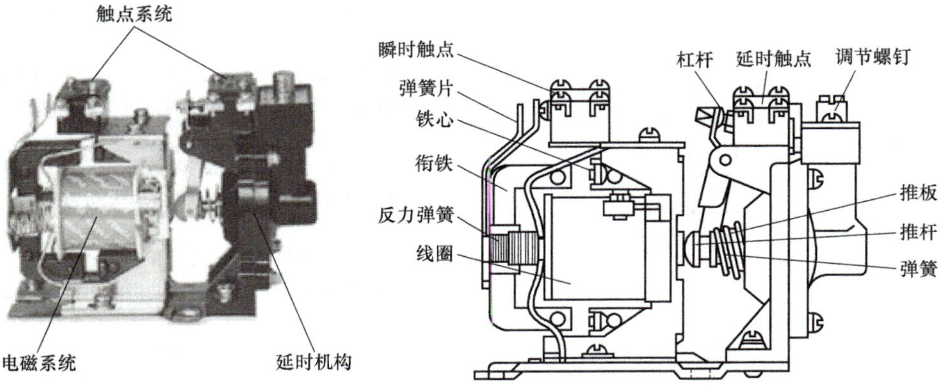

a) 外形　　b) 结构

图 1-35　JS7—A 系列时间继电器的外形及结构

（1）通电延时动作型　图 1-36a 所示为通电延时型时间继电器。当电磁系统的线圈通电时，微动开关 SQ2 的触点瞬时动作，而 SQ1 的触点由于气囊中空气阻尼的作用延时动作，其延时时间的长短取决于进气的快慢，可通过旋动调节螺钉 13 进行调节，延时范围有0. 4 ~ 60s 和 0. 4 ~ 180s 两种。当线圈断电时，微动开关 SQ1 和 SQ2 的触点均瞬时复位。

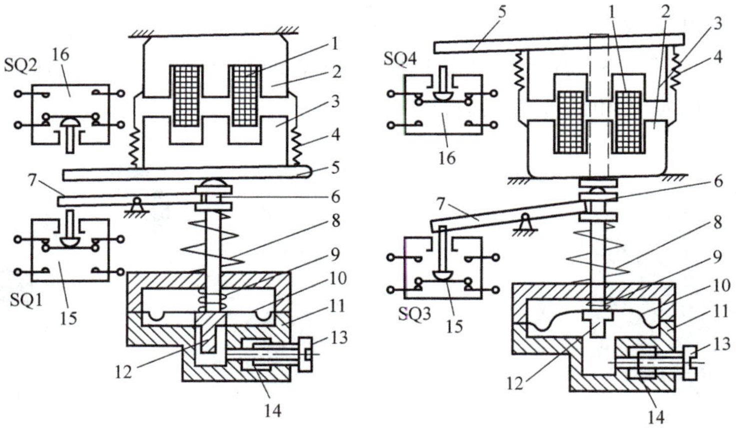

a) 通电延时动作型　　b) 断电延时复位型

图 1-36　JS7—A 系列时间继电器的动作原理

1—线圈　2—铁心　3—衔铁　4—反力弹簧　5—推板　6—活塞杆
7—杠杆　8—塔形弹簧　9—弱弹簧　10—橡皮膜　11—空气室
12—活塞　13—调节螺钉　14—进气孔　15、16—微动开关

（2）断电延时复位型　JS7—A 系列断电延时型和通电延时型时间继电器的组成元件是通用的。若将图 1-36a 中通电延时型时间继电器的电磁机构旋出固定螺钉后反转 180°安装，即为图 1-36b 图所示断电延时型时间继电器，其工作原理请读者自行分析。

时间继电器在电路图中的符号如图 1-37 所示。

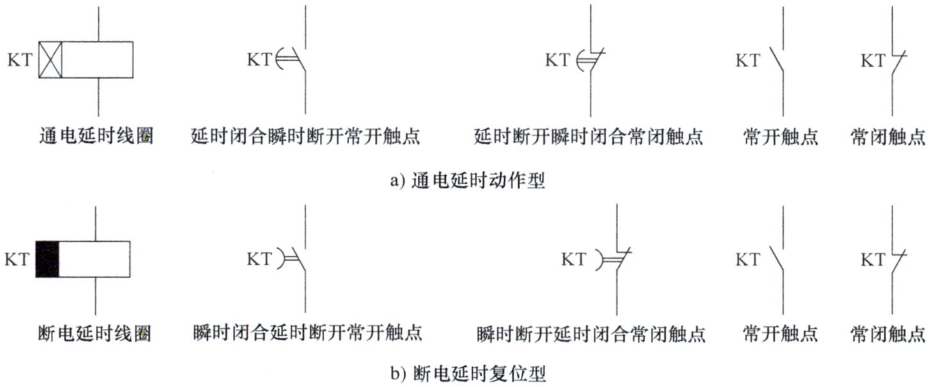

图 1-37 时间继电器在电路图中的符号

JS7—A 系列时间继电器的型号及含义如下：

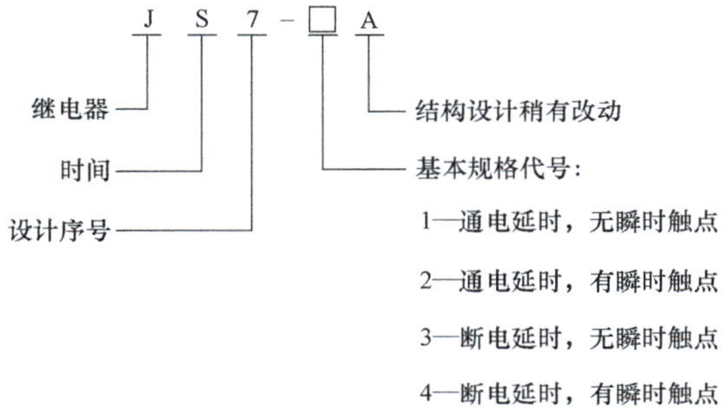

JS7—A 系列空气阻尼式时间继电器的主要技术数据见表 1-31。

表 1-31 JS7—A 系列空气阻尼式时间继电器的主要技术数据

型号	瞬时动作触点对数		有延时的触点对数				触点额定电压 /V	触点额定电流 /A	线圈电压 /V	延时范围 /s	额定操作频率 /(次/h)
			通电延时		断电延时						
	常开	常闭	常开	常闭	常开	常闭					
JS7—1A	—	—	1	1	—	—	380	5	24,36,110,127,200,380,420	0.4 ~ 60 及 0.4 ~ 180	600
JS7—2A	1	1	1	1	—	—					
JS7—3A	—	—	—	—	1	1					
JS7—4A	1	1	—	—	1	1					

JS7—A 系列时间继电器的常见故障及处理方法见表 1-32，其中触点系统和电磁系统的故障及处理方法可参考项目一之任务三的有关内容。

2. JS20 系列晶体管式时间继电器

晶体管式时间继电器也称为半导体时间继电器或电子式时间继电器，具有机械结构简单、延时范围宽、整定精度高、体积小、耐冲击和耐振动、消耗功率小、调整方便及寿命长等优点，所以发展迅速，已成为时间继电器的主流产品，应用越来越广。

表 1-32　JS7—A 系列时间继电器的常见故障及处理方法

故障现象	可能原因	处理方法
延时触点不动作	电磁线圈断线	更换线圈
	电源电压过低	调高电源电压
	传动机构卡住或损坏	排除卡住故障或更换部件
延时时间缩短	气室装配不严，漏气	修理或更换气室
	橡皮膜损坏	更换橡皮膜
延时时间变长	气室内有灰尘，使气道阻塞	清除气室内灰尘，使气道畅通

晶体管式时间继电器按结构分为阻容式和数字式两类；按延时方式分为通电延时型、断电延时型及带瞬动触点的通电延时型。

JS20 系列晶体管式时间继电器是全国推广的统一设计产品，适用于交流 50Hz、电压 380V 及以下或直流电压 220V 及以下的控制电路中作延时元件，按预定的时间接通或分断电路。它具有体积小、重量轻、精度高、寿命长和通用性强等优点。

（1）结构　JS20 系列晶体管式时间继电器的外形如图 1-34b 所示，它具有保护外壳，其内部结构采用印制电路组件。安装和接线采用专用的插接座，并配有带插脚标记的下标牌作接线指示，上标盘上还带有发光二极管作为动作指示。结构形式有外接式、装置式和面板式三种。外接式的整定电位器可通过插座用导线接到所需的控制板上；装置式具有带接线端子的胶木底座；面板式采用通用八大脚插座，可直接安装在控制台的面板上，另外还带有延时刻度和延时旋钮供整定延时时间用。JS20 系列通电延时型时间继电器的接线示意图如图 1-38a 所示。

（2）工作原理　JS20 系列通电延时型时间继电器的电路图如图 1-38b 所示。它由电源、电容充放电电路、电压鉴别电路、输出和指示电路五部分组成。电源接通后，经整流滤波和稳压后的直流电，经过 RP_1 和 R_2 向电容 C_2 充电。当场效应晶体管 VT_1 的栅源电压 U_{gs} 低于夹断电压 U_p 时，VT_1 截止，因而 VT_2、VTH 也处于截止状态。随着充电的不断进行，电容 C_2 的电位按指数规律上升，当满足 U_{gs} 高于 U_p 时，VT_1 导通，VT_2、VTH 也导通，继电

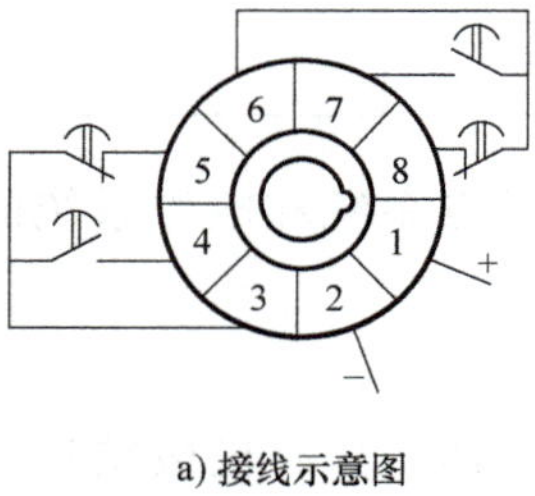

a) 接线示意图

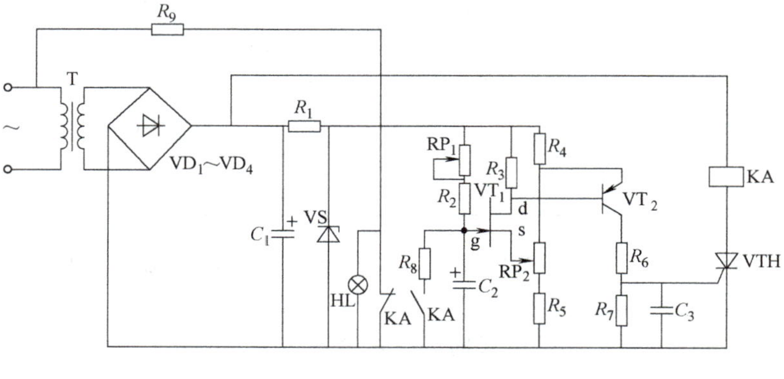

b) 电路图

图 1-38　JS20 系列通电延时型时间继电器的接线示意图和电路图

器 KA 吸合，输出延时信号。同时电容 C_2 通过 R_8 和 KA 的常开触点放电，为下次动作做好准备。当切断电源时，继电器 KA 释放，电路恢复原始状态，等待下次动作。调节 RP_1 和 RP_2 即可调整延时时间。

（3）型号含义及技术数据　JS20 系列晶体管式时间继电器的型号及含义如下：

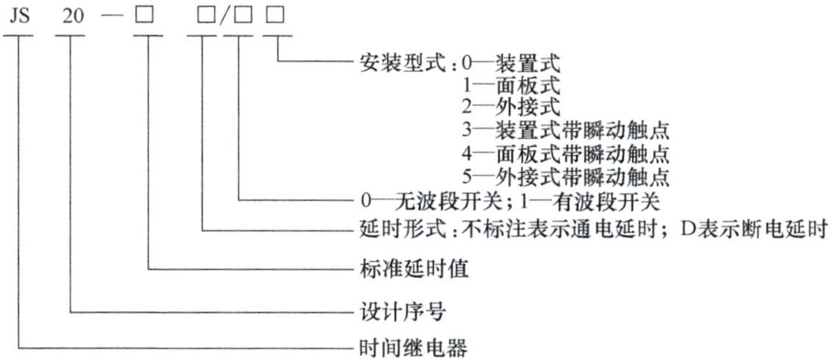

JS20 系列晶体管式时间继电器的主要技术参数见表 1-33。

表 1-33　JS20 系列晶体管式时间继电器的主要技术参数

型号	结构形式	延时整定元件位置	延时范围/s	延时触点对数				不延时触电对数		误差（%）		环境温度/℃	工作电压/V		功率消耗/W	机械寿命/万次
				通电延时		断电延时										
				常开	常闭	常开	常闭	常开	常闭	重复	综合		交流	直流		
JS20-□/00	装置式	内接	0.1～300	2	2					±3	±10	-10～40	36、110、127、220、380	24、48、110	≤3	1000
JS20-□/01	面板式	内接		2	2	—	—	—	—							
JS20-□/02	装置式	外接		2	2											
JS20-□/03	装置式	内接		1	1			1	1							
JS20-□/04	面板式	内接		1	1	—	—	1	1							
JS20-□/05	装置式	外接		1	1			1	1							
JS20-□/10	装置式	内接	0.1～3600	2	2											
JS20-□/11	面板式	内接		2	2	—	—	—	—							
JS20-□/12	装置式	外接		2	2											
JS20-□/13	装置式	内接		1	1			1	1							
JS20-□/14	面板式	内接		1	1	—	—	1	1							
JS20-□/15	装置式	外接		1	1			1	1							
JS20-□/00	装置式	内接	0.1～180			2	2									
JS20-□/01	面板式	内接		—	—	2	2	—	—							
JS20-□/02	装置式	外接				2	2									

（4）适用场合　当电磁式时间继电器不能满足要求时，或者当要求的延时精度较高时，或者控制电路相互协调需要无触点输出等情况。

3. 时间继电器的选用

1）根据系统的延时范围和精度选择时间继电器的类型和系列。在延时精度要求不高的场合，一般可选用价格较低的 JS7—A 系列空气阻尼式时间继电器；反之，对精度要求较高的场合，可选用晶体管式时间继电器。

2）根据控制电路的要求选择时间继电器的延时方式（通电延时或断电延时）。同时，还必须考虑电路对瞬时动作触点的要求。

3）根据控制电路电压选择时间继电器吸引线圈的电压。

4. 时间继电器的安装与使用要求

1）时间继电器应按说明书规定的方向安装。无论是通电延时型还是断电延时型，都必须使继电器在断电后，释放时衔铁的运动方向垂直向下，其倾斜度不得超过5°。

2）时间继电器的整定值，应预先在不通电时整定好，并在试车时校正。

3）时间继电器金属底板上的接地螺钉必须与接地线可靠连接。

4）通电延时型和断电延时型可在整定时间内自行调换。

5）使用时，应经常清除灰尘及油污，否则延时误差将增大。

任务实施

实施本任务所使用的工具、仪表及器材可参考表1-34。

表1-34　工具、仪表及器材

类别	序号	名称	型号与规格	单位	数量	备注
工具	1	电工常用工具	测电笔、螺钉旋具、尖嘴钳、斜口钳、剥线钳、电工刀等	套	1	
仪表	2	万用表	MF47	块	1	
	3	兆欧表	500V,0～200MΩ	只	1	
器材	4	中间继电器	JZ7系列、JZ14系列	只	各1	
	5	热继电器	JR36系列、JR20系列	只	各1	
	6	时间继电器	JZ7—A系列、JS20系列	只	各1	

一、识别继电器

1）在教师指导下，仔细观察各种不同系列、规格的继电器，熟悉它们的外形、型号、结构及工作原理。

2）用胶布盖住型号并编号，由学生根据实物写出各种继电器的系列名称、型号/规格、文字符号，画出图形符号，填入表1-35中。

表1-35　识别继电器

序号	1	2	3	4	5	6
系列名称						
型号/规格						
文字符号						
图形符号						

二、调整和检测继电器

1. 调整和检测热继电器

1）根据某电动机型号、规格等铭牌数据，选择热继电器，并正确调节热继电器的整定值。

2）用万用表检测三相热元件的通断情况和常闭、常开触点的通断情况。

3）用兆欧表检测热继电器三极之间的绝缘电阻。

2. 调整和检测时间继电器

1）同一只 JS7—A 系列时间继电器，分别安装成通电延时动作型和断电延时复位型两种类型的时间继电器。

2）用万用表检测 JS7—A 系列时间继电器常闭、常开触点的通断情况，同时调整到所要求的延时时间。

3）用万用表检测 JS20 系列时间继电器延时触点的种类，同时调整到所要求的延时时间。

任务评价

任务评价参见表 1-36。

表 1-36　继电器的识别和检修任务评价

序号	评价内容	配分	评价标准			扣分
1	识别继电器	20	(1)写错或漏写名称,每个扣 5 分 (2)写错或漏写型号,每个扣 5 分 (3)写错或漏写文字符号,每个扣 5 分 (4)画错或漏画图形符号,每个扣 5 分			
2	调整和检测热继电器	40	(1)选择热继电器错误,扣 10 分 (2)调节热继电器的整定值不正确,扣 10 分 (3)仪表检测方法有误,扣 10 分 (4)检测结果有误,扣 10 分			
3	调整和检测时间继电器	40	(1)不会安装成通电延时型和断电延时型,扣 10 分 (2)延时时间不准确,扣 10 分 (3)仪表检测方法有误,扣 10 分 (4)检测结果有误,扣 10 分			
4	安全与文明生产	违反安全与文明生产规程,扣 5 ~ 50 分				
开始时间		结束时间		成绩		
学生姓名		考评员		（签字）　　年　月　日		

任务拓展

固态继电器

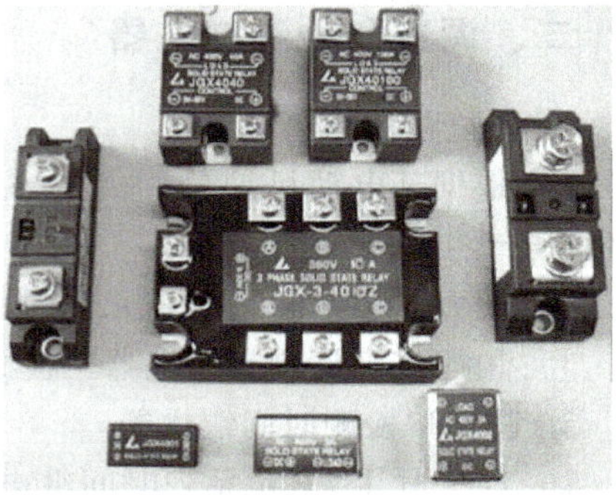

图 1-39 JGX 系列固态继电器

固态继电器（Solid State Relays，SSR），又叫半导体继电器，是一种采用固体半导体元件组装而成的新颖的无触点开关。它因为具有一系列优点，所以不仅在许多自动化控制装置中代替了常规机电式继电器，而且广泛应用于数字程控装置、微电机控制、调温装置、数据处理系统及计算机终端接口电路，尤其适用于动作频繁、防爆耐潮和耐腐蚀等特殊场合。

图 1-39 所示为 JGX 系列固态继电器。

固态继电器的型号及含义如下：

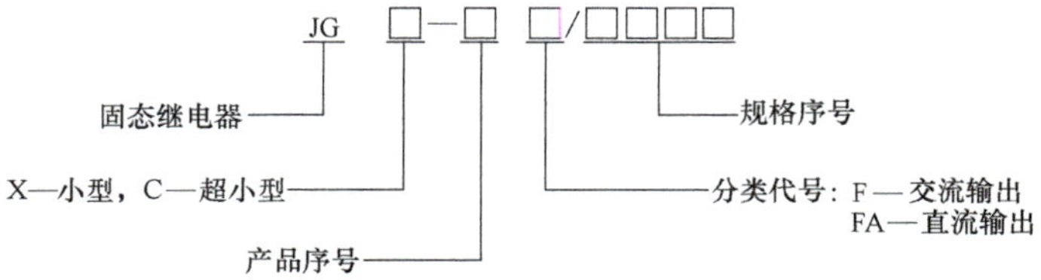

1. 固态继电器的特点

1）控制功率小。只需输入很小的工作电流，SSR 便能正常工作。它广泛应用于各种电子设备中。

2）可靠性高。由于 SSR 无触点，接触电阻小，因而工作可靠性高。它采用绝缘防水材料浇铸，适合在潮湿和有腐蚀性气体的场合使用。SSR 内部没有可动部件，因而具有耐振动和抗冲击的能力。

3）抗干扰能力强。SSR 对系统的干扰小，同时自身抗干扰能力也强。它没有接点跳动，消除了因火花导致的电磁干扰。另外，由于交流型 SSR 采用了过零触发技术，具有零电压、零电流断开的特性，从而能有效地降低电路中的 du/dt 和 di/dt，使得它对外界的电磁干扰降到最低限度。此外，由于 SSR 在输入与输出之间采取了光电隔离等措施，其抗干扰能力也相应有了明显提高。

4）动作快。SSR 由电子元件组成，响应快，对直流 SSR，响应时间小于几十微秒，比电磁继电器的速度提高近千倍。对过零交流 SSR，其转换时间也不大于市电周期的一半（10ms）。

5）寿命长。SSR 属于永久性或半永久性电子器件，若使用得当，则其寿命一般为 10^{12} ~ 10^{13} 次，比普通电磁继电器使用寿命（一般为 10^5 ~ 10^6）要高得多。

6）对电源电压的适应范围广。交流型 SSR 的工作电压可以在 30 ~ 220V 内任意选择。

7）耐压水平高。SSR 输入与输出之间的介质耐压可达 2.5kV 以上。

需要指出的是，尽管 SSR 有上述众多优点，但与传统的机电式继电器相比，仍有不足之处，如漏电流大，接触电压大，触点单一，使用温度范围窄，过载能力差及价格偏高等。

2. 固态继电器的工作原理

图 1-40 所示为交流固态继电器工作原理图。固态继电器为一四端元件，1、2 为两个输入端；3、4 为两个输出端。VLC 为光耦合器，用以实现输入与输出间的电气隔离，VT 为放大器，UR 为整流桥，由 VTH_1 和 UR 来获得使双向晶闸管 VTH_2 导通的双向触发脉冲。

当输入端控制信号加入时，光耦合器中的发光二极管发光，光敏晶体管导通，使 VT 截止，VTH_1 导通，从而使 VTH_2 的门极上获得一触发脉冲而导通，因此负载接通交流电源。

当输入控制信号去掉时，光耦合器截止，VT 饱和导通，VTH_1 截止，但此时 VTH_2 仍保持导通，直到负载电流随外部电压减小到小于双向晶闸管的维持电流为止。

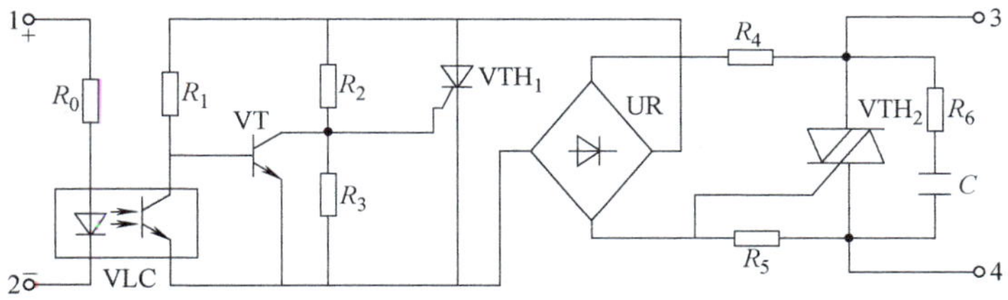

图 1-40　交流固态继电器工作原理图

课后测评

一、填空题

1. 双金属片式热继电器主要由__________、__________、__________、__________复位机构和温度补偿元件等部分组成。

2. 热继电器使用时，需要将________串联在主电路中，________串联在控制电路中。

3. 一般情况下，热继电器热元件的整定电流为电动机额定电流的__________倍，但如果电动机拖动的是冲击性负载或起动时间较长及拖动的设备不允许停车的场合，热继电器的整定电流值可取电动机额定电流的__________倍。如果电动机的过载能力较差，热继电器的整定电流可取电动机额定电流的__________倍。

4. 空气阻尼式时间继电器又称为__________，根据其触点的延时特点，可分为__________和__________两种。

5. 晶体管式时间继电器也称为__________或__________，它具有__________、__________、__________、调整方便及寿命长等优点，其应用越来越广泛。

二、判断题（正确的打“√”，错误的打“×”）

1. 热继电器的整定电流是指热继电器连续工作而不动作的最大电流。（　　）

2. 带断相保护装置的热继电器只能对电动机作断相保护，不能作过载保护。（　　）

3. 对工作电流小于 5A 的电气控制电路，可用中间继电器代替交流接触器来控制。（　　）

4. 中间继电器的触点上面需要装设灭弧装置。（　　）

三、选择题（请把正确答案的字母填入括号中）

1. 热继电器主要用于电动机的（　　）。

A. 短路保护　　B. 过载保护　　C. 欠电压保护

2. 热继电器中主双金属片的弯曲主要是由于两种金属材料的（　　）不同。

A. 机械强度　　B. 导电能力　　C. 热膨胀系数

3. 一般情况下，热继电器中热元件的整定电流为电动机额定电流的（　　）倍。

A. 4～7　　B. 0.95～1.05　　C. 1.5～2

4. 如果热继电器出线端的连接导线过细，会导致热继电器（　　）。

A. 提前动作　　B. 滞后动作　　C. 过热烧毁

5. JS7—A 系列时间继电器从结构上讲，只要改变（　　）的安装方向，即可获得两种不同的延时方式。

A. 电磁系统　　B. 触点系统　　C. 气室

四、问答题

1. 中间继电器与交流接触器有什么区别？什么情况下可用中间继电器代替交流接触器使用？

2. 简述热继电器的工作原理。

3. 热继电器为什么不能作短路保护？

4. 用热继电器对某 Y132S-4 型三相异步电动机（5.5kW，380V，11.6A，△联结）进行过载保护，请选择热继电器的型号/规格。

5. 请分析图 1-36b 所示 JS7-A 系列时间继电器断电延时复位型的动作原理。

6. 晶体管式时间继电器使用于哪些场合？

7. 固态继电器有哪些优点？

8. 图 1-41 所示为某机床电气控制盘，请标注出图中①、②、③、④所指示的电器名称。

图 1-41　机床电气控制盘

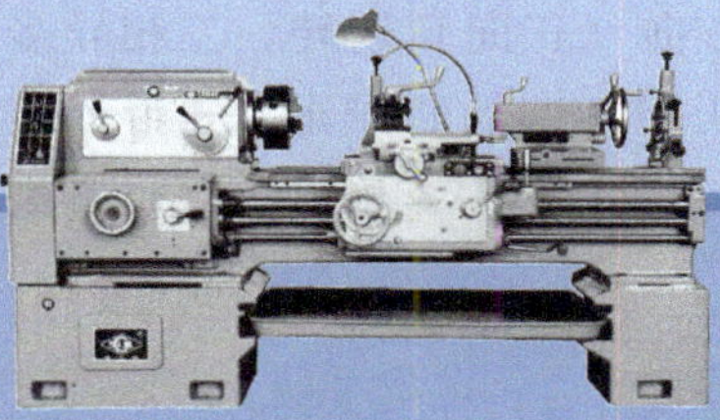

项目二

三相异步电动机基本控制电路的安装与检修

项目描述

在生产实践中，由于各种生产机械的工作性质和加工工艺的不同，使得它们对电动机的控制要求不同，需用的电器类型和数量不同，构成的控制电路也就不同，有的比较简单，有的则相当复杂。但任何复杂的控制电路也是由一些基本控制电路有机地组合起来的。

电动机常见的基本控制电路有以下几种：点动控制电路、正转控制电路、正反转控制电路、位置控制电路、顺序控制电路、多地控制电路、减压起动控制电路、制动控制电路和调速控制电路等。不同的基本控制电路，有不一样的组成和控制功能。日常生产中大量使用的各种各样的机床，如车床、铣床、钻床、磨床、镗床、刨床、造纸机、轧钢机等，其控制电路就是由上述基本控制环节中的数个有机组合而成。

正确绘制和识读电气控制电路图，熟悉电动机基本控制电路的组成和工作原理，掌握电动机基本控制电路的安装和检修技能，需要我们进入项目二——三相异步电动机基本控制电路的安装与检修。

任务一　三相异步电动机单向运转控制电路的安装与检修

学习目标

1. 熟悉接触器自锁正转控制电路的构成和工作原理。
2. 能正确绘制和识读电气控制电路原理图、布置图和接线图。
3. 掌握三相异步电动机基本控制电路的安装和检修工艺。
4. 能安装和检修接触器自锁正转控制电路。

任务描述

三相异步电动机单向运转是指三相异步电动机只能单方向（正向）运转，三相异步电动机单向运转控制电路只能控制三相异步电动机单方向（正向）起动和停止，并带动生产机械的运动部件朝一个方向旋转或运动。如图 2-1 所示，砂轮机、水泵、输送带等日常生产机械设备广泛运用三相异步电动机单向运转控制电路。

a) 砂轮机　　b) 水泵　　c) 输送带

图 2-1　三相异步电动机单向运转控制电路的应用

三相异步电动机单向运转控制电路包括手动正转控制电路、点动正转控制电路和接触器自锁正转控制电路等。本任务就是安装和检修接触器自锁控制电路。

知识链接

一、手动正转控制电路

正转控制电路只能控制电动机单向起动和停止，并带动生产机械的运动部件朝一个方向旋转或运动。手动正转控制电路是通过低压开关来控制电动机单向起动和停止的。图 2-2 所示的是车工用砂轮机磨车刀，砂轮机的电气控制电路就属于手动正转控制电路。

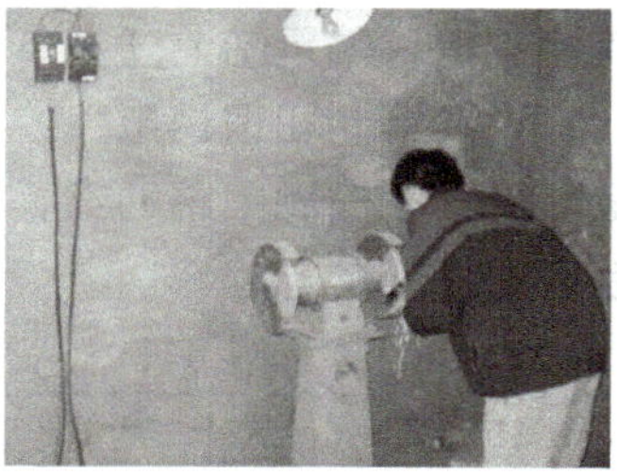

图 2-2　车工用砂轮机磨车刀

需用砂轮机时，向上扳动低压断路器的开关，砂轮转动可以进行磨刀；用完砂轮机时，向下扳动低压断路器的开关，砂轮停转，停止磨刀。当电路出现短路故障时，低压断路器会自动跳闸断开电路，起到短路保护作用。

砂轮机的控制和保护电路非常简单，都是由低压断路器实现的，所用元器件少。尽管如此，若把砂轮机的电气控制电路中所使用的电气装置和器件的实际图形都画出来，是非常麻烦的。因此人们就把这些电气装置和器件，用尽可能简单的电气图形符号表示出来，并在它们的旁边标上电器的文字符号，画出电路图来分析它们的作用、电路的构成和工作原理等。

图 2-3 所示为图 2-2 砂轮机的电气控制电路的模拟安装盘和电气原理图。从图中很容易看出砂轮机的电气控制电路是由三相电源（L1、L2、L3）、低压熔断器 FU、低压断路器 QF 和三相交流异步电动机 M 构成的。低压断路器集控制、保护于一身，电流从三相电源经低压熔断器和低压断路器流入电动机，电动机则带动砂轮机运转。

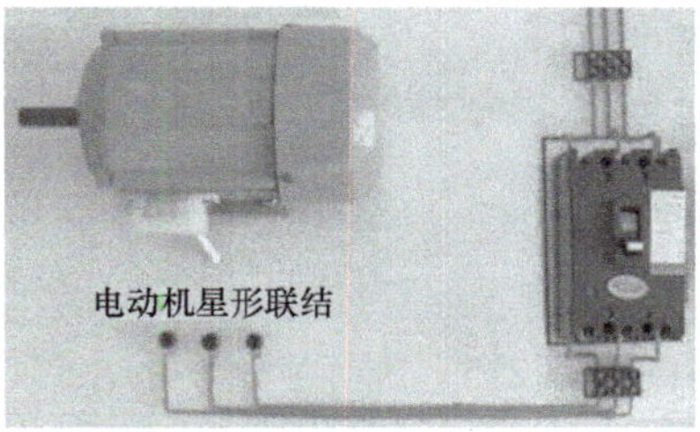

a) 模拟安装盘

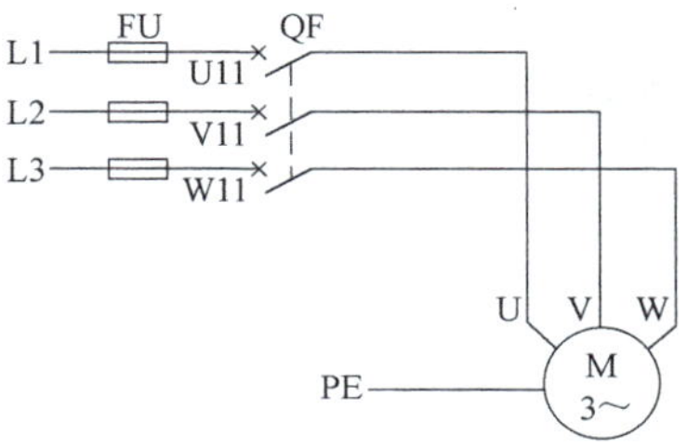

b) 电气原理图

图 2-3　砂轮机电气控制电路的模拟安装盘和电气原理图

小提示

电气图形符号的标准，本书采用的是国家标准 GB/T 4728.1—2005 ~ 4728.13—2008《电气简图用图形符号》中所规定的图形符号，文字符号标准采用的是国家标准 GB/T 7159—1987《电气图形中的文字符号制定规则》中的文字符号。这些符号是电气工程技术的通用技术语言（常用电气图形符号与文字符号见附录 A）。

国家标准对图形符号的绘制尺寸没有进行统一的规定，实际绘图时可按实际情况以使用方便为原则，合理选择尺寸进行绘制，图形符号的布置一般为水平或垂直位置。

在电气图中，导线、电缆线、信号通路及元器件、设备的引线均称为连接线。绘制电气图时，连接线一般应采用实线，无线电信号通路采用虚线，并且应尽量减少不必要的连接线，避免线条交叉和弯折。对有直接电联系的交叉导线的连接点，要用小黑圆点表示；无直接电联系的交叉跨越导线则不画小黑圆点，如图 2-4 所示。

a) 有直接电联系的交叉导线　　b) 无直接电联系的交叉跨越导线

图 2-4　交叉导线的表示

从图 2-3b 所示电路图可以看出，电源电路用细实线画成水平线，对表示三相交流电源的相序符号 L1、L2、L3 自上而下依次标在电源线的左端。电流由三相交流电源引入控制电路。流过电动机的是工作电流，电流较大，称为控制电路的主电路，要垂直电源电路画出。电路图中的各个接点用字母或数字编号，主电路从电源开始，经电源开关或熔断器的出线端按相序依次编号为 U11、V11、W11。单台三相交流电动机（或设备）的三根引出线按相序依次编号为 U、V、W。

使用图 2-3b 所示的电气原理图，可以使得分析控制电路的工作原理变得简单明了：

起动：合上断路器 QF→电动机 M 接通电源起动运转；

停止：断开断路器 QF→电动机 M 脱离电源停止运转。

小提示

在分析各种控制电路的工作原理时，常用电气符号和箭头配以少量的文字说明，来表达电路的工作原理。

用组合开关控制的手动正转控制电路的电路图如图2-5所示，工作原理请自行分析。

手动正转控制电路的优点是所用电器元件少，电路简单；缺点是操作劳动强度大，安全性差，且不便于实现远距离控制和自动控制。

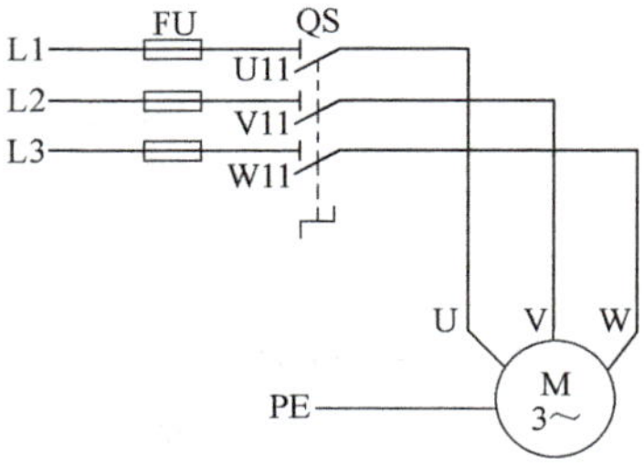

图 2-5　组合开关手动正转控制电路的电路图

二、点动正转控制电路

在三相异步电动机需要频繁起动和停止的场合，如果用主令电器（例如按钮）和自动控制电器（例如接触器）组合起来控制，不仅可以实现远距离控制和自动控制，而且还能进行频繁起动和停止操作，并且操作人员的劳动强度也大为降低。

如图 2-6 所示 CA6140 型车床，操作人员在快速移动车床刀架时，只要按下按钮，刀架就会快速移动；松开按钮，刀架就会立即停止移动。刀架快速移动采用的是一种点动控制电路，它通过主令电器——按钮和自动控制电器——接触器来实现刀架快速移动的自动控制的。所谓点动控制是指按下按钮，电动机就得电运转；松开按钮，电动机就失电停转。这种控制方法常用于车床拖板箱快速移动电动机控制和电动葫芦的起重电动机控制。

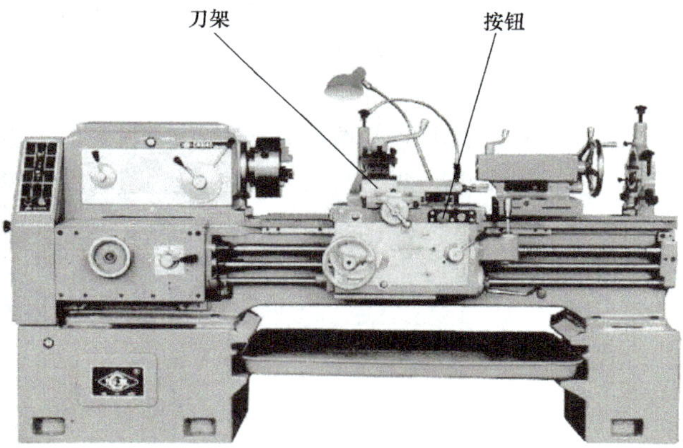

图 2-6　CA6140 型车床的实物图

1. 点动正转控制电路的组成和工作原理

图 2-7 所示为点动正转控制电路，它是用按钮、接触器来控制电动机运转的最简单的正转控制电路。其中图 2-7a 为电路图，图 2-7b 为布置图，图 2-7c 为接线图，图 2-7d 为模拟安装盘。生产机械电气控制电路的电气图常用电路图、布置图和接线图来表示。

图 2-7a 所示电路图中，三相交流电源 L1、L2、L3 与断路器 QF 组成电源电路；熔断器 FU1、接触器 KM 主触点和三相异步电动机 M 构成主电路：而由熔断器 FU2、起动按钮 SB 和接触器 KM 的线圈组成的电路称为控制电路。显然，合上断路器 QF，电动机 M 并不能得电起动运转，只有再按下起动按钮 SB，使接触器 KM 线圈通电，KM 主触点闭合，才能使电动机 M 得电起动运转。若松开 SB，KM 线圈失电，其主触点就会断开复位，电动机 M 也随之失电停转。可见，电动机的运转不再由低压开关手动直接控制，而是由按钮和接触器配合实现自动控制。

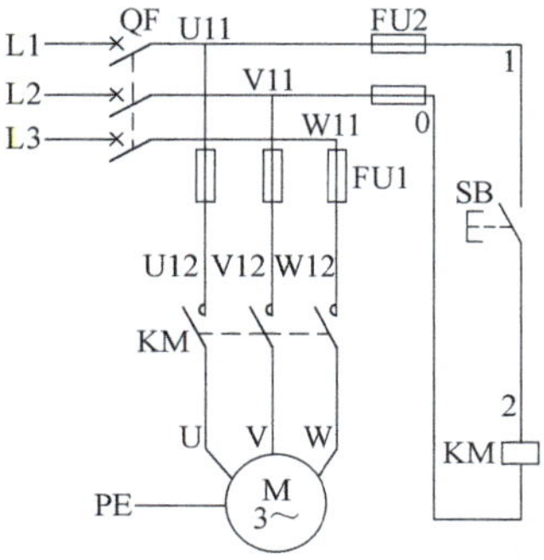

a) 电路图

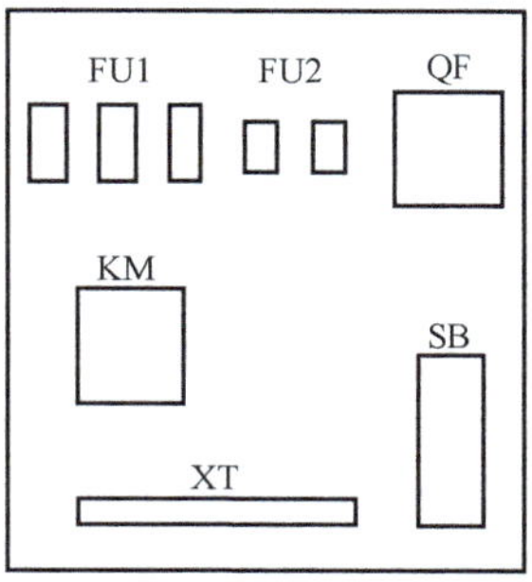

b) 布置图

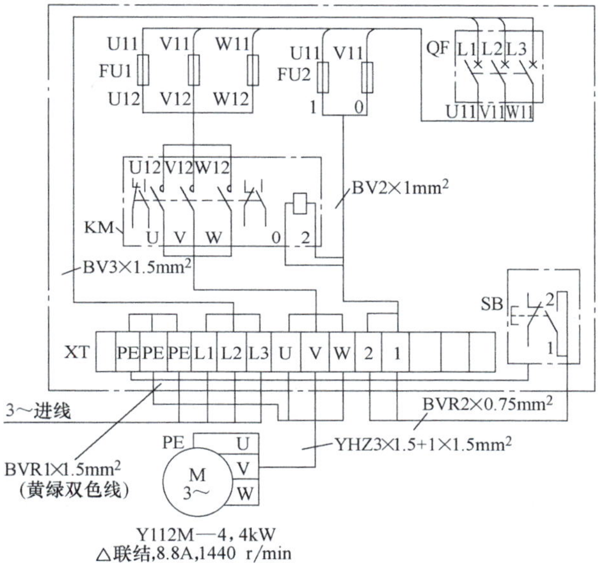

c) 接线图

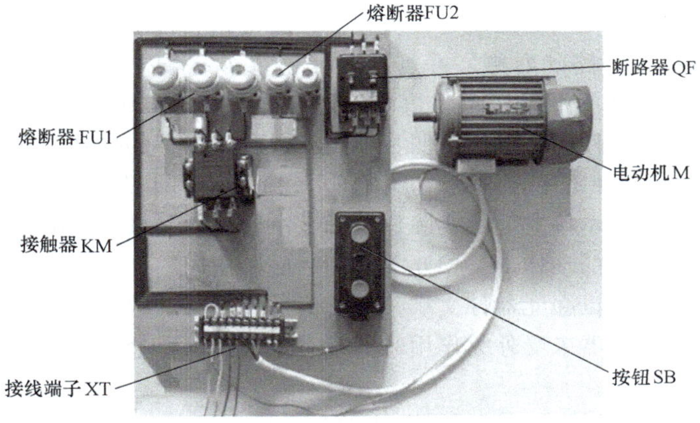

d) 模拟安装盘

图 2-7　点动正转控制电路

图 2-7 所示点动正转控制电路中，断路器 QF 用作电源开关；熔断器 FU1、FU2 分别用作主电路、控制电路的短路保护；起动按钮 SB 控制接触器 KM 的线圈得电与失电；接触器 KM 的主触点控制电动机 M 的起动和停止。

根据电路图，点动正转控制电路的工作原理可叙述如下。

需要工作时，先合上电源开关 QF；

起动：按下 SB→KM 线圈得电→KM 主触点闭合→电动机 M 得电起动运转；

停止：松开 SB→KM 线圈失电→KM 主触点分断→电动机 M 失电停转；

停止工作时，断开电源开关 QF。

2. 绘制、识读电路图、布置图和接线图的原则

(1) 电路图　电路图是根据生产机械运动形式对电气控制系统的要求，采用国家统一规定的电气图形符号和文字符号，按照电气设备和电器的工作顺序排列，详细表示电路、设备或成套装置的全部基本组成和连接关系，但不涉及元器件的结构尺寸、材料选用、安装位置和实际配线方法的一种简图。电路图能充分表达电气设备和电器的用途、作用及电路的工作原理，是电气电路安装、调试和维修的理论依据。

绘制、识读电路图应遵循以下原则：

1）电路图一般分电源电路、主电路和辅助电路三部分绘制。

电源电路一般画成水平线，三相交流电源相序 L1、L2、L3 自上而下依次画出，若有中性线 N 和保护地线 PE，则依次画在相线之下。直流电源的“+”端在上，“-”端在下画出。电源开关要水平画出。

主电路是指受电的动力装置及控制、保护电器的支路等，是电源向负载提供电能的电路，它是由主熔断器、接触器的主触点、热继电器的热元件以及电动机等组成的。主电路通过的是电动机的工作电流，电流比较大，因此一般在图纸上用粗实线表示，绘于电路图的左侧并垂直于电源电路。

辅助电路一般包括控制主电路工作状态的控制电路、显示主电路工作状态的指示电路、提供机床设备局部照明的照明电路等。一般由主令电器的触点、接触器的线圈及辅助触点、继电器的线圈及触点、仪表、指示灯和照明灯等组成。通常辅助电路通过的电流较小，一般不超过 5A。

辅助电路要跨接在两相电源之间，一般按照控制电路、指示电路和照明电路的顺序，用细实线依次垂直画在主电路的右侧，并且耗能元件（如接触器和继电器的线圈、指示灯、照明灯等）要画在电路图的下方，与下边电源线相连，而电器的触点要画在耗能元件与上边电源线之间。为读图方便，一般应按照自左至右、自上而下的排列来表示操作顺序。

2）电路图中，元器件不用实际的外形图表示，而是采用国家统一规定的电气图形符号表示。同一电器的各元件不按它们的实际位置画在一起，而是按其在电路中所起的作用分画在不同的电路中，但它们的动作却是相互关联的，必须用同一文字符号标注。若同一电路图中，相同的电器较多，可以在元器件文字符号后面加注不同的数字以示区别。各电器的触点位置都按电路未通电或电器未受外力作用时的常态位置画出，分析原理时应从触点的常态位置出发。

3）电路图采用电路编号法，即对电路中的各个接点用字母或数字编号。

主电路在电源开关的出线端按相序依次编号为 U11、V11、W11。然后按从上至下、从左至右的顺序，每经过一个电器元件后，编号要递增，如 U12、V12、W12；U13、V13、

W13……。单台三相交流电动机（或设备）的三根引出线，按相序依次编号为U、V、W。对于多台电动机引出线的编号，为了不致引起误解和混淆，可在字母前用不同的数字加以区别，如1U、1V、1W；2U、2V、2W……。

辅助电路编号按“等电位”原则，按从上至下、从左至右的顺序用数字依次编号，每经过一个元器件后，编号要依次递增。控制电路编号的起始数字必须是1，其他辅助电路编号的起始数字依次递增100，如照明电路编号从101开始；指示电路编号从201开始等。

（2）布置图　布置图是根据电气元件在控制板上的实际安装位置，采用简化的外形符号（如正方形、矩形、圆形等）而绘制的一种简图。它不表达各电器的具体结构、作用、接线情况以及工作原理，主要用于说明电器元件的布置和安装位置。布置图中各电器的文字符号必须与电路图和接线图的标注一致，图2-7b所示就是点动正转控制电路的布置图。

（3）接线图　接线图是根据电气设备和元器件的实际位置和安装情况绘制的，只用来表示电气设备和元器件的位置、配线方式和接线方式，而不明显表示电气动作原理和元器件之间的控制关系。它是电气施工的主要图样，主要在安装接线、电路检查和故障处理时使用。图2-7c所示是点动正转控制电路的接线图。

绘制、识读接线图应遵循以下原则：

1）接线图中一般示出如下内容：电气设备和元器件的相对位置、文字符号、端子号、导线号、导线类型、导线截面积、屏蔽和导线绞合等。

2）所有的电气设备和元器件都按其所在的实际位置绘制在图样上，且同一电器的各元件根据其实际结构，使用与电路图相同的图形符号画在一起，并用点画线框上，其文字符号以及接线端子的编号应与电路图中的标注一致，以便对照检查接线。

3）接线图中的导线有单根导线、导线组（或线扎）、电缆等之分，可用连续线和中断线表示。凡导线走向相同的可以合并，用线束来表示，到达接线端子板或元器件的连接点时再分别画出。在用线束表示导线组、电缆时，可用加粗的线条表示，在不引起误解的情况下，也可采用部分加粗。另外，导线及管子的型号、根数和规格应标注清楚。

在实际生产工作中，电路图、布置图和接线图常常是要结合起来使用的。

三、接触器自锁正转控制电路

点动正转控制电路只适用于生产机械中电动机的短时间运转。在需要电动机长时间连续运转的场合，常采用接触器自锁正转控制电路。例如CA6140车床的主轴电动机就是采用这种控制方式来进行控制的。

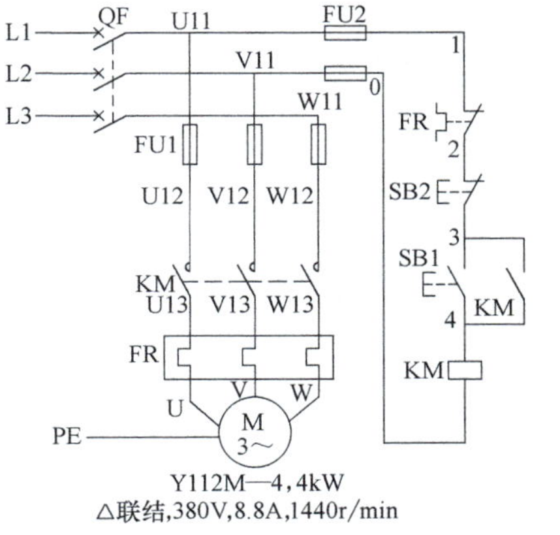

图2-8　接触器自锁正转控制电路

图2-8所示为接触器自锁正转控制电路。与点动正转控制电路相比，在其控制电路中串接了一个停止按钮SB2，在起动按钮SB1的两端并接了接触器KM的一对辅助常开触点。主电路中还增加串联了热继电器FR的热元件，相应地在控制电路中串接了一个热继电器FR的常闭触点。

接触器自锁正转控制电路的工作原理如下：

先合上电源开关QF，

起动：按下 SB1→KM 线圈得电 →KM 主触点闭合→电动机 M 起动连续运转
→KM 辅助常开触点闭合

当松开 SB1，其常开触点恢复分断后，因为接触器 KM 的辅助常开触点闭合时已将 SB1 短接，控制电路仍保持接通，所以接触器 KM 线圈继续得电，电动机 M 实现连续运转。

小提示

当松开起动按钮 SB1 后，接触器 KM 通过自身的辅助常开触点而使其线圈保持得电的作用叫作自锁（或自保）。与起动按钮 SB1 并联起自锁作用的辅助常开触点叫自锁触点（也称自保触点）。

停止：按下 SB2→KM 线圈失电 →KM 主触点分断→电动机 M 失电停转
→KM 辅助常开触点分断

由于在按下停止按钮 SB2 时，切断了控制电路，接触器 KM 失电，其自锁触点已分断解除了自锁，而且 SB1 也是分断的，所以当松开 SB2 其常闭触点恢复闭合后，接触器也不会自行得电，电动机也不会自行重新起动运转。

最后，关断电源开关 QF。

该控制电路除了具有接触器自锁控制功能外，还具有短路保护、欠电压保护、失电压保护和过载保护功能，见表 2-1。

表 2-1 接触器自锁控制电路的保护功能

序号	功能	原理
1	短路保护	低压断路器和熔断器同时进行短路保护
2	欠电压保护	欠电压是指电路电压低于电动机应加的额定电压。欠电压保护是指当电路电压下降到低于某一数值时，电动机能自动切断电源停转，避免电动机在欠电压下长时间运行造成损坏的一种保护措施。采用接触器自锁控制电路就可避免电动机欠电压运行。因为当电路电压下降到低于额定电压的 85% 时，接触器线圈两端的电压也同样下降到此值，从而使接触器线圈产生的磁通减弱，产生的电磁吸力小于反作用弹簧的拉力时，动铁心被迫释放，主触点、自锁触点同时分断，自动切断主电路和控制电路，电动机失电停转，实现了欠电压保护
3	失电压保护	失电压保护是指电动机在正常运行中，由于外界某种原因引起突然断电时，能自动切断电动机电源；当重新供电时，保证电动机不能自行起动的一种保护措施 接触器自锁控制电路可实现失压保护。因为接触器自锁触点和主触点在电源断电时已经断开，使主电路和控制电路都不能接通，所以在电源恢复供电时，电动机就不会自行起动运转，保证了人身和设备的安全
4	过载保护	过载保护是指当电动机出现过载时，能自动切断电动机的电源，使电动机停转的一种保护。电动机在运行过程中，如果长期负载过大、频繁起动、缺相运行等，都可能使电动机定子绕组的电流增大，超过其额定值。而在这种情况下，熔断器往往并不熔断，从而引起电动机定子绕组过热。若温度超过允许温升，就会造成绝缘损坏，缩短电动机的使用寿命，严重时甚至会烧毁电动机的定子绕组。因此，对电动机必须采取过载保护措施，最常用的过载保护电器是热继电器，它的热元件串接在主电路中，常闭触点串接在控制电路中。若电动机在运行中，由于过载而使电流超过额定值，那么经过一段时间后，热元件受热发生弯曲并通过传动机构使常闭触点分断，切断控制电路的电源，使接触器线圈失电，其主触点和自锁触点分断，电动机失电停转，达到了过载保护的目的

【例 2-1】 图 2-9 所示自锁控制电路中，请指出其中的错误及出现的现象，并加以改正。

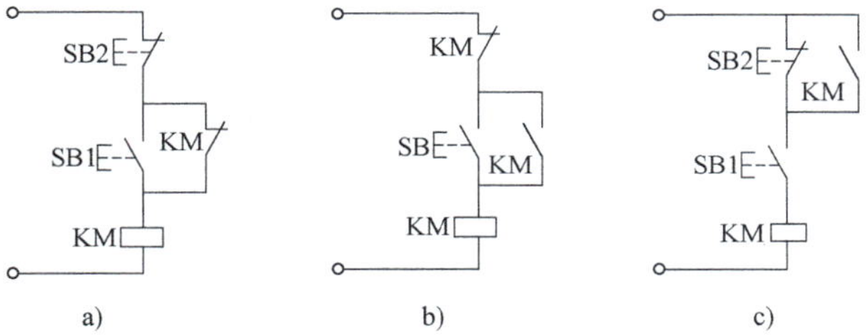

图 2-9　自锁控制电路

解： 在图 2-9a 中接触器 KM 的自锁触点不应用辅助常闭触点。因用辅助常闭触点不但失去了自锁作用，同时会使电路出现时通时断的现象。应把辅助常闭触点改换成辅助常开触点，使电路正常工作。

在图 2-9b 中接触器 KM 的辅助常闭触点不能串接在电路中。否则，按下起动按钮 SB 后，会使电路出现时通时断的现象，应把 KM 的辅助常闭触点换成停止按钮，使电路正常工作。

在图 2-9c 中接触器 KM 的自锁触点不能并接在停止按钮 SB2 的两端。否则，就失去了自锁作用，电路只能实现点动控制，应把自锁触点并接在起动按钮 SB1 的两端。

任务实施

实施本任务所使用的工具、仪表及器材可参考表 2-2。

表 2-2　工具、仪表及器材

类别	序号	名称	型号与规格	单位	数量	备注
工具	1	电工常用工具	测电笔、螺钉旋具、尖嘴钳、斜口钳、剥线钳、电工刀等	套	1	
仪表	2	万用表	MF47	块	1	
	3	兆欧表	500V，0～200MΩ	只	1	
	4	钳形电流表	0～50A	只	1	
器材	5	低压断路器 QF	DZ5—20/330	只	1	
	6	熔断器 FU1	RL1—60/25，380V，60A，配熔体 25A	只	3	
	7	熔断器 FU2	RL1—15/2，380V，15A，配熔体 2A	只	2	
	8	接触器 KM	CJT1—20，20A，线圈电压 380V	只	1	
	9	热继电器 FR	JR36—20，热元件额定电流 11A	只	1	
	10	按钮 SB	LA4—3H	只	1	
	11	接线端子排 XT	TD—1515，660V、15A、15 节	只	1	
	12	控制盘	500mm×600mm	只	1	
	13	电动机 M	Y112M—4，4kW，380V，8.8A，△联结	台	1	

一、电路安装

1. 绘制布置图和接线图

识读接触器自锁正转控制电路，明确所用电器元件的作用，熟悉电路的工作原理，绘制布置图和接线图，如图 2-10 所示。

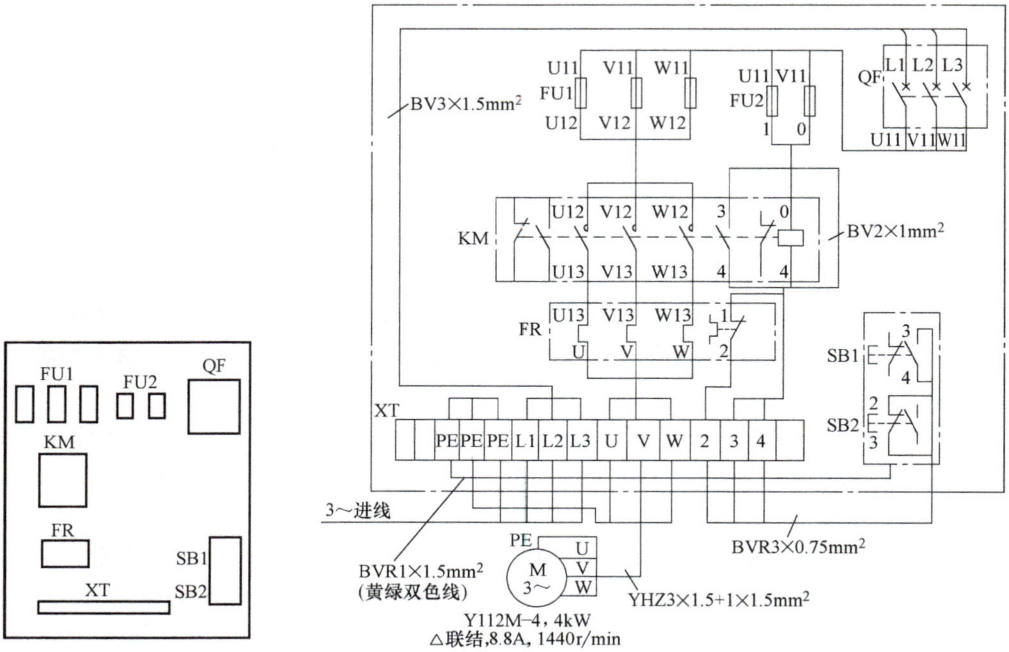

a) 布置图　　b) 接线图

图 2-10　接触器自锁正转控制电路的布置图和接线图

2. 选配、检测元器件

1）根据电路图和电动机的规格，选配元器件。

2）检查各元器件的外观是否完整无损，并用仪表检查各元器件和电动机的质量。

3. 布置、固定元器件

根据图 2-10a 所示布置图，在控制板上布置、固定元器件，并贴上醒目的文字符号，如图 2-11a 所示。

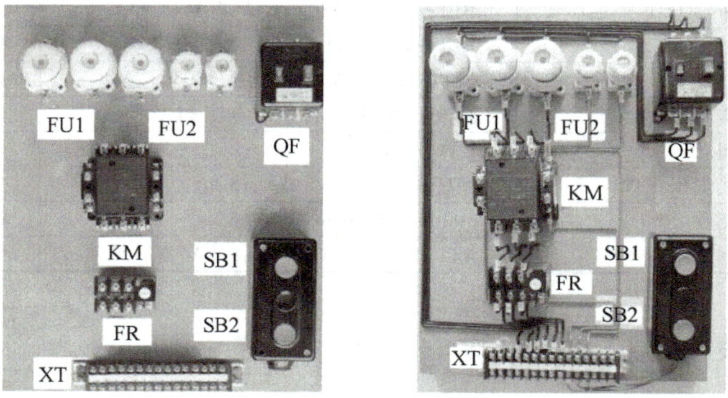

a) 布置、固定元器件　　b) 板前明线布线

图 2-11　布置、固定元器件和板前明线布线

操作提示

1）断路器、熔断器的受电端子应安装在控制板的外侧，并使熔断器的受电端为底座的中心端。

2）各元件的安装位置应整齐、匀称，间距合理，便于元件的更换。

3）紧固各元件时，用力要均匀，紧固程度适当。在紧固熔断器、断路器等易碎元件时，应该用手按住元件一边轻轻摇动，一边用旋具轮换旋紧对角线上的螺钉，直到手摇不动后，再适当加固旋紧些即可。

4. 布线

1）根据电动机容量选配主电路导线的截面。本任务为模拟安装，主电路导线可采用截面积为 BV1.5mm^2的铜芯线（黑色，也可以按照 L1、L2、L3 依次采用黄、绿、红色），控制电路导线可采用截面积为 BV 1mm^2的铜芯线（红色），按钮线可采用截面积为 BVR0.75mm^2的铜芯线（红色），接地线一般采用截面积不小于 BVR1.5mm^2的铜芯线（黄/绿双色）。

2）按照图 2-10b 所示接线图的走线方法，进行板前明线布线和套编码套管，如图2-11b所示。板前明线布线的工艺要求如下：

① 布线通道要尽可能少，同路并行导线按主、控电路分类集中，单层密排，紧贴安装面布线。

② 同一平面的导线应高低一致或前后一致，不能交叉。非交叉不可时，该根导线应在接线端子引出时水平架空跨越，但必须走线合理。

③ 布线应横平竖直，分布均匀。变换走向时应垂直转向。

④ 布线时严禁损伤线芯和导线绝缘。

⑤ 布线顺序一般以接触器为中心，由里向外，由低至高，先控制电路，后主电路的顺序进行，以不妨碍后续布线为原则。

⑥ 在每根剥去绝缘层导线的两端套上编码套管。所有从一个接线端子（或接线桩）到另一个接线端子（或接线桩）的导线必须连续，中间无接头。

⑦ 导线与接线端子或接线桩连接时，不得压绝缘层、不反圈及不露铜过长。

⑧ 同一元件、同一回路的不同接点的导线间距离应保持一致。

⑨ 一个电器元件接线端子上的连接导线不得多于两根，每节接线端子板上的连接导线一般只允许连接一根。

5. 自检

板前明线布线完毕，再按照图 2-8 所示电路图或图 2-10b 所示接线图，自行检查板前明线布线的正确性。

注意　自检必须在不通电情况下进行。只有自检合格后才能再进行下一步的通电试车。

检查控制板布线的工艺要求如下：

1）按照电路图或接线图从电源端开始，逐段核对接线及接线端子处线号是否正确，有无漏接、错接之处。检查导线接点是否符合要求，压接是否牢固。同时注意接点接触应良好，以避免带负载运转时产生闪弧现象。

2）用万用表电阻档检查电路的通断情况。检查时，应选用倍率适当的电阻档，并进行欧姆调零。

① 检查主电路。将万用表表笔依次分别跨接在接线端子 U11 和 U 处、V11 和 V 处、W11 和 W 处，读数都应为“∞”；手动让接触器 KM1 主触点闭合，再依次分别检测，读数也都应为“0”。

② 检查控制电路。将万用表表笔分别搭在 U11 和 V11 处，读数应为“∞”。

a. 起动控制：按下起动按钮 SB1，万用表读数应为接触器线圈的直流电阻值。

b. 自锁控制：松开起动按钮 SB1，手动让接触器辅助常开触点闭合，万用表读数应为接触器线圈的直流电阻值。

c. 过载保护控制：按下起动按钮 SB1 或手动让接触器辅助常开触点闭合，测得接触器线圈的直流电阻值，再同时手动让热继电器常闭触点断开，万用表读数由线圈的直流电阻值变为“∞”。

d. 停车控制：按下起动按钮 SB1 或手动让接触器辅助常开触点闭合，测得接触器线圈的直流电阻值，再同时按下停止按钮 SB2，万用表读数应由线圈的直流电阻值变为“∞”。

3）用兆欧表检查电路的绝缘电阻的阻值应不得小于 1MΩ。

操作提示

检测完毕，万用表的转换开关要打在交流高压档；电源开关 QF 要关断。

6. 通电试车

1）调整热继电器的整定电流值，检查熔断器中熔体的规格。

2）安装三相异步电动机，然后连接电动机保护接地线 PE，再连接电动机电源线 U、V、W。

3）确认电源断开的情况下，连接三相电源引入线 L1、L2、L3，控制电路板实物图如图 2-12 所示。

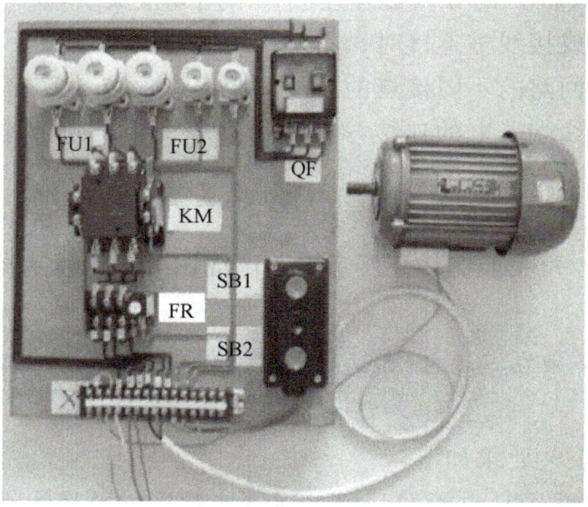

图 2-12　接触器自锁正转控制电路板实物图

注意　① 电动机的金属外壳必须可靠接地。接至电动机的导线，必须穿在导线通道内加以保护，或采用坚韧的四芯橡皮线或塑料护套线进行临时通电校验。

② 通电试车前，应检查与通电试车有关的电气设备是否有不安全的因素存在，若查出应立即整改，然后方能通电试车。

③ 通电试车前，必须征得指导教师的同意，并由指导教师接通三相电源L1、L2、L3，同时在现场监护。为保证人身安全，在通电试车时，要严格认真执行安全操作规程的有关规定。

4）接通三相电源，合上电源开关QF，用测电笔检查熔断器出线端，氖管亮说明电源接通。

① 按下起动按钮SB1，观察接触器情况是否正常，是否符合电路功能要求，观察电器元件动作是否灵活，有无卡阻及噪声过大等现象，观察电动机运行是否正常。若有异常，立即停车断电检查。

操作提示

不得对电路接线是否正确进行带电检查。若需带电检查，必须在教师现场监护的情况下进行。检查完毕后，如需要再次试车，也应该在教师现场监护下，并做好时间记录。试车成功率以通电后第一次按下按钮时计算。

② 当电动机运转平稳后，用钳形电流表测量三相电流是否平衡。

③ 按下停止按钮SB2，电动机惯性停车。

5）通电试车完毕，断开电源开关QF，切断三相电源。

二、电路检修

1. 电动机基本控制电路故障检修的一般步骤和方法

1）用试验法观察故障现象，初步判定故障范围。在不扩大故障范围、不损坏电气设备和机械设备的前提下，对电路进行通电试验，通过观察电气设备和电器元件的动作是否正常，各控制环节的动作程序是否符合要求，初步确定故障发生的大概部位或回路。

2）用逻辑分析法缩小故障范围。根据电气控制电路的工作原理、控制环节的动作程序以及它们之间的联系，结合故障现象做具体的分析，缩小故障范围，特别适用于对复杂电路的故障检查。

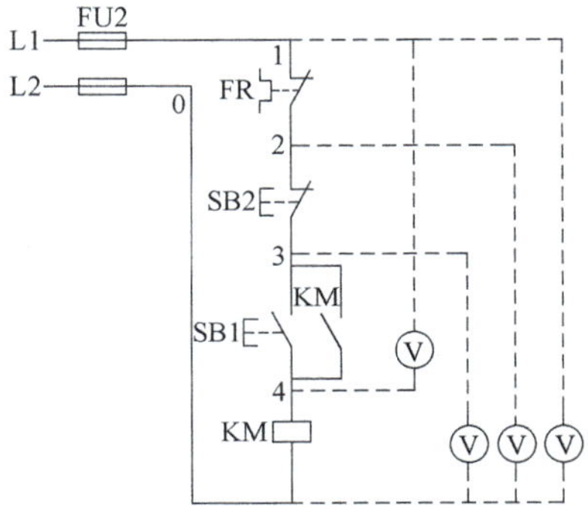

图2-13　电压测量法

3）用测量法确定故障点。利用电工工具和仪表对电路进行带电或断电测量，常用的方法有电压测量法和电阻测量法。

① 电压测量法。测量检查时，首先把万用表的转换开关置于交流电压500V的档位上，然后按图2-13所示的方法进行测量。

接通电源，若按下起动按钮SB1时，接触器KM不吸合，则说明控制电路有故障。

检测时，在松开按钮SB1的条件下，先用万用表测量0和1两点之间的电压，若电压为

380V，则说明控制电路的电源电压正常。然后把黑表笔接到0点上，红表笔依次接到2、3各点上，分别测量出0－2、0－3两点间的电压，若电压均为380V的话，再把黑表笔接到1点上，红表笔接到4点上，测量出1－4两点间的电压。根据其测量结果即可找出故障点，见表2-3。表中符号“×”表示不需再测量。

表2-3　电压测量法查找故障点

故障现象	0－2	0－3	1－4	故障点
按下SB1时，接触器KM不吸合	0	×	×	FR常闭触点接触不良
	380V	0	×	SB2常闭触点接触不良
	380V	380V	0	KM线圈断路
	380V	380V	380V	SB1接触不良

② 电阻测量法。测量检查时，首先把万用表的转换开关置于倍率适当的电阻档位上（一般选 $R \times 100$ 以上的档位），然后按图2-14所示的方法进行测量。

接通电源，若按下起动按钮SB1时，接触器KM不吸合，则说明控制电路有故障。

检测时，首先切断电路的电源（这点与电压测量法不同），用万用表依次测量出1－2、1－3、0－4各两点间的电阻值。根据其测量结果可找出故障点，见表2-4。

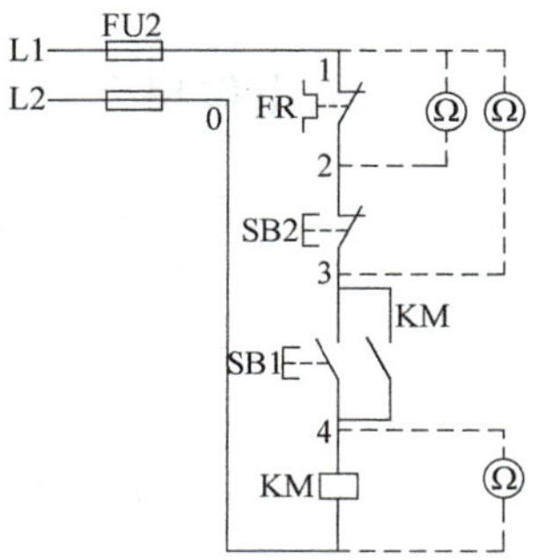

图2-14　电阻测量法

以上是用测量法查找确定控制电路的故障点，对于主电路的故障点，结合图2-8说明如下：

表2-4　电阻测量法查找故障点

故障现象	1－2	1－3	0－4	故障点
按下SB1时，接触器KM不吸合	∞	×	×	FR常闭触点接触不良
	0	∞	×	SB2常闭触点接触不良
	0	0	∞	KM线圈断路
	0	0	*R*	SB1接触不良

注：*R* 为接触器KM线圈的直流电阻值。

首先测量接触器电源端的U12—V12、U12—W12、W12—V12之间的电压。若均为380V，说明U12、V12、W12三点至电源无故障，可进行第二步测量。否则可再测量U11—V11、U11—W11、W11—V11顺次至L1—L2、L2— L3、L3—L1直到发现故障。其次断开主电路电源，用万用表的电阻档（一般选 $R \times 10$ 以上档位）测量接触器负载端U13—V13、U13—W13、W13—V13之间的电阻，若电阻均较小（电动机定子绕组的直流电阻），说明U13、V13、W13三点至电动机无故障，可判断为接触器主触点有故障。否则可再测量U—V、U—W、W—V到电动机接线端子处，直到发现故障。

4）根据故障点的不同情况，采用正确的维修方法排除故障。

5）检修完毕，进行通电空载校验或局部空载校验。

6）校验合格，通电正常运行。

2. 示范检修接触器自锁正转控制电路人为设置的两个故障

（1）故障设置　在图 2-8 所示的主电路和控制电路中，人为设置自然电气故障各一处。

（2）故障检修步骤和方法　通电检查时，除去出现主电路断相运行的现象，一般先查控制电路，后查主电路。故障检修的步骤和方法见表 2-5。

表 2-5　故障检修的步骤和方法

检修步骤		检修方法	
		控制电路	主电路
1	用实验法观察故障现象	合上 QF，按下 SB1 时，KM 不吸合，应立即切断电源	合上 QF，按下 SB1 时，电动机转速极低甚至不转，并发出"嗡嗡"声，应立即切断电源
2	用逻辑分析法确定故障范围	根据故障现象（KM 不吸合），结合电路图，可初步确定故障点可能在控制电路上	根据故障现象，分析电路，判定故障范围可能在电源电路和主电路上
3	用测量法确定故障点	分别采用电阻测量法（注意，首先要切断电源，并用测电笔检验电路无电）和电压测量法（须在通电的情况下），都可以找到故障点为控制电路上 FR 常闭触点已分断	先断开电源开关 QF，用测电笔检验主电路无电后，拆除电动机 M 的负载线并恢复绝缘。再合上电源开关 QF，按下按钮 SB1，然后用测电笔从上至下依次测试 U11、V11、W11；U12、V12、W12；U13、V13、W13；U、V、W 各接点；当测到 W13 时，发现测电笔的氖泡不亮，即说明连接接触器输出端 W13 与热继电器受电端 W13 的导线开路
4	根据故障点的情况，采取正确的检修方法，排除故障	本例设置的故障点是模拟电动机断相运行后，导致 FR 常闭触点分断。因此，按下 FR 复位按钮后，控制电路即正常	重新接好 W13 处的连接点，或更换同规格的连接接触器输出端 W13 与热继电器受电端 W13 的导线
5	检修完毕通电试车	重新连接好电动机的负载线，征得指导教师的同意后，并在指导教师的监护下，合上电源开关 QF，按下 SB1，观察电路和电动机的运行是否正常，控制环节的动作程序是否符合要求，最后用钳形电流表测电动机三相电流是否平衡等，经检验合格后，电动机正常运行	

3. 练习检修接触器自锁正转控制电路人为设置的两个故障

在控制电路或主电路中人为设置电气自然故障两处，然后按照以下的检修步骤和方法进行检修：

1）用通电试验法观察故障现象。观察电动机、各电器元件及电路工作是否正常，如发现异常现象，应立即断电检查。

2）用逻辑分析法缩小故障范围，并在电路图上用虚线标出故障部位的最小范围。

3）用测量法正确、迅速地找出故障点。

4）根据故障点的不同情况，采取正确的方法迅速排除故障。

5）排除故障后再通电试车。

6）通电试车完毕，断开电源开关 QF，切断三相电源。

7）先拆除三相电源线 L1、L2、L3，再拆除电动机电源线 U、V、W 和保护接地线 PE。

注意

1）检修前要先掌握电路图中各个控制环节的作用和原理，并熟悉电动机的接线方法。

2）在检修过程中严禁扩大和产生新的故障，否则要立即停止检修。

3）在排除故障的过程中，分析故障的思路和排除故障的方法要正确。

4）用测电笔检测故障时，必须检查电笔是否符合使用要求。

5）不能随意更改电路或带电触摸电器元件。

6）仪表使用要正确，以防止引起错误判断。

7）带电检修故障时，必须有教师在现场监护，并要确保用电安全。

8）检修必须在规定时间内完成。

任务评价

一、电路安装任务评价（见表2-6）

表2-6 电路安装任务评价

序号	评价内容	配分	评价标准		扣分
1	装前检查	5	电器元件漏检或错检，每处扣1分		
2	安装元件	15	（1）不按布置图安装，扣5分 （2）元件安装不牢固，每只扣2分 （3）元件安装不整齐、不匀称、不合理，每只扣2分 （4）损坏元件，扣15分		
3	布线	40	（1）不按电路图接线，扣10分 （2）布线不符合要求，每根扣3分 （3）接点松动、露铜过长、反圈等，每个扣1分 （4）损伤导线绝缘层或线芯，每根扣3分 （5）漏接接地线扣5分		
4	通电试车	40	（1）热继电器整定错误，扣20分 （2）第一次试车不成功扣20分 第二次试车不成功扣30分 第三次试车不成功扣40分		
安全与文明生产		违反安全与文明生产规程，扣5～50分			
开始时间		结束时间		成绩	
学生姓名		考评员	（签字） 年 月 日		

二、电路检修任务评价（见表 2-7）

表 2-7　电路检修任务评价

序号	评价内容	配分	评价标准			扣分
1	分析故障	20	（1）故障分析、排除故障的思路不正确，扣 5～10 分 （2）标错电路故障范围，每个扣 10 分			
2	排除故障	60	（1）停电不验电，扣 5 分 （2）工具及仪表使用不当，扣 5 分 （3）排除故障的顺序不对，扣 5 分 （4）不能查出故障，每个扣 20 分 （5）查出故障点，但不能排除，每个扣 10 分 （6）产生新的故障： 不能排除，每个扣 20 分 已经排除，每个扣 10 分 （7）损坏电动机，扣 20 分 （8）损坏电器元件，每只扣 5 分			
3	通电试车	20	（1）热继电器整定错误，扣 10 分 （2）第一次试车不成功，扣 10 分 第二次试车不成功，扣 15 分 第三次试车不成功，扣 20 分			
安全与文明生产		违反安全与文明生产规程，扣 5～50 分				
开始时间			结束时间		成绩	
学生姓名			考评员			（签字）　　年　月　日

任务拓展

顺序控制和多地控制电路

一、顺序控制电路

在生产实际中，有些生产机械上有多台电动机，而每一台电动机的工作任务又是不同的，有时需要按一定的顺序起动或停止，才能保证操作过程的合理和工作的安全可靠。如 X62W 型万能铣床上，主轴电动机和冷却泵电动机采用的就是顺序控制，即只有在主轴电动机起动后冷却泵电动机才能起动。

这种要求几台电动机的起动和停止必须按一定的先后顺序来完成的控制方式，称为电动机的顺序控制。能实现这种顺序控制的方法很多，常见的主要有两大类：一种是通过在主电路上的控制来实现的，见图 2-15 所示；另一种是通过控制电路来实现的，如图 2-16 所示。

1. 主电路顺序控制

图 2-15a 电路的特点是电动机 M2 的主电路接在 KM 主触点的下面。电动机 M2 是通过

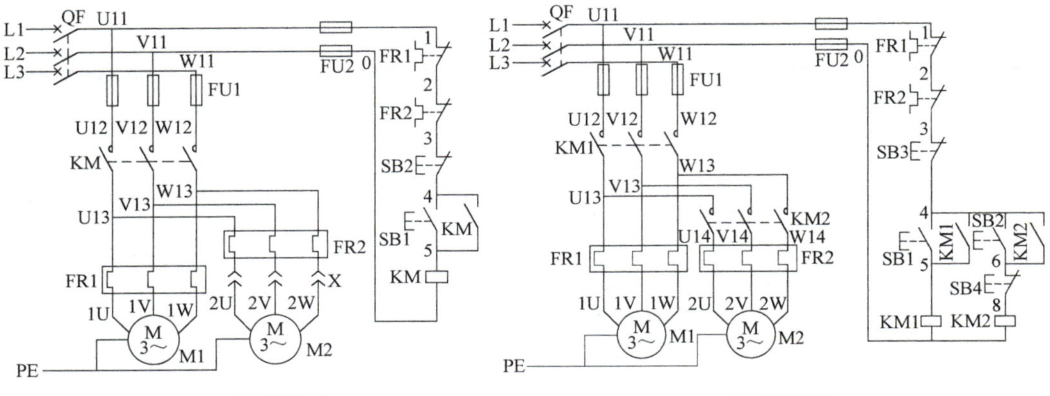

a) 接插器连接　　b) 按钮控制

图 2-15　主电路顺序控制

接插器 X 接在接触器 KM 主触点的下面，因此，只有当 KM 主触点闭合，电动机 M1 起动运转后，电动机 M2 才可能接通电源运转。

图 2-15b 所示主电路实现顺序控制的工作原理如下：

先合上电源开关 QF，M1 起动后 M2 才能起动：

按下SB1 → KM1线圈得电 → KM1主触点闭合 / KM1自锁触点闭合自锁 → 电动机M1起动连续运转

→ 再按下SB2 → KM2线圈得电 → KM2主触点闭合 / KM2自锁触点闭合自锁 → 电动机M2起动连续运转

M1、M2同时停转：

按下SB3 → 控制电路失电 → KM1、KM2主触点分断 → M1、M2同时停转

关断电源开关QF。

图 2-15b 所示电路停车顺序为 M2 先停转，M1 后停转，工作原理请读者自己分析。

2. 控制电路顺序控制

图 2-16a 所示控制电路的特点是：电动机 M2 的控制电路先与接触器 KM1 的线圈并接后再与 KM1 的自锁触点串接，这样就保证了 M1 起动后，M2 才能起动的顺序控制要求。

图 2-16b 所示控制电路的特点是：在 M2 的控制电路中串接了接触器 KM1 的常开辅助触点。显然，只要 M1 不起动，即使按下 SB21，由于 KM1 的常开辅助触点未闭合，KM2 线圈也不能得电，从而保证了 M1 起动后，M2 才能起动的控制要求。电路中停止按钮 SB12 控制两台电动机同时停止，SB22 可控制 M2 的单独停止。

图 2-16c 所示控制电路是在前面电路中的 SB12 的两端并接了接触器 KM2 的常开辅助触点，从而实现了 M1 起动后，M2 才能起动；而 M2 停止后，M1 才能停止的控制要求，即 M1、M2 顺序起动，逆序停止。

图 2-16 所示控制电路顺序控制的工作原理请读者自己分析。

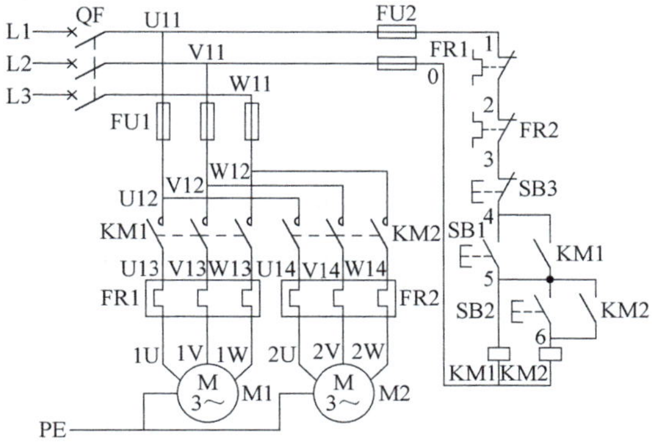

a) 顺序起动同时停止

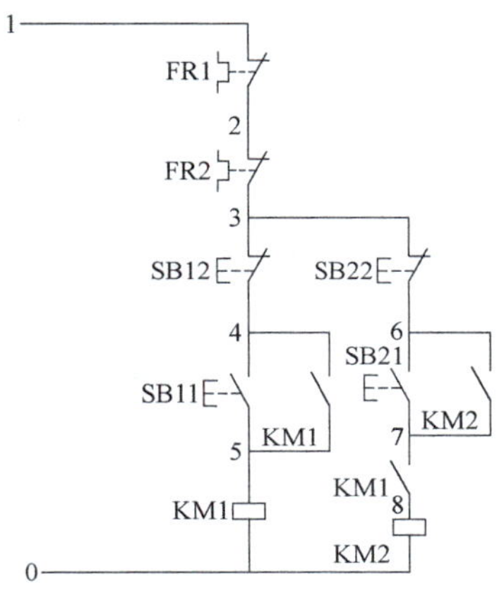

b) 顺序起动分别停止

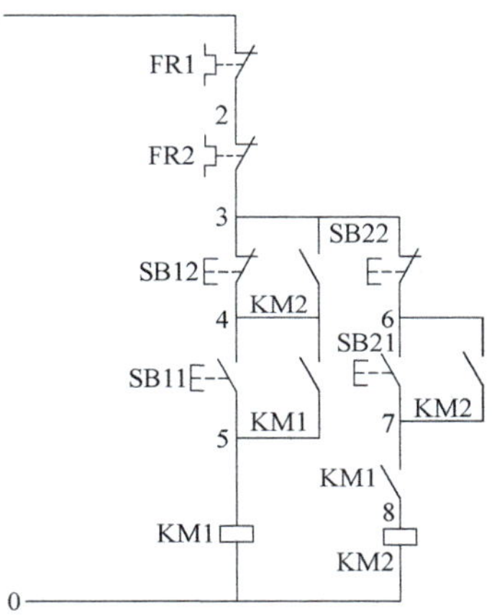

c) 顺序起动逆序停止

图 2-16　控制电路顺序控制

二、多地控制电路

在生产实际中，有些生产机械上，为了操作的方便，在对一台电动机的控制方式上，采

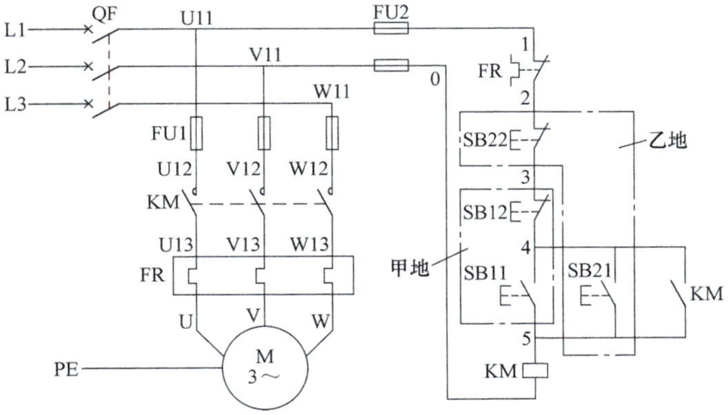

图 2-17　两地控制接触器自锁正转控制电路

用两个或两个以上的地点进行控制。如 X62W 型铣床的主轴电动机 M1 的控制，为了方便操作，采用两地控制方式，一组安装在工作台上；另一组安装在床身上。

能在两地或两地以上的地点控制同一台电动机的控制方式，称为电动机的多地控制。

图 2-17 就是一个两地控制的、具有过载保护、接触器自锁正转控制电路。SB11、SB12 为安装在甲地的起动按钮和停止按钮；SB21、SB22 为安装在乙地的起动按钮和停止按钮。该电路的工作原理请读者自行分析。

课后测评

一、填空题

1. 电路图中，各电器的触点位置都按电路______或电器______作用时的______位置画出，分析原理时，应从触点的______位置出发。

2. 电路图中，同一电路的各元件不按它们的______位置画在一起，而是按其电路中所起的作用分别画在不同的电路中，但它们的动作却是相互______的，必须标注____的文字符号。

3. 电路安装接线时，必须先接______端，后接______端；先接______线，后接________________线。

4. 通电试车完毕停转切断电源后，应先切除________线，再拆除____________线。

5. 电动机及按钮的金属外壳必须可靠____________。

6. 热继电器的热元件要串接在____________中，常闭触点要串接在__________中。

二、判断题（正确的打“√”，错误的打“×”）

1. 按元件明细表选配的电器元件可直接安装，不用检验。（　　）

2. 接触器自锁控制电路具有失电压和欠电压保护功能。（　　）

3. 由于热继电器在电动机控制电路中兼有短路和过载保护，故不需要再接入熔断器作短路保护。（　　）

4. 在三相异步电动机控制电路中，熔断器只能作短路保护。（　　）

5. 根据电路图、接线图、布置图安装完毕的控制电路，不用自检交验，可以直接通电试车。（　　）

三、选择题（请把正确答案的字母填入括号中）

1. 同一电器的各元件在电路图和接线图中使用的图形符号，文字符号要（　　）。

A. 基本相同　　B. 不同　　C. 完全相同

2. 主电路的编号在电源开关的出线端按相序依次为（　　）。

A. U　V　W　　B. L1　L2　L3　　C. U11　V11　W11

3. 辅助电路按等电位原则从上至下，从左至右的顺序使用（　　）编号。

A. 数字　　B. 字母　　C. 数字或字母

4. 在控制板上安装组合开关、熔断器时，其受电端子应安装在控制板的（　　）。

A. 内侧　　B. 外侧　　C. 内侧或外侧

5. 接触器在自锁触点是一对（　　）。

A. 常开辅助触点　　B. 常闭辅助触点　　C. 主触点

四、问答题

1. 什么叫欠电压保护？什么叫失电压保护？为什么说接触器自锁控制电路具有欠电压和失压保护作用？

2. 什么是过载保护？为什么对电动机要采取过载保护？熔断器能否代替热继电器来实现过载保护？为什么？

3. 什么是通电试验法？什么是逻辑分析法？

4. 在已安装合格的具有过载保护的接触器自锁控制电路板上，人为设置电气自然故障，通电运行并观察故障现象，将故障现象记入表 2-8。

表 2-8　故障设置表

故障设置元件	故障点	故障现象
SB1	触点接触不良	
SB2	触点不能分断	
KM	线圈接头脱落	
KM	自锁触点接触不良	
KM	一相主触点接触不良	
FR	整定值调的太小	
FR	常闭触点接触不良	

五、画图题

试为某生产机械设计电动机的电气控制电路，要求如下：

（1）既能点动控制又能连续控制；

（2）具有短路、过载、欠电压、失电压保护作用。

任务二　三相异步电动机正反转控制电路的安装与检修

学习目标

1. 掌握三相异步电动机实现换向的方法。
2. 熟悉双重联锁正反转控制电路的构成和工作原理。
3. 能安装和检修三相异步电动机双重联锁正反转控制电路。

任务描述

正转控制电路只能使电动机朝一个方向旋转，带动生产机械的运动部件朝一个方向运动。在生产实践中，有许多生产机械的运动部件要能向正、反两个方向运动，例如摇臂钻床摇臂的上升和下降及立柱的夹紧和放松运动，铣床工作台的往返运动及主轴的正反转等，如图 2-18 所示。这些生产机械也就是对电动机不仅需要正转控制，还需要反转控制，即要求电动机能实现正、反转控制。

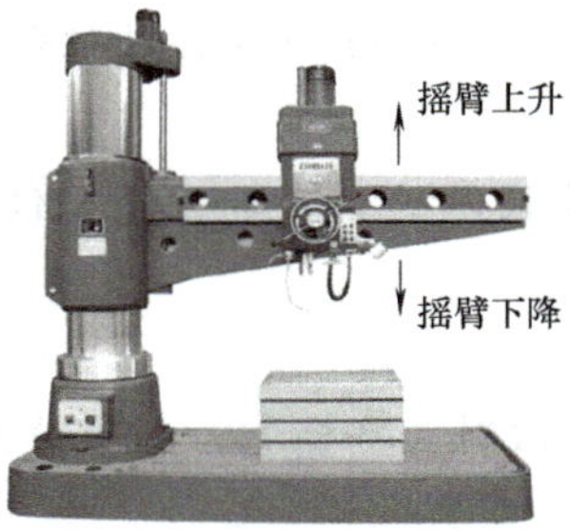

a) 摇臂钻床

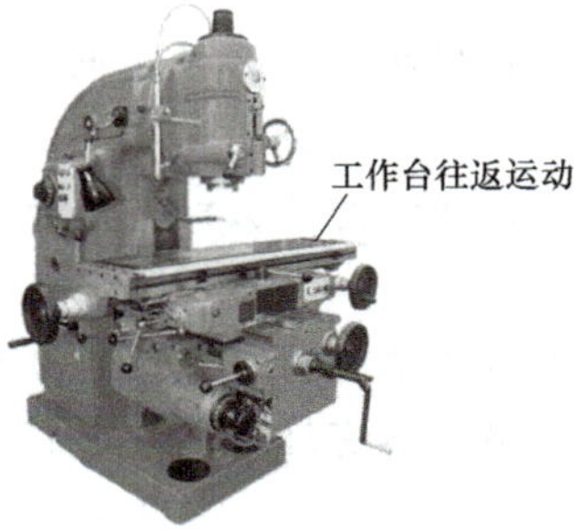

b) 铣床

图 2-18 生产机械中的正反向运动

三相异步电动机正反转控制电路包括倒顺开关正反转控制电路、接触器联锁正反转控制电路以及按钮—接触器双重联锁正反转控制电路等。本任务就是安装和检修按钮—接触器双重联锁正反转控制电路。

知识链接

一、三相异步电动机改变转向的方法

由三相异步电动机的工作原理可知，电动机的转向由旋转磁场的旋转方向决定。接入电动机三相定子绕组的电流相序改变了，则产生的旋转磁场的旋转方向就改变了，电动机的转向也随之改变。因此，只要调换三相交流异步电动机任意两相定子绕组所接的电源线（相序），旋转磁场即改变转向，电动机也随之改变转向，如图 2-19 所示。

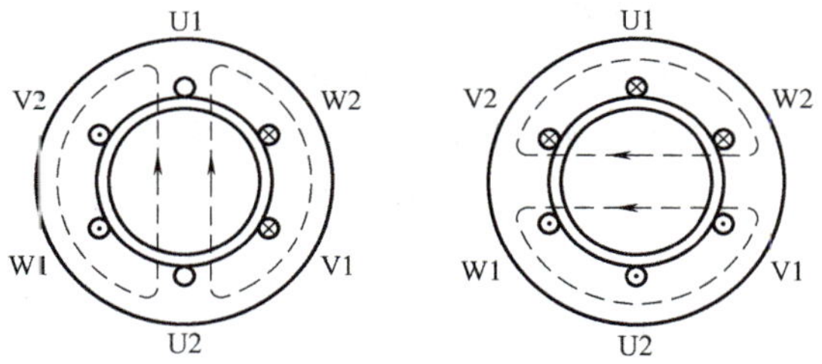

a) 顺时针运转　b) 逆时针运转

图 2-19 通过改变电动机的旋转磁场来改变电动机转向

二、倒顺开关控制电动机正反转

生产实际中，人们为了方便控制三相电源相序的改变，专门设计出一种开关，用来改变三相电源的相序，这种开关就是倒顺开关。如 X62W 型万能铣床主轴电动机的正反转控制就是采用倒顺开关来实现的。

倒顺开关控制电动机正反转电路图如图 2-20 所示，电路的工作原理如下：

（1）正转控制　当倒顺开关 QS 手柄扳至“顺”位置时，QS 的动触点和左边的静触点相接触，电路按 L1—U、L2—V、L3—W 接通，输入电动机定子绕组的电源电压相序为 L1—L2—L3，电动机正转。

（2）反转控制　当倒顺开关 QS 手柄扳至“倒”位置时，QS 的动触点和右边的静触点相接触，电路按 L1—W、L2—V、L3—U 接通，输入电动机定子绕组的电源电压相序为 L3—L2—L1，电动机反转。

（3）停车控制　当倒顺开关 QS 手柄扳至“停”位置时，QS 的动、静触点不接触，电

路不通，电动机不转。

三、接触器联锁正反转控制电路

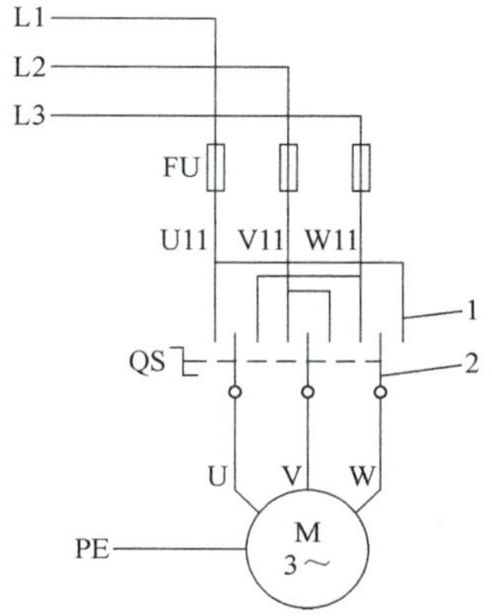

图 2-20　倒顺开关控制电动机正反转电路图

1—静触点　2—动触点

倒顺开关正反转控制电路虽然所用电器较少，电路比较简单，但它是一种手动控制电路，在频繁换向时，操作人员劳动强度大，操作安全性差，所以这种电路一般用于控制额定电流 10A、功率在 3kW 及以下的小容量电动机。在实际生产中，更常用的是用按钮、接触器来控制电动机的正反转，如图 2-21 所示。

电路中采用了两个接触器，即正转用的接触器 KM1 和反转用的接触器 KM2，它们分别由正转按钮 SB1 和反转按钮 SB2 控制。从主电路中可以看出，这两个接触器的主触点所接通的电源相序不同，KM1 按 L1 – L2 – L3 相序接线，KM2 则按 L3 – L2 – L1 相序接线。相应地控制电路有两条，一条是由按钮 SB1 和接触器 KM1 线圈等组成的正转控制电路；另一条是由按钮 SB2 和接触器 KM2 线圈等组成的反转控制电路。

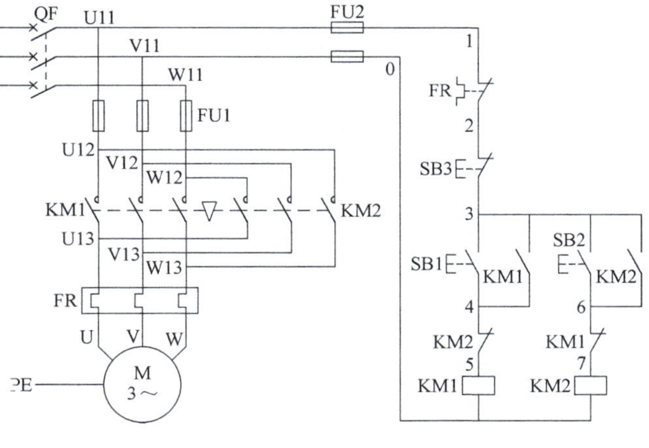

图 2-21　接触器联锁正反转控制电路

接触器 KM1 和 KM2 的主触点绝不允许同时闭合，否则将造成两相电源（L1 相和 L3 相）短路事故。为了避免两个接触器 KM1 和 KM2 同时得电动作，就在正、反转控制电路中分别串接了对方接触器的一对辅助常闭触点。工作过程分析如下：

先合上电源开关 QF。

（1）正转控制

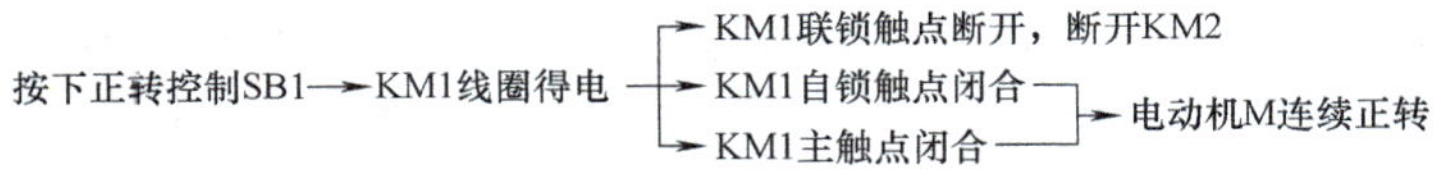

（2）反转控制

先按下SB3→KM1线圈失电→KM1主触点分断→电动机M失电停转
→KM1自锁触点分断解除自锁→电动机M失电停转
→KM1互锁触点闭合，解除对KM2互锁

再按下SB2→KM2线圈得电→KM2主触点闭合→电动机M得电反转
→KM2自锁触点闭合自锁→电动机M得电反转
→KM2互锁触点分断，对KM1互锁

(3) 停止控制

按下停止按钮 SB3 ⟶控制电路失电⟶接触器 KM1（或 KM2）主触点分断⟶电动机 M 停止运行

关断电源开关 QF。

当一个接触器得电动作时，通过其辅助常闭触点使另一个接触器不能得电动作，接触器之间这种相互制约的作用叫作接触器联锁（或互锁）。实现联锁（或互锁）作用的辅助常闭触点称为联锁（或互锁）触点，联锁（或互锁）符号用“▽”表示。

四、按钮—接触器双重联锁正反转控制电路

接触器联锁正反转控制电路的优点是安全可靠，缺点是操作不便。因电动机从正转变为反转时，必须先按下停止按钮后，才能按反转起动按钮，否则由于接触器的联锁作用，不能实现反转。为克服接触器联锁正反转控制电路的不足，可采用按钮、接触器双重联锁的正反转控制电路，如图 2-22 所示。该电路兼有两种联锁电路（按钮联锁和接触器联锁）的优点，如 Z3050 型摇臂钻床的立柱夹紧和松开电动机的控制就是采用这种控制。

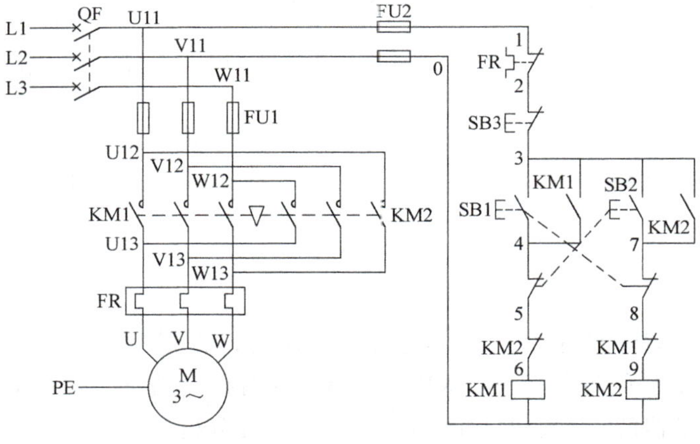

图 2-22 按钮—接触器双重联锁正反转控制电路

该电路采用了两个接触器，即正转用的接触器 KM1 和反转用的接触器 KM2，它们分别由正转按钮 SB1 和反转按钮 SB2 控制。从主电路中可以看出，这两个接触器的主触点所接通的电源相序不同，KM1 按 L1－L2－L3 相序接线，KM2 则按 L3－L2－L1 相序接线。相应地控制电路有两条，一条是由按钮 SB1 和接触器 KM1 线圈等组成的正转控制电路；另一条是由按钮 SB2 和接触器 KM2 线圈等组成的反转控制电路。

图 2-22 所示电路的工作原理如下：

先合上电源开关 QF。

(1) 正转控制：

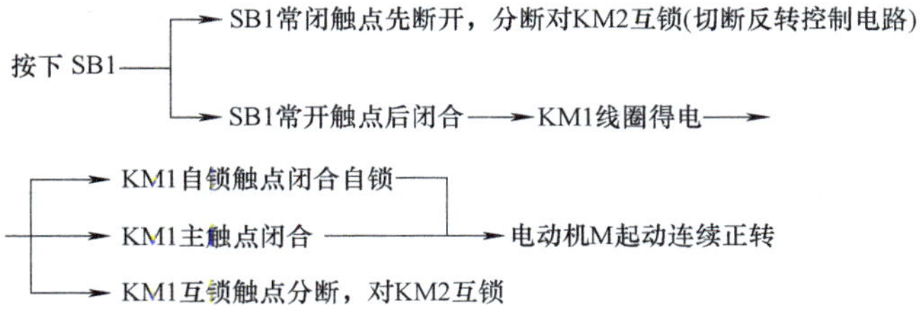

(2) 反转控制：

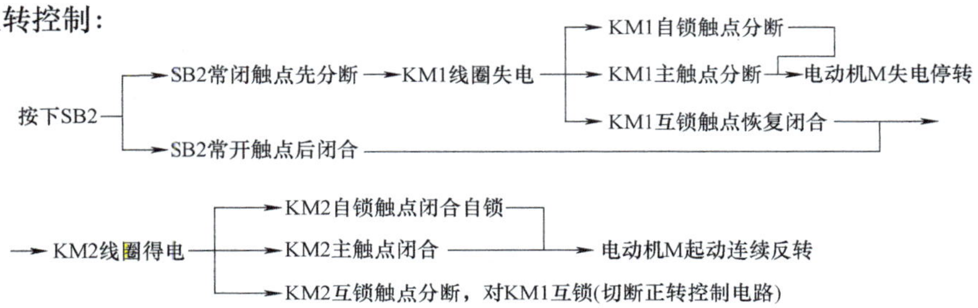

(3) 停止控制：

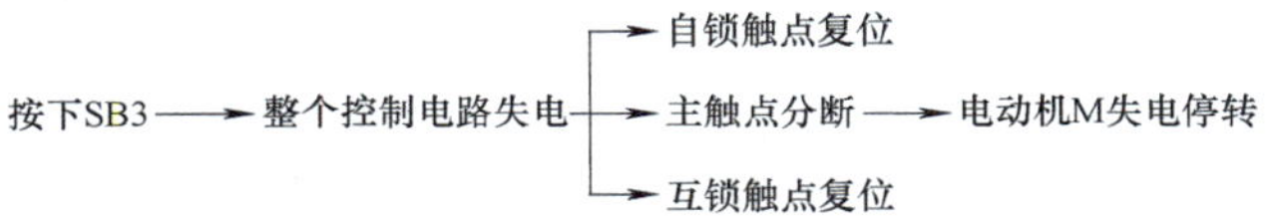

关断电源开关 QF。

【例 2-2】 几种正反转控制电路如图 2-23 所示，试分析各电路能否正常工作。若不能正常工作，请说明原因，并改正过来。

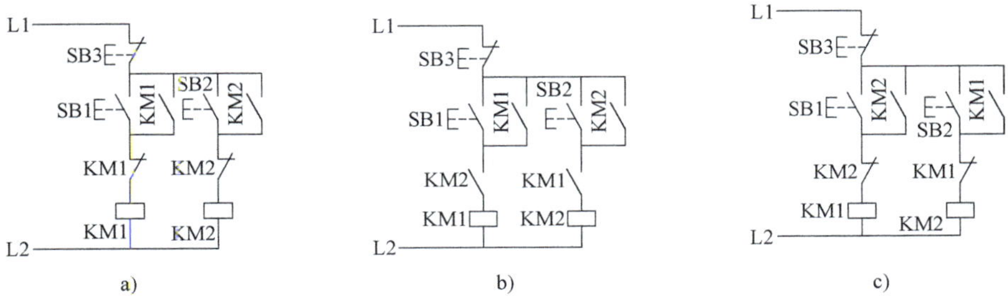

图 2-23 正反转控制电路

解： 图 2-23a 所示电路不能正常工作。其原因是联锁触点不能用自身接触器的常闭辅助触点。不但起不到联锁作用，当按下起动按钮后，还会出现控制电路时通时断的现象。应把图中两对联锁触点换接。

图 2-23b 所示电路不能正常工作，其原因是联锁触点不能用常开辅助触点。即使按下起动按钮，接触器也不能得电动作。应把联锁触点换成常闭辅助触点。

图 2-23c 所示电路只能实现点动正反转控制，不能连续工作。其原因是自锁触点所用对

方接触器的常开辅助触点起不到自锁作用。若要使电路能连续工作，应把图中两对自锁触点换接。

任务实施

实施本任务所使用的工具、仪表及器材可参考表 2-9。

表 2-9　工具、仪表及器材

类别	序号	名称	型号与规格	单位	数量	备注
工具	1	电工常用工具	测电笔、螺钉旋具、尖嘴钳、斜口钳、剥线钳、电工刀等	套	1	
仪表	2	万用表	任选	块	1	
	3	兆欧表	500V，0～200MΩ	只	1	
	4	钳形电流表	0～50A	只	1	
器材	5	低压断路器 QF	DZ5-20/330	只	1	
	6	熔断器 FU1	RL1—60/25，380V，60A，配熔体 25A	只	3	
	7	熔断器 FU2	RL1—15/2，380V，15A，配熔体 2A	只	2	
	8	接触器 KM	CJT1—20，20 A，线圈电压 380V	只	2	
	9	热继电器 FR	JR36—20，热元件 11A，整定电流 8.8A	只	1	
	10	按钮 SB	LA4—3H	只	1	
	11	接线端子排 XT	TD—1515，660V、15A、15 节	只	1	
	12	控制盘	500mm×600mm	只	1	
	13	电动机 M	Y112M—4，4kW，380V，8.8A，△联结	台	1	

一、电路安装

1. 绘制布置图和接线图

识读按钮和接触器双重联锁正反转控制电路，明确所用电器元件的作用，熟悉电路的工作原理，绘制布置图和接线图，如图 2-24 所示。

2. 选配、检测元器件

1）根据电路图和电动机的规格，选配元器件。

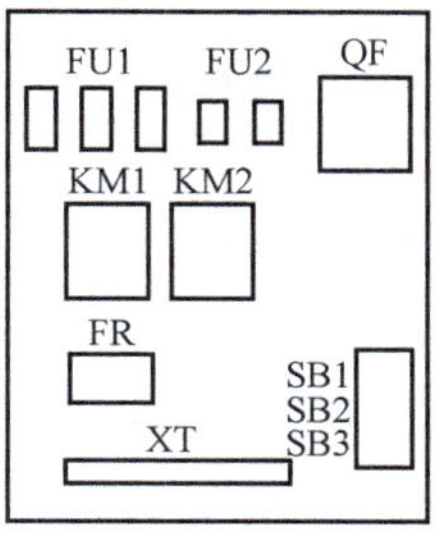

a) 布置图

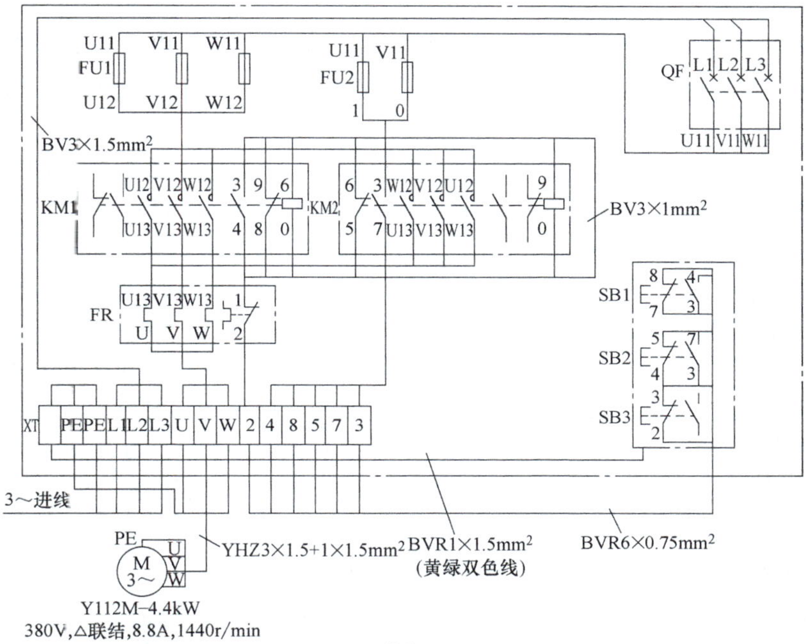

b) 接线图

图 2-24　按钮和接触器双重联锁正反转控制电路的布置图和接线图

2）检查各元器件的外观是否完整无损，并用仪表检查各元器件和电动机的质量。

3. 布置、固定元器件

根据布置图，在控制板上布置、固定元器件，并贴上醒目的文字符号。

4. 布线

按照接线图的走线方法，进行板前明线布线和套编码套管。

5. 自检

板前明线布线完毕，再按照电路图或接线图检查板前明线布线的正确性。

1）按照电路图或接线图从电源端开始，逐段核对接线及接线端子处线号是否正确，有无漏接、错接之处。检查导线接点是否符合要求，压接是否牢固。同时注意接点接触应良好，以避免带负载运转时产生闪弧现象。

2）用万用表电阻档检查电路的通断情况。检查时，应选用倍率适当的电阻档，并进行欧姆调零。

① 检查主电路。

a. 将万用表表笔依次分别跨接在线端 U11 和 U 处、V11 和 V 处、W11 和 W 处，读数都应为“∞”；手动让接触器 KM1 主触点闭合，读数也都应为“0”。

b. 将万用表表笔分别跨接在线端 U11 和 W13 处、V11 和 V13 处、W11 和 U13 处，读数都应为“∞”；手动让接触器 KM2 主触点闭合，读数也都应为“0”。

② 检查控制电路。将万用表表笔分别搭在 U11 和 V11 处，读数应为“∞”。

a. 起动和停车控制：分别按下正、反转起动按钮 SB1、SB2，万用表读数应为接触器 KM1、KM2 线圈的直流电阻值；再分别按下 SB1、SB2 的同时按下停止按钮 SB3，万用表读数应为“∞”。

b. 自锁控制：分别手动让接触器 KM1、KM2 线圈模拟通电吸合，万用表读数应为接触器 KM1、KM2 线圈的直流电阻值，再同时按下停止按钮 SB3，万用表读数应为“∞”。

c. 按钮互锁控制：按下正转起动按钮 SB1，万用表读数应为接触器 KM1 线圈的直流电阻值，再同时按下反转起动按钮 SB2，万用表读数应为“0”。同理，先按下 SB2 再同时按下 SB1，万用表读数也应由接触器 KM2 线圈的直流电阻值变为“∞”。

d. 接触器互锁控制检查：手动让接触器 KM1 线圈模拟通电吸合，万用表读数应为接触器 KM1 线圈的直流电阻值，再同时手动让接触器 KM2 线圈模拟通电吸合，万用表读数应为“0”。同理，先手动让接触器 KM2 线圈模拟通电吸合，再同时手动让接触器 KM1 线圈模拟通电吸合，万用表读数也应由接触器 KM2 线圈的直流电阻值变为“∞”。

e. 过载保护控制：分别按下正、反转起动按钮 SB1、SB2，万用表读数应为接触器 KM1、KM2 线圈的直流电阻值；再分别手动让热继电器 FR 常闭触点断开，万用表读数应为“∞”。

3）用兆欧表检查电路的绝缘电阻的阻值应不得小于 1MΩ。

6. 通电试车

1）调整热继电器的整定电流值，检查熔断器中熔体的规格。

2）连接三相异步电动机保护接地线 PE 和电动机电源线 U、V、W。

3）确认电源断开的情况下，连接三相电源引入线 L1、L2、L3，控制电路板实物图如图 2-25 所示。

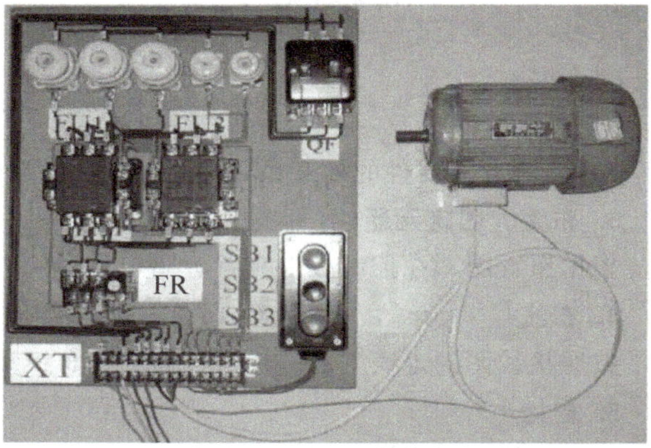

图 2-25　按钮—接触器双重联锁正反转控制电路实物图

4）接通三相电源，合上电源开关 QF，用测电笔检查熔断器出线端，氖管亮说明电源接通。

① 按下正转起动按钮 SB1，接触器 KM1 应通电吸合，电动机正转运行。若有异常，立即停车断电检查。

② 按下停止按钮 SB3，接触器 KM1 应断电释放，电动机惯性停车。若有异常，立即断电检查。

③ 按下反转起动按钮 SB2，接触器 KM2 应通电吸合，电动机反转运行。若有异常，立

即停车断电检查。

④ 按下停止按钮 SB3，接触器 KM2 应断电释放，电动机惯性停车。若有异常，立即断电检查。

⑤ 按下正转起动按钮 SB1，接触器 KM1 应通电吸合，电动机正转运行。若有异常，立即停车断电检查。

⑥ 按下反转起动按钮 SB2，接触器 KM1 应断电释放，接触器 KM2 应通电吸合，电动机反转运行。若有异常，立即停车断电检查。

⑦ 按下正转起动按钮 SB1，接触器 KM2 应断电释放，接触器 KM1 应通电吸合，电动机正转运行。若有异常，立即停车断电检查。

⑧ 按下停止按钮 SB3，接触器 KM2 应断电释放，电动机惯性停车。若有异常，立即断电检查。

5）断开电源开关 QF，切断三相电源。

二、电路检修

1. 常见故障及检测方法

【例 2-3】 按下 SB1（或 SB2）时，KM1（或 KM2）均能正常动作，但松开按钮时接触器释放。

分析：故障是由于接触器的自锁电路失效引起的，怀疑 KM1（或 KM2）自锁电路接线错误。

检查：核对 KM1（或 KM2）自锁电路接线，检查自锁电路接线是否正确；检查 KM1（或 KM2）自锁触点接触是否良好。

处理：改正接线；排除接触器自锁触点故障。

【例 2-4】 按下 SB1，接触器 KM1 剧烈振动，主触点严重起弧，电动机时转时停，松开 SB1 则 KM1 释放。按下 SB2 时 KM2 的现象与 KM1 相同。

分析：由于 SB1、SB2 分别可以控制 KM1 及 KM2，而且 KM1、KM2 都可以起动电动机，表明主电路正常，故障是控制电路引起的。从接触器振动现象看，怀疑是自锁、联锁电路有问题。

检查：核对接线，检查联锁接线时，发现将 KM1、KM2 联锁触点的位置相互颠倒接错，当操作任一按钮时，接触器得电动作后，联锁触点分断，则切断自身线圈通路，造成线圈失电而触点复位，继而又使线圈得电而动作……，如此反复，造成接触器将振动。

处理：改正接线。

【例 2-5】 正转正常，按下反向起动按钮 SB2，KM1 能释放，但 KM2 不吸合。

可能的原因有：接触器 KM1 辅助常闭触点接触不良或断线；反向起动按钮 SB2 常开触点接触不良；正向起动按钮 SB1 常闭触点接触不良。

2. 检修训练

在控制电路或主电路中人为设置电气自然故障两处，然后按照以下的检修步骤和方法进行检修：

1）用通电试验法观察故障现象。观察电动机、各电器元件及电路工作是否正常，如发现异常现象，应立即断电检查。

2）用逻辑分析法缩小故障范围，并在电路图上用虚线标出故障部位的最小范围。

3）用测量法正确、迅速地找出故障点。

4）根据故障点的不同情况，采取正确的方法迅速排除故障。

5）排除故障后再通电试车。

6）通电试车完毕，切断电源。先拆除三相电源线 L1、L2、L3，再拆除电动机电源线 U、V、W 和保护接地线 PE。

任务评价

电路安装和电路检修任务评价分别参见表 2-6 和表 2-7。

任务拓展

位置控制和自动往返控制电路

一、位置控制电路

在生产过程中，一些生产机械运动部件的行程或位置要受到限制，如若仅仅依靠设备的操作人员进行控制，一是劳动强度大，另外生产的安全性也不能得到保证。如在摇臂钻床、万能铣床、镗床、桥式起重机及各种自动或半自动控制的机床设备中就经常用到这种控制。

图 2-26 所示是工厂车间里的行车常采用的位置控制电路图。图的右下角是行车运动示意图，在行车运行路线的两头终点处各安装一个行程开关 SQ1 和 SQ2，它们的常闭触点分别串接在正转控制电路和反转控制电路中。当安装在行车前后的挡铁 1 或挡铁 2 撞击行程开关的滚轮时，行程开关的常闭触点分断，切断控制电路，使行车自动停止。

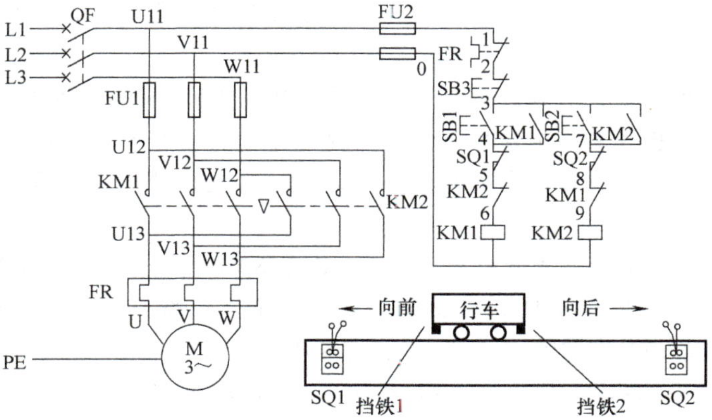

图 2-26　位置控制电路

这种利用生产机械运动部件上的挡铁与行程开关碰撞，使其触点动作，来接通或断开电路，以实现对生产机械运动部件的位置或行程的自动控制，称为位置控制，又称行程控制或限位控制。而实现这种控制要求所依靠的主要电器就是行程开关或接近开关。

图 2-26 所示位置控制电路的工作原理请自行分析。

二、自动往返控制电路

在生产实际中，有些生产机械（如铣床、磨床、刨床等）的工作台要求在一定行程内自动往返循环运动，以便实现对工件的连续加工，提高生产效率。这就需要电气控制电路能对电动机实现自动换接正反转控制。

由行程开关控制的工作台自动往返控制电路如图 2-27a 所示。

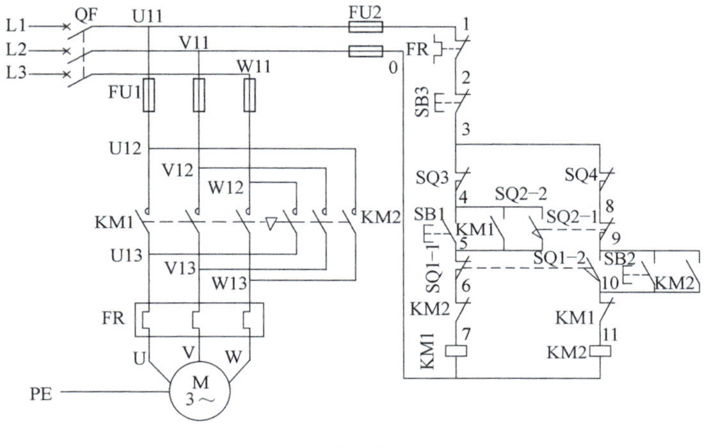

a) 控制电路

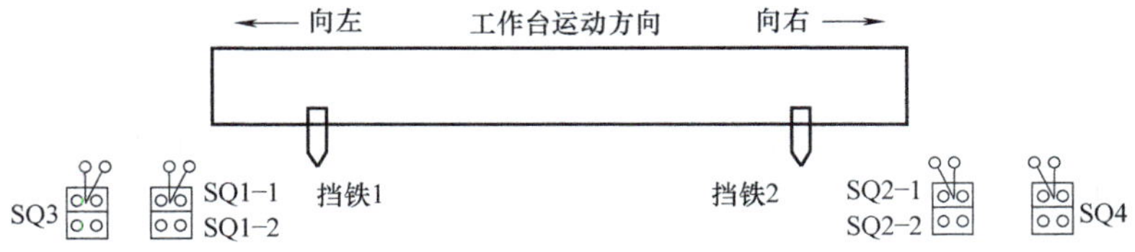

b) 工作台自动往返示意图

图 2-27　工作台自动往返控制电路

为了使电动机的正反转控制与工作台的左右运动相配合，在控制电路中设置了 4 个行程开关 SQ1、SQ2、SQ3 和 SQ4，并把它们安装在工作台需限位的地方。其中 SQ1、SQ2 被用来自动换接电动机正反转控制电路，实现工作台的自动往返行程控制；SQ3 和 SQ4 被用来作终端保护，以防止 SQ1、SQ2 失灵，工作台越过限定位置而造成事故。在工作台边的 T 形槽中装有两块挡铁，挡铁 1 只能和 SQ1、SQ3 相碰撞，挡铁 2 只能和 SQ2、SQ4 相碰撞。当工作台运动到所限位置时，挡铁碰撞行程开关，使其触点动作，自动换接电动机正反转控制电路，通过机械传动机构使工作台自动往返运动。工作台行程可通过移动挡铁位置来调节，拉开两块挡铁间的距离，行程就短，反之则长。

工作原理分析如下：

先合上电源开关 QF。

(1) 起动：

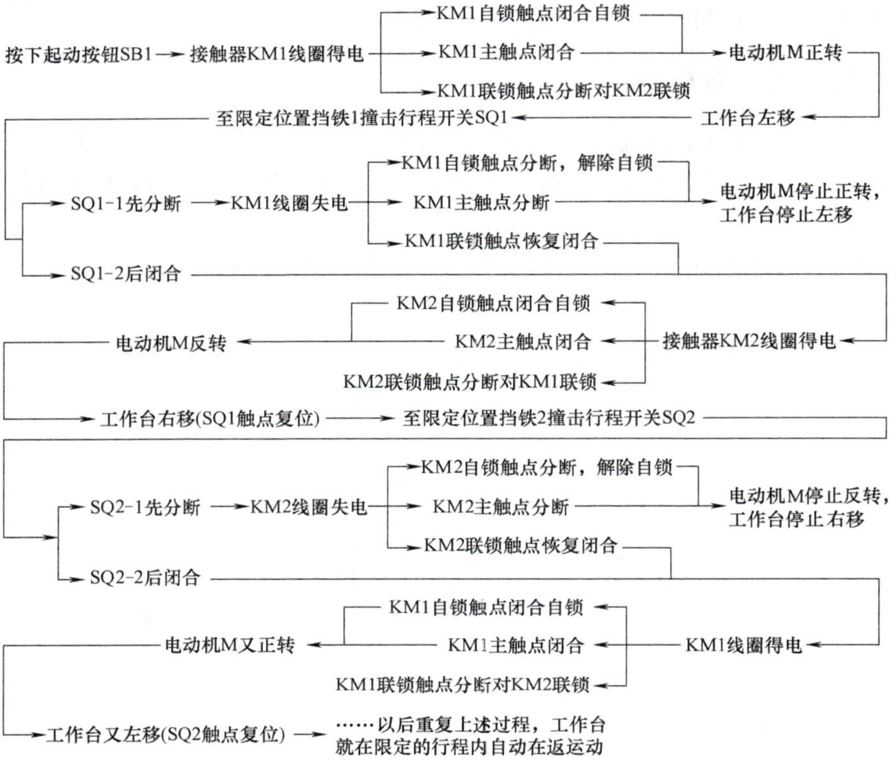

(2) 停止：

断开断路器 QF，切断电源。

这里 SB1、SB2 分别作为正转起动按钮和反转起动按钮，若起动时工作台在左端，则应按下 SB2 进行起动。

课后测评

一、填空题

1. 生产机械运动部件在正、反两个方向运动时，一般要求电动机能实现______控制。

2. 要使三相异步电动机反转，就必须改变通入电动机定子绕组的____________，即只要把接入电动机三相电源进线中的任意______相对调接线即可。

3. 位置控制是利用生产机械运动部件上的______与______碰撞，使其______动作，来______或______电路，以实现对生产机械运动部件的______或______的自动控制。

4. 工厂车间里的行车常采用______控制路线，行车的两头终点出各安装一个______，其______分别串接在正、反转控制电路中。移动位置开关的安装位置可调节行车的______和______。

5. 要使生产机械的运动部件在一定的行程内自动往返运动，就必须依靠______对电动机实行______正反转控制。

二、判断题（正确的打“√”，错误的打“×”）

1. 在接触器联锁正反转控制电路中，正、反转接触器有时可以同时闭合。（　　）

2. 为了保证三相异步电动机实现反转，正、反转接触器的主触点必须按相同的相序并接后串接在主电路中。（　　）

3. 接触器联锁正反转控制电路的优点是工作安全可靠，操作方便。（　　）

4. 接触器、按钮双重联锁正反转控制电路的优点是工作安全可靠，操作方便。（　　）

5. 倒顺开关进出线接错的后果是易造成两相电源短路。（　　）

三、选择题（请把正确答案的字母填入括号中）

1. 在接触器联锁的正反转控制电路中，其联锁触点应是对方接触器的（　　）。

A. 主触点　　B. 常开辅助触点　　C. 常闭辅助触点

2. 倒顺开关在使用时，必须将接地线接到倒顺开关（　　）。

A. 指定的接地螺钉上 B. 罩壳上　　C. 手柄上

3. 为避免正、反转接触器同时得电动作，电路采取了（　　）。

A. 自锁控制　　B. 联锁控制　　C. 位置控制

4. 在操作接触器连锁正反转控制电路时，要使电动机从正转变为反转，正确的操作方法是（　　）。

A. 可直接按下反转起动按钮

B. 可直接按下正转起动按钮

C. 必须先按下停止按钮，再按下反转起动按钮

四、问答题

1. 用什么方法可以使电动机改变转向？

2. 用倒顺开关控制电动机正反转时，为什么不允许把手柄从“顺”的位置直接扳至“倒”的位置？

3. 判断图 2-28 所示主电路和控制电路能否实现正反转控制。若不能，试说明其原因。

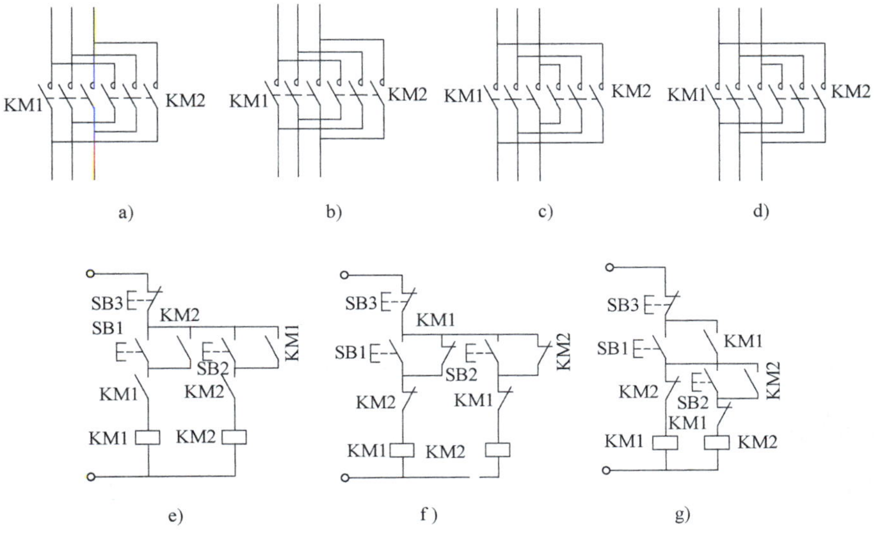

图 2-28　主电路和控制电路

4. 什么叫联锁控制？在电动机正反转控制电路中为什么必须有联锁控制？试指出图2-29所示控制电路中哪些电器元件起联锁作用？各电路有什么优缺点？

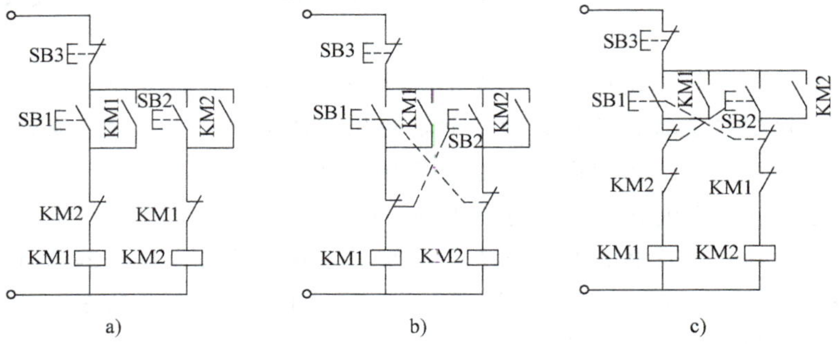

图 2-29 控制电路

五、画图题

1. 试设计画出一台电动机的双重联锁正反转点动控制电路。

2. 某车床有两台电动机：一台是主轴电动机，要求能正反转控制；另一台是冷却泵电动机，只要求正转控制。两台电动机都要求有短路、过载、欠电压、失电压保护，试画出满足要求的电气控制电路图。

3. 在安装合格的工作台自动往返控制电路板上，根据表2-10人为设置电器自然故障点，通电并观察故障现象，把故障现象填入表2-10中。

表 2-10 故障设置表

故障设置元件	故 障 点	故 障 现 象
SQ1	常闭触点接触不良	
SQ2	常开触点接触不良	
KM1	自锁触点接触不良	
KM2	联锁触点接触不良	

任务三 三相异步电动机Y-△减压起动控制电路的安装与检修

学习目标

1. 了解三相异步电动机减压起动的含义。
2. 熟悉三相异步电动机Y-△减压起动控制电路的构成和工作原理。
3. 能安装和检修三相异步电动机Y-△减压起动控制电路。

任务描述

电动机在起动时，加在电动机绕组上的电压为电动机的额定电压，这种电动机的起动方式称为全压起动或直接起动。全压起动的优点是所用电气设备少，线路简单，维修量较小。但全压起动时的起动电流较大，一般为额定电流的4～7倍。在电源变压器容量不够大，而电动机功率较大的情况下，全压起动将导致电源变压器输出电压下降，不仅减小电动机本身的起动转矩，而且会影响同一供电线路中其他电气设备的正常工作。因此，较大容量的电动机起动时，需要采用减压起动。图 2-30 所示为常见的三相异步电动机Y-△减压起动控制柜。

图 2-30　三相异步电动机Y-△减压起动控制柜

本任务就是安装和检修三相异步电动机Y-△减压起动控制电路。

知识链接

一、减压起动

减压起动是指利用正常设备将电压适当降低后，加到电动机的定子绕组上进行起动，待电动机正常运转后，再使其电压恢复到额定电压。

通常规定：电源容量在 180kV·A 以上，电动机容量在 7kW 以下的三相异步电动机可采用全压起动。否则，需要进行减压起动。对于判断一台电动机能否全压起动，也可通过经验公式来确定，即

$$\frac{I_{st}}{I_N} \leqslant \frac{3}{4} + \frac{S}{4P}$$

式中　I_{st}——电动机全压起动电流（A）；

I_N——电动机额定电流（A）；

S——电源变压器容量（kV·A）；

P——电动机功率（kW）。

凡不满足直接起动条件的，均须采用减压起动。

由电动机的工作原理可知，电动机的电流随电压的降低而减小，所以减压起动达到了减小起动电流之目的。但是，由于电动机转矩与电压的二次方成正比，所以减压起动也将导致电动机的起动转矩大为降低。因此，减压起动需要在空载或轻载下起动。

常见的减压起动方法有以下几种：定子绕组串电阻减压起动、自耦变压器减压起动、Y-△减压起动、延边△减压起动等，本任务仅介绍Y-△减压起动。

二、三相异步电动机Y-△减压起动

三相异步电机的定子绕组有三角形（△）和星形（Y）两种连接方法，如图 2-31 所示。

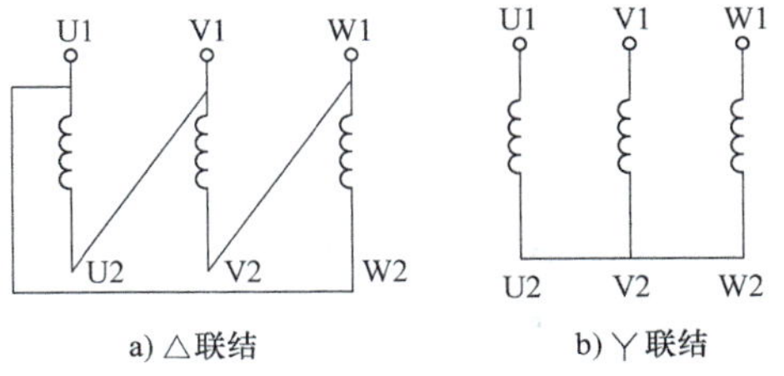

图 2-31　定子绕组的两种连接方法

Y-△减压起动是指电动机起动时，把定子绕组接成Y，以降低起动电压，限制起动电流。待电动机起动后，再将定子绕组改成△联结，使电动机全压运行。

电动机起动时，定子绕组作Y联结，加在每相定子绕组上的起动电压只有△联结的 $1/\sqrt{3}$，

起动电流为△联结的1/3，起动转矩也只有△联结的1/3。所以这种减压起动方法，只适用于轻载或空载下起动。凡是在正常运行时定子绕组作△联结的异步电动机，均可采用这种减压起动方法。

图2-32所示是时间继电器自动控制Y-△减压起动控制电路。在主电路中，通过KM_Y和$KM_\triangle$主触点的变换闭合，电动机的定子绕组由Y联结变化为△联结。控制电路中，KM_Y和$KM_\triangle$线圈的切换是由时间继电器KT自动完成的。

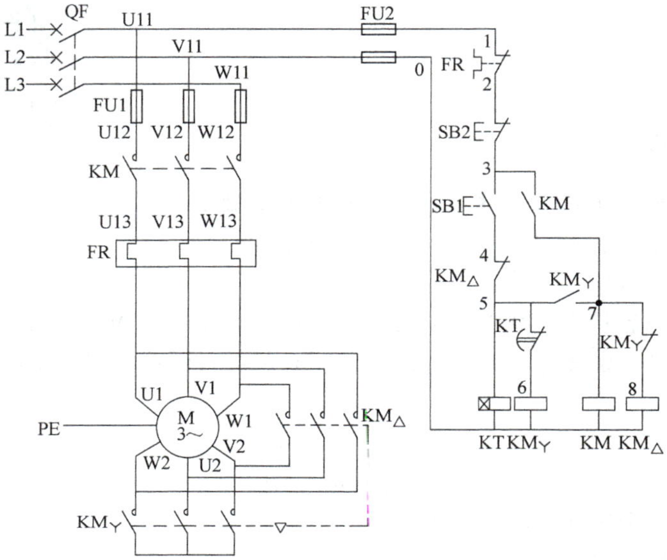

图2-32　时间继电器自动控制Y-△减压起动控制电路

图2-32所示电路的工作原理如下：

合上电源开关QF。

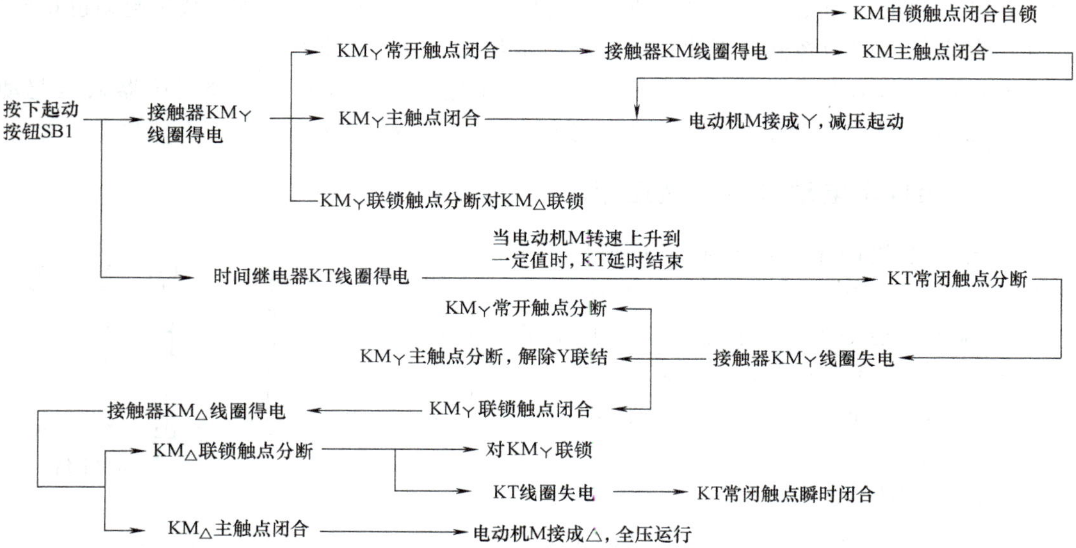

停止时按下 SB2，断开电源开关 QF，切断电源。

该电路中，接触器 KM_{Y}得电以后，通过 KM_{Y}的辅助常开触点使接触器 KM 得电动作，这样 KM_{Y}的主触点是在无负载的条件下进行闭合的，故可延长接触器 KM_{Y}主触点的使用寿命。

任务实施

实施本任务所使用的工具、仪表及器材可参考表 2-11。

表 2-11　工具、仪表及器材

类别	序号	名称	型号与规格	单位	数量	备　注
工具	1	电工常用工具	测电笔、螺钉旋具、尖嘴钳、斜口钳、剥线钳、电工刀等	套	1	
仪表	2	万用表	MF47	块	1	
	3	兆欧表	500V,0～200MΩ	只	1	
	4	钳形电流表	0～50A	只	1	
器材	5	低压断路器 QF	DZ5—20/330	只	1	
	6	熔断器 FU1	RL1—60/25	只	3	
	7	熔断器 FU2	RL1—15/2	只	2	
	8	接触器 KM	CJT1—20,20A,线圈电压 380V	只	3	
	9	时间继电器 KT	JS7—2A,额定电压 380 V 或 JS20、JZC45-30/1	只	1	
	10	热继电器 FR	JR36—20,热元件 16A,整定电流 10～16A	只	1	
	11	按钮 SB	LA4—3H	只	1	
	12	接线端子排 XT	TD—1515,660V、15A、15 节	只	1	
	13	控制盘	500mm×600mm	只	1	
	14	电动机 M	Y112M—4 7.5kW,380V,15.4A,△联结	台	1	

一、线路安装

1. 绘制布置图和接线图

识读三相异步电动机Y-△减压起动控制电路，明确所用电器元件的作用，熟悉电路的工作原理，绘制布置图和接线图，如图 2-33 所示。

2. 选配、检测元器件

1）根据电路图和电动机的规格，选配元器件。

2）检查各元器件的外观是否完整无损，并用仪表检查各元器件和电动机的质量。

3. 布置、固定元器件

在控制板上按平面布置图安装走线槽和所有电器元件，并贴上醒目的文字符号，如图 2-34a 所示。安装走线槽时，应做到横平竖直、排列整齐匀称、安装牢固和便于走线等。

4. 布线

按照接线图，进行板前线槽配线，并在导线端部套编码管和冷压接线头，如图 2-34b 所示。

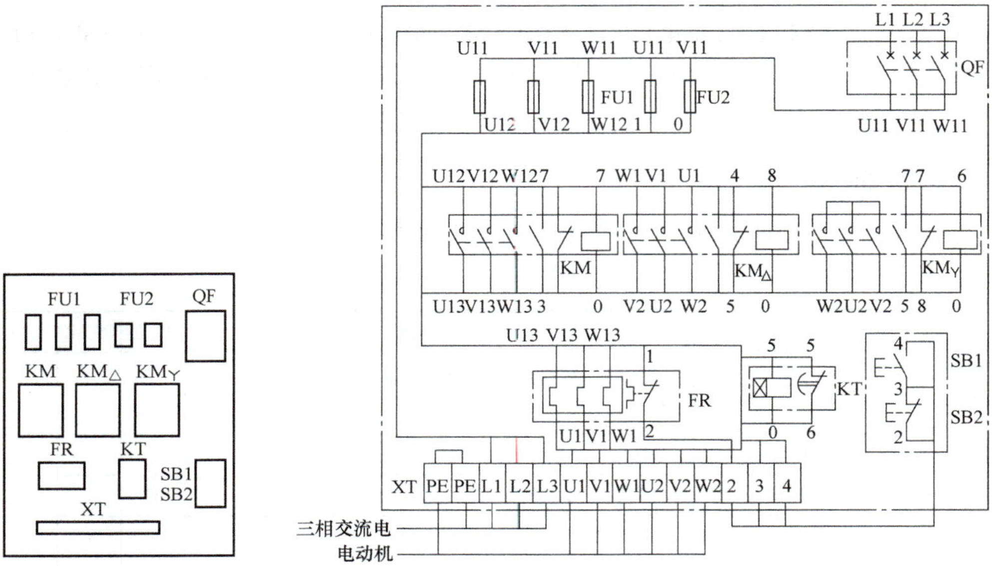

a) 布置图　　　　b) 接线图

图 2-33　Y-△减压起动控制电路的布置图及接线图

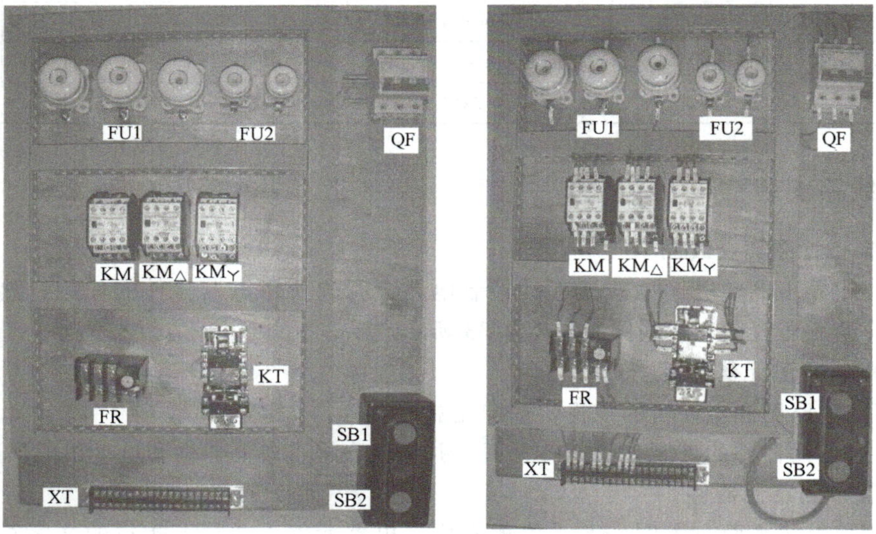

a）布置、固定元器件　　　　b）安装走线槽和电器元件

图 2-34　板前线槽配线

操作提示

1）用Y-△减压起动控制的电动机，必须有6个出线端子且定子绕组在△联结时的额定电压等于三相电源线电压。

2）接线时要保证电动机△联结的正确性，即接触器KM_{Y}主触点闭合时，应保证定子绕组的U1与W2、V1与U2、W1与V2相连接。

3）接触器KM_{Y}的进线必须从三相定子绕组的末端引入，若误将其从首端引入，则在吸合时，会产生三相电源短路事故。

板前线槽布线的工艺要求如下：

1）所有导线的截面积在等于或大于$1mm^2$时，必须采用软线。考虑机械强度的原因，所用导线的最小截面积，在控制箱外为$1mm^2$，在控制箱内为$0.75mm^2$。但对控制箱内通过很小电流的电路连线，如电子逻辑电路，可用$0.2mm^2$，并且可以采用硬线，但只能用于不移动又无振动的场合。

2）布线时，严禁损伤线芯和导线绝缘。

3）各电器元件接线端子引出导线的走向，以元件的水平中心线为界限，在水平中心线以上接线端子引出的导线，必须进入元件上面的走线槽；在水平中心线以下接线端子引出的导线，必须进入元件下面的走线槽。任何导线都不允许从水平方向进入走线槽内。

4）各电器元件接线端子上引出或引入的导线，除间距很小和元件机械强度很差允许直接架空敷设外，其他导线必须经过走线槽进行连接。

5）进入走线槽内的导线要完全置于走线槽内，并应尽可能避免交叉，装线不要超过其容量的70%，以便于能盖上线槽盖和以后的装配及维修。

6）各电器元件与走线槽之间的外露导线，应走线合理，并尽可能做到横平竖直，变换走向要垂直。同一个元件上位置一致的端子和同型号电器元件中位置一致的端子上，引出或引入的导线，要敷设在同一平面上，并应做到高低一致或前后一致，不得交叉。

7）所有接线端子、导线线头上，都应套有与电路图上相应接点线号一致的编码套管，并按线号进行连接，连接必须牢靠，不得松动。

8）在任何情况下，接线端子都必须与导线截面积和材料性质相适应。当接线端子不适合连接软线或较小截面积的软线时，可以在导线端头穿上针形或叉形轧头并压紧。

9）一般一个接线端子只能连接一根导线，如果采用专门设计的端子，可以连接两根或多根导线，但导线的连接方式，必须是公认的、在工艺上成熟的各种方式，如夹紧、压接、焊接、绕接等，并应严格按照连接工艺的工序要求进行。

5. 自检

按照图2-32所示电路图检查板前线槽布线的正确性。

1）按照电路图或接线图从电源端开始，逐段核对接线及接线端子处线号是否正确，有无漏接、错接之处。检查导线接点是否符合要求，压接是否牢固。同时注意接点接触应良好，以避免带负载运转时产生闪弧现象。

2）用万用表电阻档检查线路的通断情况。检查时，应选用倍率适当的电阻档，并进行欧姆调零。

① 检查主电路。

a. 将万用表表笔依次分别跨接在线端 U11 和 U 处、V11 和 V 处、W11 和 W 处，读数都应为“∞”；再手动让接触器 KM 主触点闭合，读数也都应为“0”。

b. 将万用表表笔依次分别跨接在线端 U1 和 W2 处、V1 和 U2 处、W1 和 V2 处，读数都应为“∞”；再手动让接触器 $KM_{\triangle}$ 主触点闭合，读数也都应为“0”。

c. 将万用表表笔依次分别跨接在线端 W2 和 U2 处、W2 和 V2 处、U2 和 V2 处，读数都应为“∞”；再手动让接触器 KM_{Y} 主触点闭合，读数也都应为“0”。

② 检查控制电路。将万用表表笔分别搭在 U11 和 V11 处，读数应为“∞”。

a. 起动控制：按下起动按钮 SB1，万用表读数应为接触器 KM_{Y} 线圈和时间继电器 KT 线圈的直流电阻并联值；手动让接触器 KM 和 KM_{Y} 线圈模拟通电吸合，万用表读数应为接触器 KM_{Y}、KM 线圈和时间继电器 KT 线圈的直流电阻并联值；手动让接触器 KM 和 $KM_{\triangle}$ 线圈模拟通电吸合，万用表读数应为接触器 KM_{Y}、$KM_{\triangle}$ 线圈的直流电阻并联值。

b. 停车控制：手动让接触器 KM 和 $KM_{\triangle}$ 线圈模拟通电吸合，同时按下停止按钮 SB2，万用表读数应由接触器 KM 和 $KM_{\triangle}$ 线圈的直流电阻并联值变为“∞”。

c. 过载保护控制：手动让接触器 KM 和 $KM_{\triangle}$ 线圈模拟通电吸合，同时手动让热继电器常闭触点断开，万用表读数应由接触器 KM 和 $KM_{\triangle}$ 线圈的直流电阻并联值变为“∞”。

3）用兆欧表检查线路的绝缘电阻的阻值，应不得小于 1MΩ。

6. 通电试车

1）调整热继电器的整定电流值，检查熔断器中熔体的规格。

2）连接三相异步电动机保护接地线 PE 和电动机电源线 U1、V1、W1、U2、V2、W2。

3）确认电源断开的情况下，连接三相电源引入线 L1、L2、L3。

4）接通三相电源，合上电源开关 QF，用测电笔检查熔断器出线端，氖管亮说明电源接通。

① 按下 SB1，接触器 KM 和 KM_{Y} 应通电吸合，观察电动机的起动情况，数秒后，KM_{Y} 线圈失电断开，$KM_{\triangle}$ 线圈得电吸合动作；电动机全压运行。

② 按下停止按钮 SB2，接触器 KM 和 $KM_{\triangle}$ 应断电释放，电动机惯性停车。

5）断开电源开关 QF，切断三相电源。

二、线路检修

1. 常见故障及检测方法

Y-△减压起动控制电路出现的主要故障现象有：电动机 M 不能起动；电动机 M 不能转换成△运行。

1）电动机 M 不能起动。这意味着电动机 M 不能接成Y起动。

① 从主电路来分析故障可能在：熔断器 FU1 断路、接触器 KM、KM_{Y} 主触点接触不良、热继电器 FR 主通路有断点、电动机 M 绕组有故障。

② 从控制电路来分析故障可能在：接点 1 至接点 2 间的热继电器 FR 常闭触点接触不良、接点 2 至接点 3 间的按钮 SB2 常闭触点接触不良、接点 4 至接点 5 间的接触器 $KM_{\triangle}$ 的常闭触点接触不良、接点 5 至接点 6 间的时间继电器 KT 延时断开瞬时闭合触点接触不良、接触器 KM 或接触器 KM_{Y} 线圈损坏等。

故障检查步骤：按下电动机 M 起动按钮 SB1，观察接触器 KM、KM_Y是否闭合。若接触器 KM、KM_Y都闭合，则为主电路的问题，重点检查熔断器 FU1、接触器 KM 及 KM_Y主触点、电动机 M 绕组等。如果接触器 KM、KM_Y均不闭合，则重点检查熔断器 FU2、接点 1 至接点 2 间热继电器 FR 的常闭触点、接点 2 至接点 3 间按钮 SB2 常闭触点、接点 5 至接点 6 间的时间继电器 KT 延时断开瞬时闭合常闭触点等。如接触器 KM_Y闭合，KM 未闭合，则重点检查接点 5 至接点 7 间的接触器 KM_Y常开触点及接触器 KM 线圈。

2）电动机 M 能Y起动但不能转换为△运行的故障。

① 从主电路分析有接触器 $KM_\triangle$主触点闭合接触不良。

② 从控制电路来分析有：接点 4 至接点 5 间的接触器 $KM_\triangle$常闭触点接触不好、时间继电器 KT 线圈损坏、接点 7 至接点 8 间接触器 KM_Y常闭触点接触不良、接触器 $KM_\triangle$线圈损坏等。

检查步骤为；按下起动按钮 SB1，电动机 M 在Y起动后，观察时间继电器 KT 是否闭合。若未闭合，重点检查时间继电器 KT 的线圈。如果 KT 闭合，经过一定时间后，观察接触器 KM_Y是否释放，$KM_\triangle$是否闭合。如 KM_Y未释放，则检查接点 5 与接点 6 间的 KT 瞬时闭合延时断开触点（不能延时断开）。如 KM_Y释放，观察 $KM_\triangle$是否吸合。如 $KM_\triangle$未闭合，则检查接点 7 至接点 8 间的接触器 KM_Y常闭触点。若 $KM_\triangle$闭合，则检查 $KM_\triangle$主触点。

2. 检修训练

在控制电路或主电路中人为设置电气自然故障两处，然后按照以下的检修步骤和方法进行检修：

1）用通电试验法观察故障现象。观察电动机、各电器元件及电路工作是否正常，如发现异常现象，应立即断电检查。

2）用逻辑分析法缩小故障范围，并在电路图上用虚线标出故障部位的最小范围。

3）用测量法正确、迅速地找出故障点。

4）根据故障点的不同情况，采取正确的方法迅速排除故障。

5）排除故障后再通电试车。

6）通电试车完毕，切断电源。先拆除三相电源线 L1、L2、L3，再拆除电动机电源线 U、V、W 和保护接地线 PE。

任务评价

线路安装和线路检修任务评价分别参见表 2-6 和表 2-7。

任务拓展

固态减压起动器

传统异步电动机的起动方式的共同特点是控制电路简单，但起动转矩固定不可调，起动过程中存在较大的冲击电流，使被拖动负载受到较大机械冲击。且易受电网电压波动的影响，一旦出现电网电压波动，会造成起动困难甚至使电动机堵转。停机时几种起动方法都是瞬间停电，也将会造成剧烈的电网电压波动和机械冲击。为克服上述缺点，人们研制了固态减压起动器，固态减压起动器（Soft Starter）是一种集电动机软起动、软停车、轻载节能和多种保护功能于一体的新颖电动机控制装置。

1. 固态减压起动器的工作原理

固态减压起动器由电动机的起停控制装置和软起动控制器组成，其核心部件是由功率半导体器件和其他电子元器件组成的软起动控制器。目前市场上的产品分为固态减压起动器和软起动控制器两种。软起动控制器是利用电力电子技术与自动控制技术将强弱电结合，其主要结构是一组串接于电源与被控电动机之间的三相反并联晶闸管及其电子控制电路，利用晶闸管移相控制三相反并联晶闸管的导通角，使被控电动机的输入电压按不同的要求而变化，从而实现不同的起动功能。起动时，使晶闸管的导通角从零开始，逐渐前移，电动机的端电压从零开始，按预设函数关系逐渐上升，直至达到满足起动转矩而使电动机顺利起动，这就是软起动控制器的工作原理。软起动控制器的主电路原理图如图 2-35 所示。一般通过软起动器并联接触器来实现软起动和软停车。

如图 2-35 所示，在软起动控制器两端并联接触器 KM，当电动机软起动结束后，KM 合上，运行电流将通过 KM 送至电动机。若要求电动机软停车，一旦发出停车信号，先将 KM 分断，然后再由软起动器对电动机进行软停车。该电路有如下优点：在电动机运行时可以避免软起动器产生的谐波；软起动器仅在起动、停车时工作，可以避免长期运行时晶闸管发热，延长了使用寿命；一旦软起动器发生故障，可由并联的接触器作为应急备用。

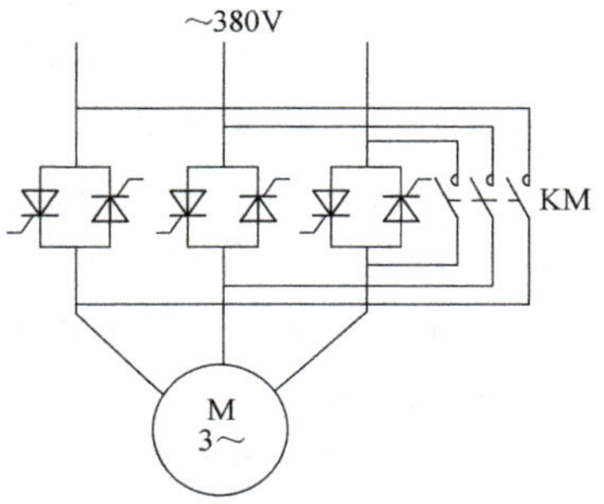

图 2-35 软起动控制器的主电路原理图

2. 固态减压起动器的应用

在工业自动化程度要求比较高的场合，为了便于控制和应用，往往将软起动控制器、断路器和控制电路组成一个完整的电动机控制中心（MCC），以实现电动机的软起动、软停车、故障保护、报警、自动控制等功能。同时具有运行故障状态监视、接触器操作次数、电动机运行时间和触点弹跳监视、试验等辅助功能。另外还可以附加通信单元、图形显示操作单元和编程器单元等，并可直接与通信总线联网。

一些工厂有多台电动机需要起动，可以使用一台软起动控制器对多台电动机进行软起动，以节约资金投入。图 2-36 为使用一台软起动器对两台电动机进行起动、停机控制的电路。电动机 M1 起动时，接触器 KM1、KM2 闭合，软起动器工作，起动完毕，并联接触器 KM3，切除软起动器，电动机 M1 正常运行；同样电动机 M2 起动时，接触器 KM1、KM5 闭合，软起动器工作，起动完毕，并联接触器 KM4，切除软起动控制器。但是，M1 和 M2 不能同时起动或停机，只能分别起动、停机。

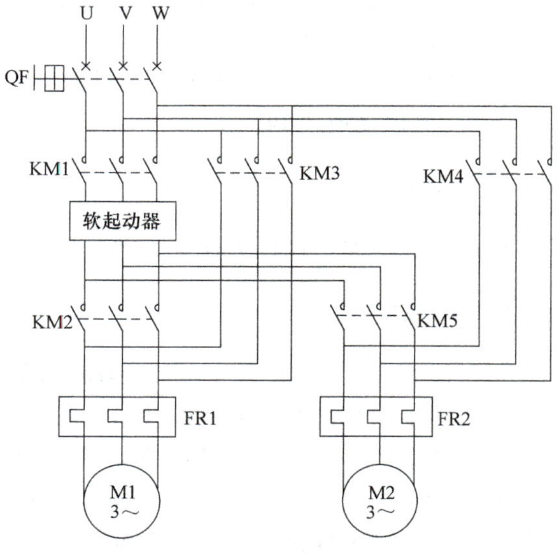

图 2-36 使用一台软起动器对两台电动机的起动、停机的电路

课后测评

一、填空题

1. Y-△减压起动是指电动机起动时，把定子绕组接成______，以降低起动电压，限制起动电流；待电动机起动后，再把定子绕组改接成______，使电动机全压运行。这种起动方法只适用于在正常运行时定子绕组作______联结的异步电动机。

2. 三相异步电动机做Y-△减压起动时，每相定子绕组上的起动电压是正常工作电压的______倍，起动电流是正常工作电流的______倍，起动转矩是正常转矩的______倍。

3. 在控制板上安装走线槽时，应做到____、排列____、安装____和便于____等。

4. 从各电器元件水平中心线以上接线端子引出的导线必须进入元件______面的走线槽；从元件水平中心线以下接线端子引出的导线必须进入元件______面的走线槽。任何导线都不允许从______方向进入走线槽内。

5. 装入走线槽内的导线不要超过其容量的____，以便于盖上线槽盖和以后的装配维修。

二、判断题（正确的打“√”，错误的打“×”）

1. 由于直接起动所用设备少，线路简单，维修量较小，故电动机一般都采用直接起动。（　）

2. Y-△减压起动只适用于正常工作时定子绕组作△联结的电动机。（　）

3. 采用Y-△减压起动的电动机需要有6个出线端。（　）

三、选择题（请把正确答案的字母填入括号中）

1. 在图2-32电路中，电动机为Y联结时，处于通电状态的线圈是（　）。

A. KM、KT、KM_{Y}　　B. KM、KT　　C. KM、KM_{Y}

2. 在图2-32电路中，若KM_{Y}线圈断线，按下SB1后，电动机处于（　）工作状态。

A. 不转　　B. 直接接成△起动转动　　C. 开始不转，后接成△起动转动

3. 在图2-32电路中，按下SB1后，电动机一直做Y联结运转的原因是（　）。

A. $KM_{\triangle}$线圈断线　　B. KT线圈断线　　C. KM_{Y}-线圈断线

项目三 常用普通机床电气控制电路的安装、调试与检修

项目描述

现代机械制造中的许多生产机械，如车床、铣床、钻床等能加工机械零件，满足生产需要，在国民经济现代化的建设中起着重大作用。由于这些设备主要采用的都是电气传动技术，如果在运行过程中产生电气故障，将严重影响生产，甚至造成事故。因此，作为机床电气检修人员，必须及时、准确、迅速、熟练、安全地修复这些故障。

普通机床一般都是由电动机来拖动的，而电动机的控制采用的是继电-接触器控制技术，即由各种有触点的继电器、接触器、按钮、行程开关等电器组成的电气控制电路来进行控制。经过项目一和项目二的学习，我们已经掌握了常用的低压电器和常用的电气基本控制电路的基础知识和技能，为最终学习常用普通机床电气控制电路的安装、调试与检修打下了基础。

学习正确绘制和识读常用普通机床电气控制电路图，熟悉常用普通机床电气控制电路的组成和工作原理，掌握常用普通机床电气控制电路的安装、调试和检修技能，需要我们进入项目三——常用普通机床电气控制电路的安装、调试与检修。

任务一 CA6140 型车床电气控制电路的安装、调试与检修

学习目标

1. 了解 CA6140 型车床的主要结构、运动形式和控制要求。
2. 熟悉 CA6140 型车床电气控制电路的构成和工作原理。
3. 掌握机床电气设备检修的一般要求和方法。
4. 能安装、调试与检修 CA6140 型车床电气控制电路。

任务描述

车床是使用最广泛的一种金属切削机床，主要用于车削工件的外圆、内圆、端面和螺纹

等，装上钻头或铰刀，还可进行钻孔和铰孔等加工。在各种车床中，应用最多的是卧式车床，图 3-1 所示为一种常见的 CA6140 型车床。

图 3-1　CA6140 型车床

本任务就是安装、调试与检修 CA6140 型车床电气控制电路。

知识链接

一、CA6140 型车床的主要结构、主要运动形式及控制要求

1. 主要结构

CA6140 型车床主要由主轴箱、进给箱、溜板箱、卡盘、方刀架、尾座、交换齿轮架、光杠、丝杠、大溜板、中溜板、小溜板、床身、左床座和右床座等部分组成，如图 3-2 所示。各组成部分的功能见表 3-1。

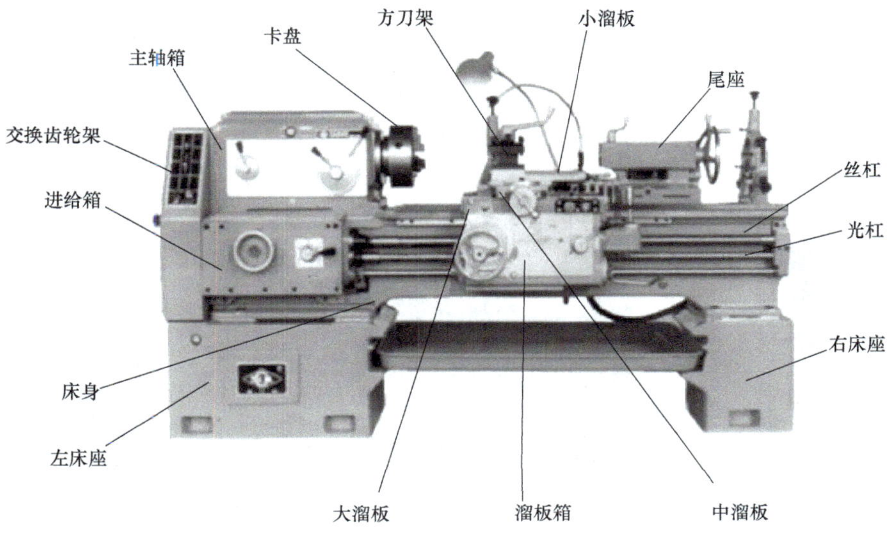

图 3-2　CA6140 型车床结构图

表 3-1　CA6140 型车床各组成部分的功能

结构名称	主要功能
主轴箱	由多个直径不同的齿轮组成,实现主轴变速
进给箱	实现刀具的纵向和横向进给,并可改变进给速度
溜板箱	实现大溜板和中溜板手动或自动进给,并可控制进给量
卡盘	夹持工件,带动工件旋转
交换齿轮架	将主轴电动机的动力传递给进给箱
方刀架	安装刀具
大溜板	带动刀架纵向进给
中溜板	带动刀架横向进给
小溜板	通过摇动手轮使刀具纵向进给
尾座	安装顶尖、钻头和铰刀等
光杠	带动溜板箱运动,主要实现内外圆、端面、镗孔等切削加工
丝杠	带动溜板箱运动,主要实现螺纹加工
床身	主要起支撑作用
左床座	内装主轴电动机和冷却泵电动机、电气控制电路
右床座	内装切削液

CA6140 型车床的型号及含义如下:

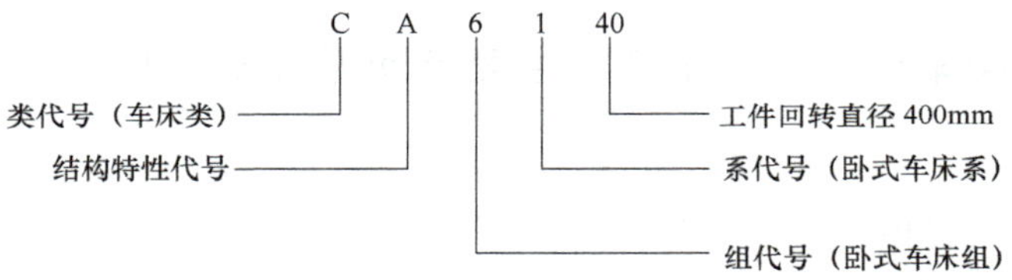

2. 主要运动形式及控制要求

CA6140 型车床的主要运动形式如图 3-3 所示，各主要运动形式及控制要求见表 3-2。

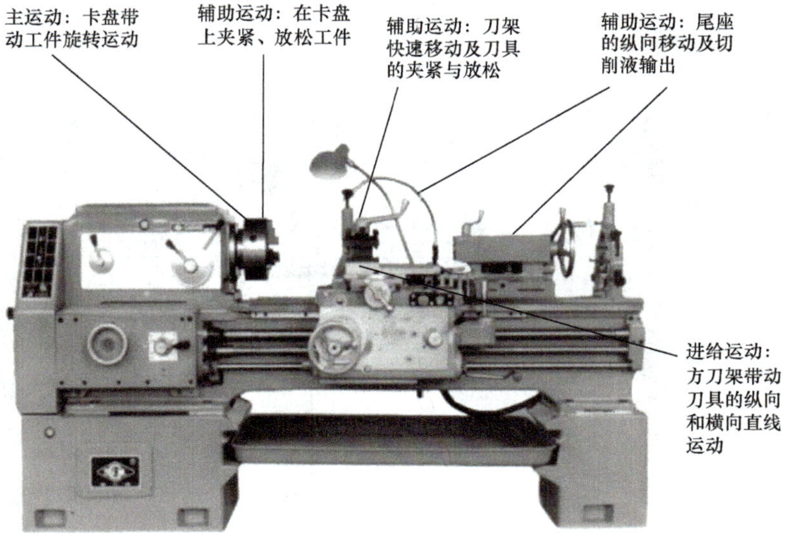

图 3-3　CA6140 型车床的主要运动形式

表 3-2　CA6140 型车床的主要运动形式及控制要求

运动种类	运动形式	控制要求
主运动	主轴通过卡盘带动工件的旋转运动	(1)主轴电动机选用三相笼型异步电动机，主轴不进行电气调速，采用齿轮进行机械有级调速 (2)车削螺纹时要求主轴能正反转，一般通过机械方法实现，主轴电动机只做单方向旋转 (3)主轴电动机容量不大，一般可采用直接起动
进给运动	方刀架带动刀具的直线进给运动	由主轴电动机拖动，其动力通过挂轮架传递给进给箱，从而实现刀具的纵向和横向进给。加工螺纹时，要求刀具的移动和主轴的转动有固定的比例关系
辅助运动	刀架的快速移动	由刀架快速移动电动机拖动，此电动机采用直接起动，不需要正反转和调速
	尾座的纵向移动	由手动操作控制
	工件及刀具的夹紧与放松	由手动操作控制
	工件加工过程的冷却	主轴电动机起动后冷却泵电动机才能起动，冷却泵电动机也不需要正反转和调速

二、CA6140 型车床电气控制电路

1. 绘制和识读机床电路图的基本原则

CA6140 型车床电路图如图 3-4 所示。

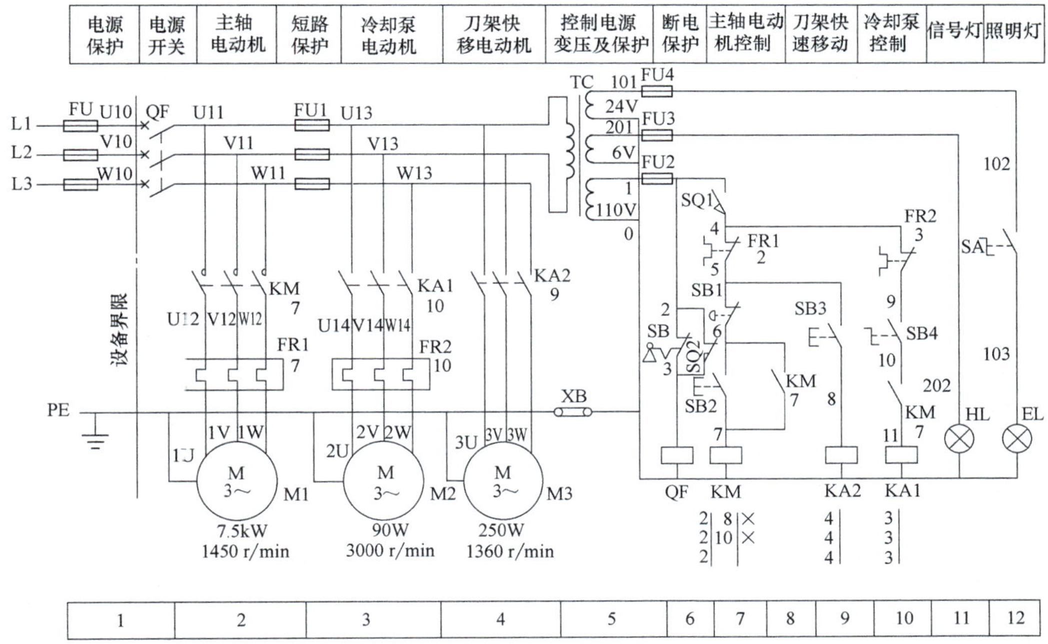

图 3-4　CA6140 型车床电路图

一般机床电气控制电路所包含的电器元件和电气设备比较多，因此其电路图的符号也较多，为了便于识读分析机床电路图，除了需要掌握项目二之任务一中所介绍的绘制和识读电

路图的一般原则之外，还应明确以下几个原则：

1）为了便于识读分析电路的工作原理，将电路图按电路功能划分成若干个单元，并用文字将其功能标注在电路图上方的功能栏内。例如图 3-4 所示电路图按功能分为电源保护、电源开关、主轴电动机、短路保护等 13 个功能单元。

2）为了能迅速查找电器的线圈、触点等，在电路图下方划分若干个图区，并从左向右依次用阿拉伯数字编号标注在图区栏内。通常是一条回路或一条支路划为一个图区，如图 3-4 所示电路图一共划分了 12 个图区。

3）电路图中，在每个接触器线圈下方画出两条竖直线，分成左、中、右三栏，在每个继电器线圈的下方画出一条竖线，分成左、右两栏。把受其线圈控制而动作的触点所处的图区号填入相应的栏内，对备而未用的触点，在相应的栏内用“×”记号标出或不标出任何符号，见表 3-3 和表 3-4。

表 3-3　接触器触点在电路图中的位置标记

栏　目	左　栏	中　栏	右　栏
触点类型	主触点所处图区号	常开触点所处图区号	常闭触点所处图区号
KM 2　8　× 2　10　× 2	表示三对主触点都在图区 2	表示一对辅助常开触点在图区 8，另一对辅助常开触点在图区 10	表示两对辅助常闭触点都未用

表 3-4　继电器触点在电路图中的位置标记

栏　目	左　栏	右　栏
触点类型	主触点所处图区号	常闭触点所处图区号
KA2 4 4 4	表示三对主触点都在图区 2	表示常闭触点未用

2. 识读 CA6140 型车床电路图

（1）电源电路　CA6140 型车床的电源由钥匙开关 SB 控制，将 SB 向右旋转，再扳动断路器 QF 将三相电源引入，见图 3-4 中的图区 1。

（2）主电路　CA6140 型车床的主电路共有三台电动机（见图 3-4 中的图区 2、3、4），分别是主轴电动机 M1、冷却泵电动机 M2 和刀架快速移动电动机 M3，其作用、控制和保护见表 3-5。

表 3-5　CA6140 型车床主电路的控制和保护

名称及代号	作　用	控制电器	短路保护电器	过载保护电器
主轴电动机 M1	带动主轴旋转和驱动刀架进给运动	接触器 KM	熔断器 FU 和断路器 QF	热继电器 FR1
冷却泵电动机 M2	提供切削液	中间继电器 KA1	熔断器 FU1	热继电器 FR2
刀架快移电动机 M3	拖动刀架快速移动	中间继电器 KA2	熔断器 FU1	无

（3）辅助电路

1）安全保护控制（见图 3-4 中的图区 5、6）。CA6140 型车床的控制电路由控制变压器 TC 将 380V 交流电压降为 110V，为控制电路供电，由熔断器 FU2 作短路保护。在正常工作时，行程开关 SQ1 的常开触点闭合，当打开床头传动带罩后，SQ1 的常开触点断开，切断控制电路电源，以确保人身安全。钥匙开关 SB 和行程开关 SQ2 在车床正常工作时是断开的，断路器 QF 的线圈不通电，QF 能合闸。当打开电气控制箱壁龛门时，行程开关 SQ2 闭合，QF 线圈通电，断路器 QF 自动断开，切断车床的电源，以保证设备和人身安全。

2）主轴电动机 M1 的控制（见图 3-4 中的图区 7、8）。

M1 起动：

按下 SB2 → KM 线圈得电 → KM 自锁触点闭合 → 主轴电动机 M1 起动运转
　　　　　　　　　　　　 → KM 主触点闭合 → 主轴电动机 M1 起动运转
　　　　　　　　　　　　 → KM 辅助常开触点闭合，为 KA1 线圈得电做好准备

M1 停车：

按下停止按钮 SB1 → KM 线圈失电 → KM 各触点恢复初始状态 → 主轴电动机 M1 失电停转

3）冷却泵电动机 M2 的控制（见图 3-4 中的图区 10）。主轴电动机 M1 和冷却泵电动机 M2 在控制电路中采用了顺序控制，只有当主轴电动机 M1 起动后（即 KM 的辅助常开触点闭合），再合上旋钮开关 SB4，中间继电器 KA1 才能通电吸合，冷却泵电动机 M2 才能起动。当 M1 停止运行或断开旋钮开关 SB4 时，M2 随即停止运行。

4）刀架快移电动机 M3 的控制（见图 3-4 中的图区 9）。刀架快速移动电动机 M3 的起动是由按钮 SB3 控制的，它与中间继电器 KA2 组成点动控制电路。先将进给操作手柄扳到所需移动的方向，然后按下 SB3，KA2 得电吸合，电动机 M3 起动运转，刀架沿指定的方向快速接近或离开工件加工部位。刀架快速移动电动机 M3 是短时工作制，故未设过载保护。

（4）照明与信号电路（见图 3-4 中的图区 11、12）

控制变压器 TC 的二次侧输出 6V 和 24V 电压，分别作为车床指示灯和低压照明的电源。HL 为电源指示灯，FU3 作短路保护。EL 为车床的低压照明灯，由开关 SA 控制，FU4 作短路保护。

CA6140 型车床的电气元件明细表，见表 3-6。

表 3-6　CA6140 型车床的电气元件明细表

代号	名称	型号	规格	数量	用途
M1	主轴电动机	Y132M—4—B3	7.5kW、1450r/min	1	主轴及进给传动
M2	冷却泵电动机	AOB—25	90W、3000r/min	1	供切削液
M3	刀架快移电动机	AOS5634	250W、1360r/min	1	刀架快速移动
FR1	热继电器	JR36—20/3	15.4A	1	M1 过载保护
FR2	热继电器	JR36—20/3	0.32A	1	M2 过载保护
KM	交流接触器	CJX2—18	线圈电压 110V	1	控制 M1
KA1	中间继电器	JZ7—44	线圈电压 110V	1	控制 M2
KA2	中间继电器	JZ7—44	线圈电压 110V	1	控制 M3
SB1	急停按钮	LAY3—01ZS/1		1	停止 M1
SB2	起动按钮	LAY3—10/3.11		1	起动 M1
SB3	起动按钮	LA9		1	起动 M3
SB4	旋钮开关	LAY3—10X/20		1	控制 M2

（续）

代号	名称	型号	规格	数量	用途
SB	钥匙按钮	LAY3—01Y/2		1	电源开关锁
SQ1 SQ2	行程开关	JWM6—11		2	断电保护
FU1	熔断器	BZ001	熔体 6A	3	M2、M3 短路保护
FU2	熔断器	BZ001	熔体 1A	1	控制电路短路保护
FU3	熔断器	BZ001	熔体 1A	1	信号灯短路保护
FU4	熔断器	BZ001	熔体 2A	1	照明电路短路保护
HL	信号灯	ZSD—0	6V	1	电源指示
EL	照明灯	JC11	24V	1	工作照明
QF	低压断路器	AM2—40	20A	1	电源开关
TC	控制变压器	JBK2—100	380V/110V/24V/6V	1	控制电路电源
XT0	接线端子板	JX2—1010	380V、10A、10 节	1	
XT1	接线端子板	JX2—1015	380V、10A、15 节	1	
XT2	接线端子板	JX2—1010	380V、10A、10 节	1	
XT3	接线端子板	JX2—1010	380V、10A、10 节	1	

三、机床电气设备检修的一般要求和方法

1. 机床电气设备检修的一般要求

1）必须采取正确的检修步骤和方法且切实可行。

2）不可扩大电气故障及损坏完好的电器元件。

3）不可随意更换电器元件及连接导线的型号/规格。

4）不可擅自改动线路。

5）损坏的电气装置应尽量修复使用，但不能降低其固有的性能。

6）电气设备的各种保护性能必须满足使用要求。

7）绝缘电阻合格，通电试车能满足电路的各种功能，控制环节的动作程序符合要求。

8）修理后的电气设备必须满足其质量标准要求。

小提示

电气设备的检修质量标准：

1）外观整洁，无破损和炭化现象。

2）所有的触点均应完整、光洁、接触良好。

3）压力弹簧和反作用力弹簧应具备足够的弹力。

4）操纵、复位机构都必须灵活可靠。

5）各种衔铁运动灵活，无卡阻现象。

6）灭弧罩完整、清洁，安装牢固。

7）电气设备整定动作值应符合电路使用要求。

8）指示装置应能正常发出信号。

2. 机床电气故障检修的一般步骤和方法

（1）机床电气故障检修的一般步骤（见图 3-5）

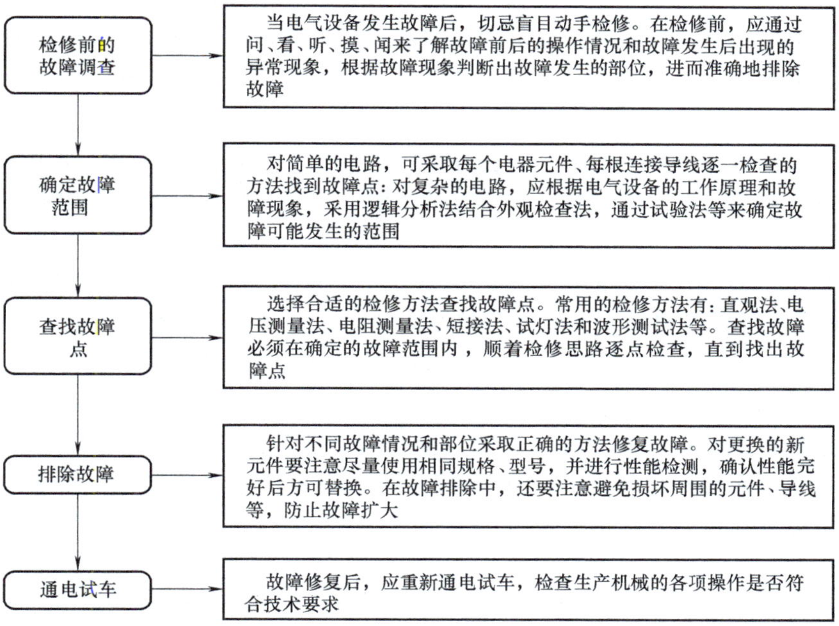

图 3-5 机床电气故障检修的一般步骤

操作提示

检修前的故障调查：

当电气设备发生故障后，切忌盲目动手检修。在检修前，一般通过问、看、听、摸、闻来了解故障前后的操作情况和故障发生后出现的故障现象，以便能根据故障现象快速判断出故障发生的部位，进而准确地排除故障。

问：询问操作者故障前后电路的操作、运行状况及故障发生后的异常现象，如设备是否有异常的响声、冒烟、火花等。故障发生前有无违规、错误操作和频繁地起动、停止、制动等情况；有无经过保养检修或更改线路等。

看：观察故障发生后是否有明显的外观灼伤痕迹；熔断器是否熔断；保护电器是否脱扣动作；接线有无脱落；触点是否烧蚀或熔焊；线圈是否过热烧毁等。

听：在不扩大线路故障范围、不损坏电器、设备的前提下可以通电试车，细听电动机、接触器和继电器等电器的声音是否正常；观察各电器动作顺序是否正确。

摸：在刚切断电源后，尽快触摸检查电动机、变压器、电磁线圈及熔断器等，看是否有过热现象。

闻：在故障发生后可以闻一闻，电动机、接触器和继电器线圈绝缘漆以及导线的橡胶塑料层是否因过载或短路等故障而发出焦煳味。

（2）查找故障点的常用方法　检修过程的重点是判断故障范围和确定故障点。测量法是机床电气检修人员工作中用来准确确定故障点的一种行之有效的检查方法。常用的测量工具和仪表有测电笔、万用表、钳形电流表、兆欧表等。通过对电路进行带电或断电时的有关参数如电压、电阻、电流等的测量，来判断电器元件的好坏、设备的绝缘情况及线路的通断情况等。

在使用测量法检查故障点时，一定要保证各种测量工具和仪表完好，使用方法正确，还要注意防止感应电、回路电及其他并联支路的影响，以免产生误判断。常用的测量方法已经在项目二之任务一中介绍了电压测量法和电阻测量法，下面介绍短接法。

短接法是用一根绝缘良好的导线，把所怀疑的断路部位短接，如短接过程中电路被接通，就说明该处断路。这种方法是检查线路断路故障的一种简便可靠的方法。

1）局部短接法。如图 3-6 所示，按下起动按钮 SB2，若 KM1 不能吸合，说明该电路有故障。检查前先用万用表测量 1-0 两点间的电压值，若电压正常，可按下起动按钮 SB2 不放松，然后用一根绝缘良好的导线，分别短接标号相邻的两点，如短接 1-2、2-3、3-4、4-5、5-6（注意不要短接 6-0 两点，否则造成短路）。当短接到某两点时，接触器 KM1 吸合，即说明断路故障就在这两点之间，见表 3-7。

表 3-7　短接法查找故障点

故障现象	测试状态	短接点标号	KM1 状态	故　障　点
按下 SB2 KM1 不吸合	按下 SB2 不放	1-2	吸合	FR 常闭触点接触不良或误动作
		2-3	吸合	SB1 常闭触点接触不良
		3-4	吸合	SB2 常开触点接触不良
		4-5	吸合	KM2 常闭触点接触不良
		5-6	吸合	SQ 常闭触点接触不良

2）长短接法。长短接法是指一次短接两个或多个触点来检查故障的方法。如图 3-7 所示，当 FR 的常闭触点和 SB1 的常闭触点同时接触不良时，若用局部短接法短接图中的 1-2 两点，按下 SB2，KM1 仍不能吸合，则可能造成判断错误；而用长短接法将 1-6 两点短接，如果 KM1 吸合，则说明 1-6 这段电路上有断路故障；然后再用局部短接法逐段找出

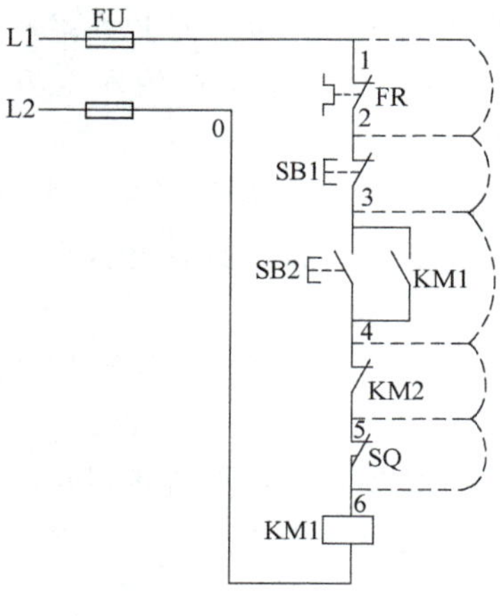

图 3-6　局部短接法

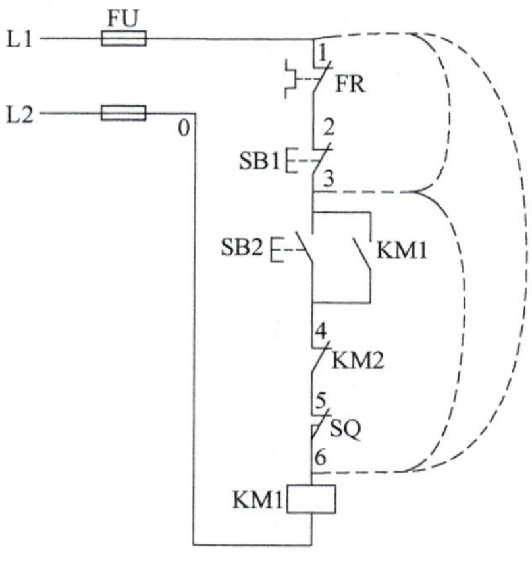

图 3-7　长短接法

故障点。

长短接法的另一个作用是可把故障点缩小到一个较小的范围。例如，第一次先短接 3-6 两点，KM1 不吸合，再短接 1-3 两点，KM1 吸合，说明故障在 1-3 范围内。可见，如果长短接法和局部短接法能结合使用，很快就可找出故障点。

注意　用短接法检查故障时必须注意以下几点：

① 短接法检测时，是用手拿绝缘导线带电操作的，所以一定要注意安全，避免触电事故。

② 短接法只适用于压降极小的导线及触点之类的断路故障。对于压降较大的电器，如电阻、线圈、绕组等断路故障，不能采用短接法，否则会出现短路故障。

③ 对于工程机械的某些要害部位，必须保证电气设备或机械部件不会出现事故的情况下，才能使用短接法。

在许多电气设备中，电器元件的动作是由机械、液压来推动的，或与它们有着密切的联动关系，所以在检修电气故障的同时，应检查、调整和排除机械、液压部分的故障，或与机械维修工配合完成。

以上所述检查分析电气设备故障的一般顺序和方法，应根据故障的性质和具体情况灵活选用，断电检查多采用电阻法，通电检查多采用电压法或电流法。各种方法可交叉使用，以便迅速有效地找出故障点。

（3）故障修复及注意事项　当找出电气设备的故障点后，就要着手进行修复、试运转、记录等，然后交付使用。但必须注意以下几点：

1）在找出故障点和修复故障时，应注意不能把找出的故障点作为寻找故障的终点，还必须进一步分析查明产生故障的根本原因，避免类似故障再次发生。

2）电气故障修复完毕，需要通电试运行时，应和操作者配合，避免出现新的故障。

3）每次排除较障后，应及时总结经验，并做好检修记录。

任务实施

实施本任务所使用的工具、仪表及设备器材可参考表 3-8。

表 3-8　工具、仪表及设备器材

类别	序号	名称	型号与规格	单位	数量	备　注
工具	1	电工常用工具	测电笔、螺钉旋具、尖嘴钳、斜口钳、剥线钳、电工刀等	套	1	
仪表	2	万用表	MF47	块	1	
	3	兆欧表	500V，0～200MΩ	只	1	
	4	钳形电流表	0～50A	只	1	
设备器材	5	车床	CA6140 型	台	1	
	6	电气元件	参考 CA6140 型车床的电气元件明细表			

一、操作车床

1. 操作车床前的准备

1）对照车床的主要结构图（见图 3-2）和车床的运动形式图（见图 3-3），在老师指导下，熟悉 CA6140 型车床的主要结构和运动形式。

2）根据车床的电器位置图（见图 3-8）、接线图（见图 3-9）及电器元件明细表（见表 3-7），在教师指导下，熟悉 CA6140 型车床各电器的位置、用途和走线。

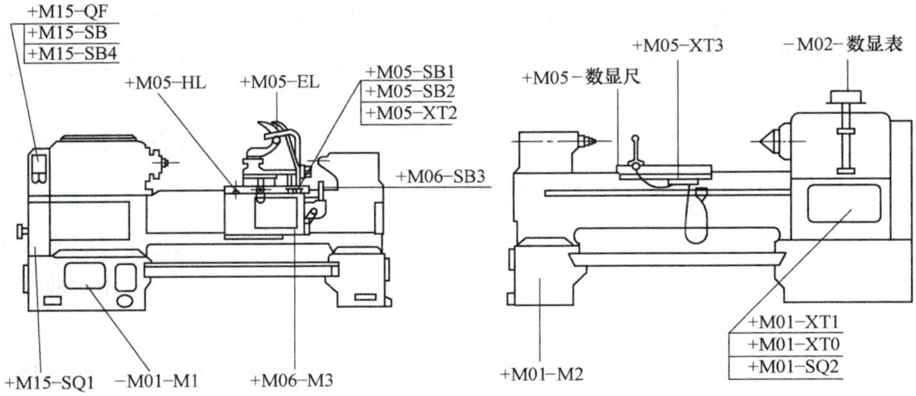

位置代号索引

序号	部件名称	代号	安装的元件
1	床身底座	+M01	-M1、-M2、-XT0、-XT1、-SQ2
2	床鞍	+M05	-HL、-EL、-SB1、-SB2、-XT2、-XT3、数显尺
3	溜板	+M06	-M3、-SB3
4	传动带罩	+M15	-QF、-SB、-SB4、-SQ1
5	床头	+M02	数显表

图 3-8　CA6140 型车床电器位置图

操作提示

位置图的识读方法是：代号表示在车床上的部位。例如，+M01 表示在车床的床身底座部位，+M01-M1 表示主轴电动机 M1 安装在车床的床身底座内；+M05-SB1 表示急停按钮 SB1 安装在车床的床鞍上。

3）熟悉如图 3-10 所示 CA6140 型车床的操纵手柄，各操纵手柄的用途见表 3-9。

2. 示范操作车床

CA6140 型车床的基本操作方法及步骤如下：

（1）开车前的检查　打开电气柜门，检查各电器元件安装是否牢固，各电器开关是否完好，接线端子上的电线是否有松动的现象，然后关好电气柜门。

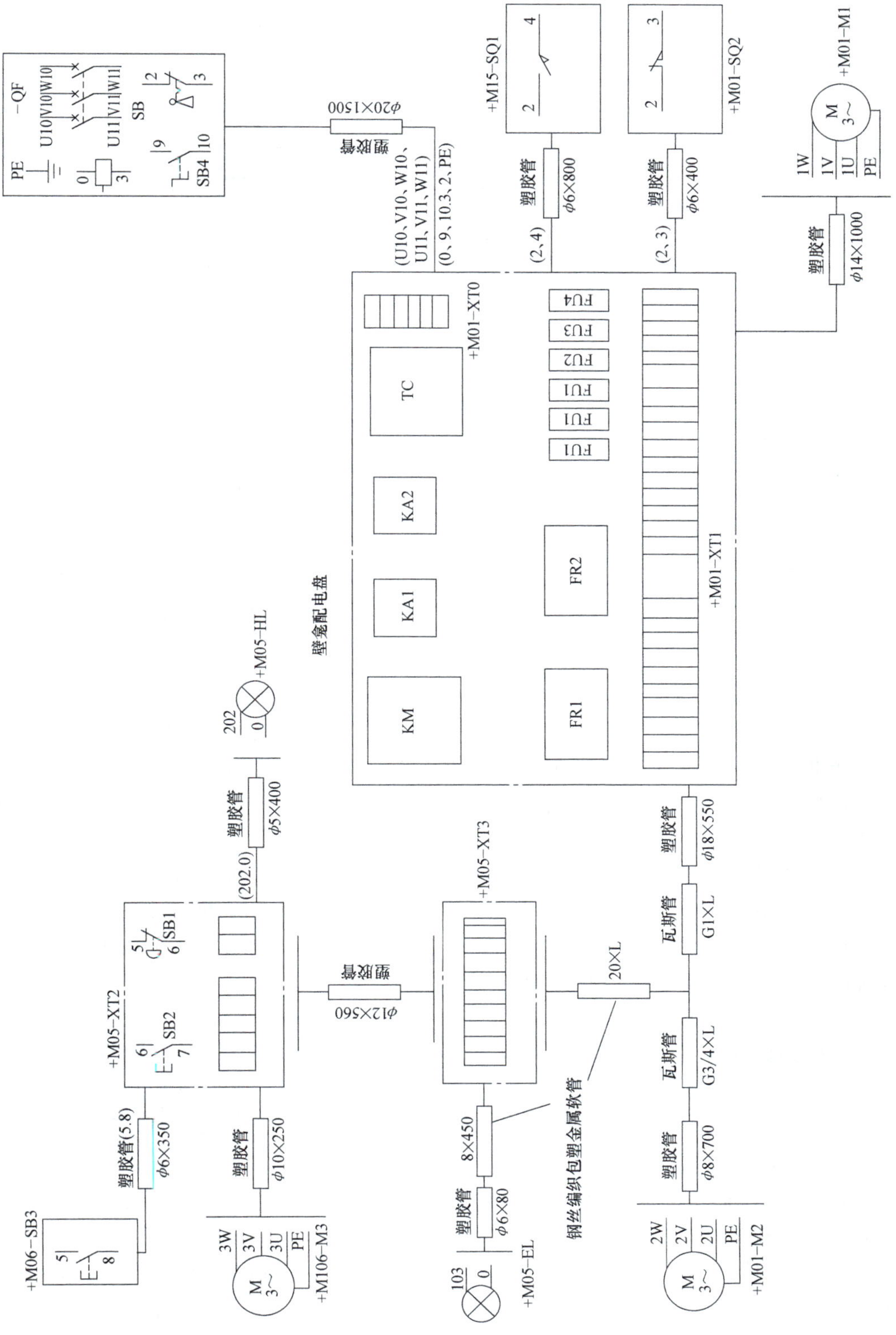

图 3-9　CA6140 型车床电气接线图

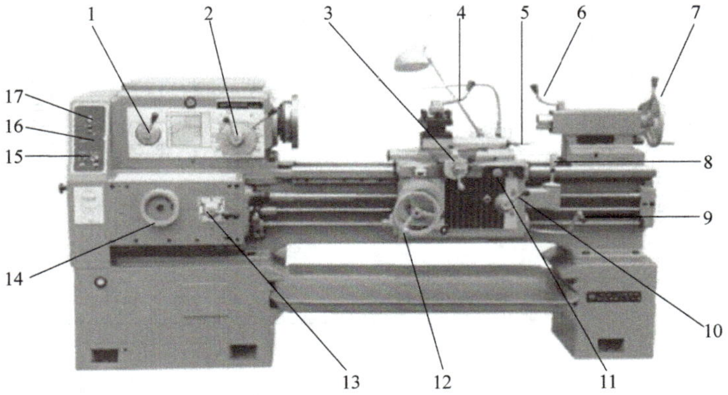

图 3-10　CA6140 型车床的操纵手柄

表 3-9　CA6140 型车床的操纵手柄用途

编号	名　称	编号	名　称
1	纵向正、反转走刀手柄	9	主轴正、反转操作手柄
2	主轴变速手柄	10	开合螺母操纵手柄
3	中滑板横向移动手柄	11	控制按钮
4	刀架转位、固定手柄	12	床鞍纵向移动手柄
5	小滑板纵向移动手柄	13、14	螺距及进给量调整手柄、丝杠、光杠变换手柄
6	尾座套筒紧固手柄	15	切削液开关
7	尾座顶尖套筒移动手轮	16	电源开关
8	刀架进给控制手柄	17	电源指示灯

（2）开机操作　检查车床各变速手柄是否处于空档位置，离合器是否处于正确位置，操纵杆是否处于停止状态，确认无误后，合上电气柜侧面的总电源开关 QF，此时机床电气部分已通电。

（3）主轴电动机的起动操作　按下绿色起动按钮 SB2，交流接触器 KM 得电吸合并自锁，主轴电动机 M1 得电起动连续旋转。然后向上抬起溜板箱右侧的机械操纵手柄，主轴立即正转（同时通过卡盘带动工件正向旋转）。操纵手柄回到中间位置，主轴停止转动。若向下压下机械操纵手柄，则主轴立即变为反转。

操作提示

主轴正反转的转换要在主轴停止转动后进行，避免因连续转换操作使瞬间电流过大而发生电器故障。

（4）冷却泵电动机的起动操作　扳动旋转开关 SB4 至 I 位置，冷却泵起动，将 SB4 旋至 O 位置时，冷却泵停止。

（5）主轴电动机的停止操作　按下 SB1 紧急停止按钮时，主轴电动机和冷却泵同时停止，机床处于急停状态。按照按钮上箭头方向（顺时针）旋转急停按钮 SB1，急停按钮将复位。

（6）刀架快速移动电动机 M2 的起动操作　按下点动按钮 SB3，刀架快速移动电动机得电运转，带动刀架快速移动，实现迅速对刀。手松开起动按钮 SB3，刀架快速移动电动机失电停转，刀架立即停止移动。

（7）溜板的进给操作　首先根据加工需求，扳动丝杠、光杠变换手柄，然后再扳动进给操作手柄，实现大溜板的纵向进给或中溜板的横向进给。也可摇动进给手轮，实现各溜板的手动进给。

（8）关机操作　如果机床停止使用，为了确保人身和设备安全，一定要关断电源开关 QF。

3. 练习操作车床

在熟悉 CA6140 型车床结构和操作手柄的前提下，分组练习操作车床。

操作提示

1）严格遵守卧式车床安全操作规程和各项规章制度，严禁在实训场所追逐打闹。

2）学生操作时必须有老师在场监护指导，防止发生人身和设备安全事故。

二、线路安装

1. 线路安装步骤及工艺要求

线路安装步骤及工艺要求，见表 3-10。

表 3-10　线路安装步骤及工艺要求

安装步骤	工艺要求
1. 选配并检验元件和电气设备	(1)按照表 3-6 配齐电气设备和元件，并逐个检验其规格和质量 (2)根据电动机的容量、线路走向及要求和各元件的安装尺寸，正确选配导线的规格、导线通道类型和数量、接线端子板、控制板、紧固体等
2. 布置、固定电器元件和走线槽	(1)安装走线槽时，应做到横平竖直、排列整齐匀称、安装牢固和便于走线等 (2)在电器元件附近做好与电路图上相同代号的标记
3. 板前线槽配线，并套编码套管	按板前线槽配线的工艺要求进行
4. 进行控制板外的元件固定和布线	(1)选择合理的导线走向，做好导线通道的支持准备 (2)控制箱外部导线的线头上要套装与电路图相同线号的编码套管；可移动的导线通道应留适当的余量 (3)按规定在通道内放好备用导线
5. 自检	(1)根据电路图检查电路的接线是否正确和接地通道是否具有连续性 (2)检查热继电器的整定值和熔断器中熔体的规格是否符合要求 (3)检查电动机及线路的绝缘电阻 (4)检查电动机的安装是否牢固，与生产机械传动装置的连接是否可靠 (5)清理安装现场
6. 通电试车	(1)接通电源，点动控制各电动机的起动，以检查各电动机的转向是否符合要求 (2)通电空转试车。空转试车时，应认真观察各电器元件、线路、电动机及传动装置的工作是否正常。发现异常，应立即切断电源进行检查，待调整或修复后方可再次通电试车

2. 注意事项

1）电动机和线路的接地要符合要求。严禁采用金属软管作为接地通道。

2）在控制箱外部进行布线时，导线必须穿在导线通道或敷设在机床底座内的导线通道里，导线中间不允许有接头。

3）在进行快速进给时，要注意将运动部件置于行程的中间位置，以防运动部件与车头或尾架相撞。

4）试车时，要先合上电源开关，后按起动按钮；停车时，要先按停止按钮，后断电源开关。

5）通电试车必须在教师的监护下进行，必须严格遵守操作规程。

三、线路检修

1. 识读电气图

1）识读车床电路图（见图 3-4），结合实际操作机床，进一步理解机床各部分的功能及工作原理。

2）识读车床电器位置图（见图 3-9），熟悉各电器的用途、位置和型号。

3）识读车床的接线图（见图 3-9），熟悉车床的布线情况，并通过测量等方法找出各回路的实际走线路径。

查找线路实际走线路径的方法是：首先根据电器位置图确定电路中各电器的位置，然后结合工作原理，根据接线图中的电器接点号（实际电气设备上就是编码套管号）找出走线路径。

例如，主轴电动机 M1 主电路的实际走线路径如下：

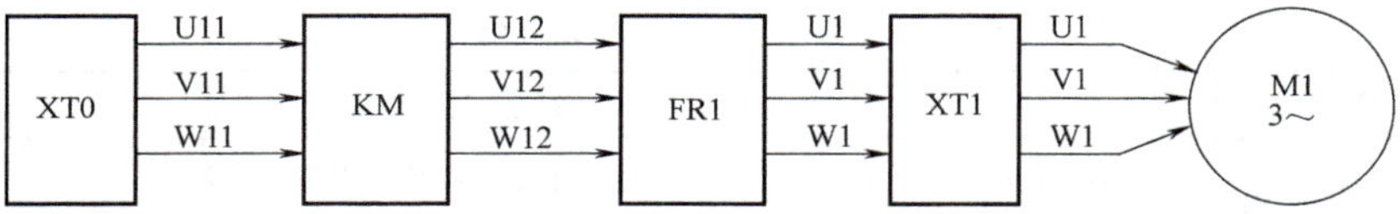

主轴电动机 M1 控制电路的实际走线路径如下：

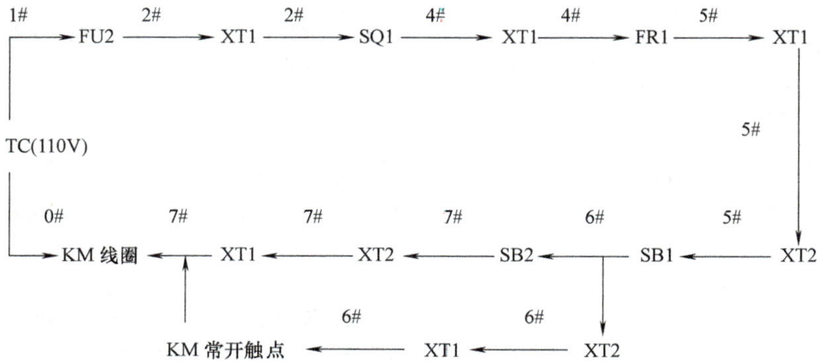

2. 示范检修

在 CA6140 型车床上人为设置自然故障点，按照下述检修步骤及要求，由教师示范检修，边操作边讲解，边分析边检修，直至故障排除。

1）通电试验，引导学生观察故障现象。

2）根据故障现象，依据电路图用逻辑分析法初步确定故障范围，并在电路图中标出最小故障范围。

3）采取适当检查方法查出故障点，并正确地排除故障。

4）检修完毕进行通电试车，并做好检修记录。

操作提示

当需要打开配电盘壁龛门进行带电检修时，应将行程开关 SQ2 传动杆处于压下状态，使断路器 QF 仍可合上。关上壁龛门后，SQ2 复原恢复保护作用。

【例 3-1】 主轴电动机 M1 不能起动。

故障现象：按下起动按钮 SB2，主轴电动机 M1 不能起动运行。

故障范围分析：

1）如果按下起动按钮 SB2，接触器 KM 能吸合，则是 M1 主电路故障。故障一般为主电路中存在断点，缺少两相电源所致，可能性较大的是接触器 KM 主触点接触不良、热继电器 FR1 热元件损坏、电动机烧毁、导线断线或线头松脱。

2）如果按下起动按钮 SB2，接触器 KM 不能吸合，则是 M1 控制电路故障。故障可能性较大的是控制变压器烧毁，熔断器 FU2 熔断，SQ1、FR1、SB1、SB2 的触点接触不良，KM 线圈烧毁以及导线断线或线头松脱等。这时可按下 SB3，观察 KA2 是否动作，若 KA2 能动作，可以缩小故障范围。

故障检修：对于 M1 主电路故障，可按图 3-11 所示步骤检修。

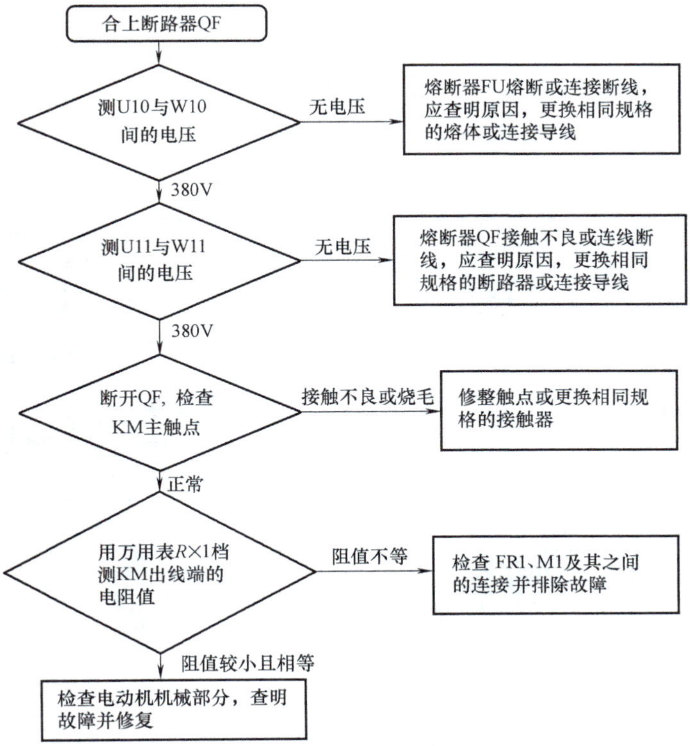

图 3-11　M1 主电路故障检修步骤

对于 M1 控制电路的故障，可按图 3-12 所示步骤检修。

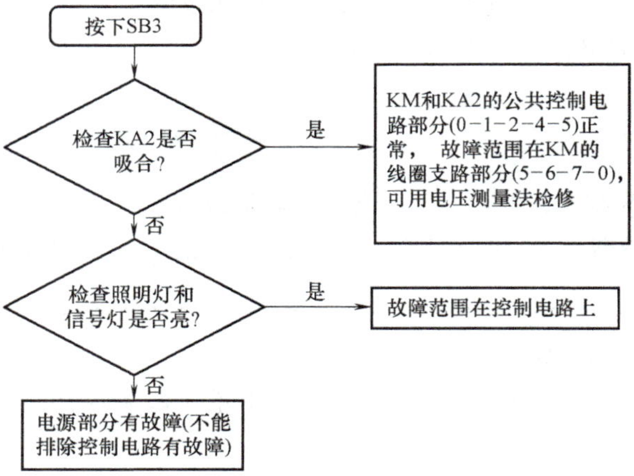

图 3-12　M1 控制电路故障检修步骤

【例 3-2】　主轴电动机 M1 能起动但不能连续运行。

故障现象：按下起动按钮 SB2，主轴电动机 M1 运转，松开 SB2 后，主轴电动机 M1 停转。

故障分析：分析电路工作原理可知，造成这种故障的主要原因是接触器 KM1 的自锁触点接触不良或导线松脱，使电路不能自锁。

故障检修：主轴电动机 M1 不能连续运行检修方法步骤如下。

1）打开电气控制箱壁龛和按钮盒，检查并紧固按钮和接触器上的 6#、7#导线的接线端，如图 3-13 所示。如果紧固后仍然不能连续运转，则进行下一步检修。

2）拆下接触器 KM 自锁触点上的 6#或 7#线，人为按下接触器 KM，然后用万用表 R × 10 挡检测接触器自锁触点接触是否良好。如果接触不良，则修复或更换触点，如图 3-14 所示。

图 3-13　紧固自锁线

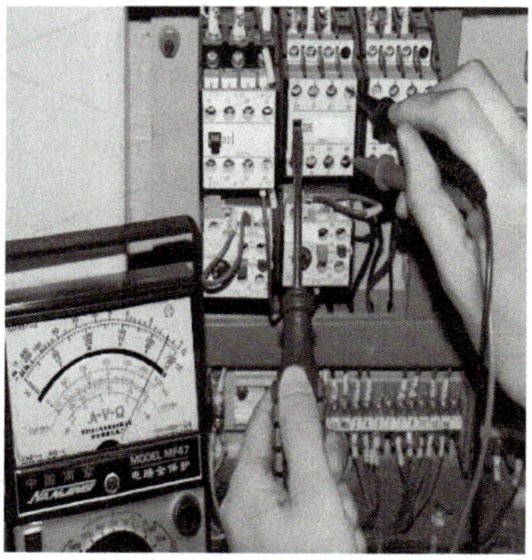

图 3-14　检测自锁触点接触情况

3）如果接触器自锁触点接触良好，则说明是从按钮到接触器之间的自锁线 6#或接触器自身的7#线断线，并用万用表电阻挡检测判断，然后换上同规格的导线即可。该故障的检修流程如图3-15所示。

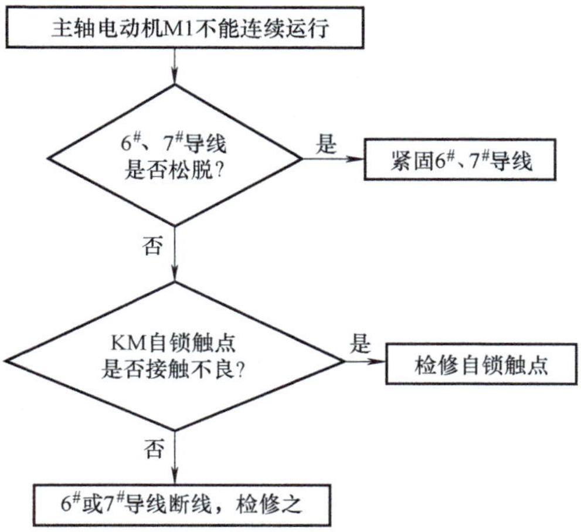

图3-15　导线断线检修流程

3. 练习检修

（1）由教师设置让学生事先知道的故障点，指导学生如何从故障现象着手进行分析，逐步引导学生采用正确的检查步骤和检修方法进行检修。

操作提示

故障设置时应注意以下几点：

1）人为设置的故障必须是模拟车床在使用过程中出现的自然故障。

2）不能设置短路故障、机床带电故障，以免造成人身伤亡事故。

3）不能设置一接通总电源开关电动机就起动的故障，以免造成人身和设备事故。

4）设置的故障必须与学生应该具有的检修水平相适应，当设置一个以上故障点时，故障现象尽可能不要相互掩盖。

5）初次进行故障检修训练时，不要设置调换导线类故障，以免增大分析故障的难度。

（2）教师在线路中设置两处人为的自然故障点，由学生按照下述检修步骤及要求进行检修。

1）通电试验，观察故障现象。

2）根据故障现象，依据电路图用逻辑分析法初步确定故障范围，并在电路图中标出最小故障范围。

3）采取适当检查方法查出故障点，并正确地排除故障。

4）检修完毕进行通电试车，并做好检修记录，填入表3-11。

注意

① 检修前要认真阅读分析电路图，熟练掌握各个控制环节的原理及作用，并认真观摩教师的示范检修。

② 工具和仪表的使用应符合使用要求。

③ 检修时，严禁扩大故障范围或产生新的故障点。

④ 排除故障的过程中，不得采用更换电器元件、借用触点或改动线路的方法修复故障点。

⑤ 停电要验电，带电检修时，必须有指导教师在现场监护，以确保用电安全。

表 3-11 故障检修记录表

维修时间			维修人员	
设备名称			设备型号	
故障现象				
在电路图中标出最小故障范围，并简要记录分析过程				
查找故障点并排除	故障点	检修步骤		排除方法

任务评价

一、线路安装任务评价（见表 3-12）

表 3-12 线路安装任务评价表

项目内容	配分	评分标准	扣分
器材选用	10	(1)电器元件选错型号和规格，每个扣 2 分 (2)导线选用不符合要求，扣 4 分 (3)穿线管、编码套管等选用不当，每项扣 2 分	
安装布线	50	(1)电器元件漏检或错检，每只扣 2 分 (2)电器元件布置不合理，扣 5 分 (3)电器元件安装不牢固，每只扣 2 分 (4)损坏电器元件，每只扣 5 分 (5)电动机安装不符合要求，每台扣 5 分 (6)不按电路图接线，扣 10 分 (7)导线敷设不符合要求，每根扣 2 分 (8)漏接接地线，扣 10 分	

（续）

<table>
<tr><th>项目内容</th><th>配分</th><th colspan="4">评 分 标 准</th><th>扣　分</th></tr>
<tr><td>通电试车</td><td>40 分</td><td colspan="4">（1）热继电器未整定或整定错误，每只扣 5 分
（2）熔体规格选用不当，每只扣 5 分
（3）试车不成功，扣 30 分</td><td></td></tr>
<tr><td>安全文明生产</td><td colspan="5">违反安全文明生产规程，酌情扣分</td><td></td></tr>
<tr><td>定额时间</td><td colspan="5">4h，训练不允许超时，在修复故障过程中才允许超时，每超时 10min（不足 10min 以 10min 计）扣 5 分</td><td></td></tr>
<tr><td>备注</td><td colspan="4">除定额时间外，各项内容的最高扣分不得超过配分数</td><td>成绩</td><td></td></tr>
<tr><td>开始时间</td><td></td><td>结束时间</td><td></td><td>实际时间</td><td colspan="2"></td></tr>
</table>

二、线路检修任务评价（见表 3-13）

表 3-13　线路检修任务评价表

<table>
<tr><th>项目</th><th>配分</th><th colspan="4">评 分 标 准</th><th>扣分</th></tr>
<tr><td>故障现象</td><td>20</td><td colspan="4">故障现象判断错误，每个故障扣 10 分</td><td></td></tr>
<tr><td>故障范围</td><td>20</td><td colspan="4">错判故障范围，每个故障扣 10 分
未缩小到最小故障范围，扣 5 分</td><td></td></tr>
<tr><td>检修方法</td><td>40</td><td colspan="4">仪表和工具使用不正确，每次扣 5 分
检修步骤不正确，每处扣 5 分
不能查出故障点，每个故障扣 20 分</td><td></td></tr>
<tr><td>故障排除</td><td>20</td><td colspan="4">不能排除故障，每个扣 10 分
扩大故障，扣 20 分
损坏电器元件，每只扣 10 分</td><td></td></tr>
<tr><td>安全文明生产</td><td colspan="5">违反安全文明生产规程，视情节从总分中扣 10～20 分</td><td></td></tr>
<tr><td colspan="6">定额时间 30min，修复两个故障，不允许超时检查，每超时 5min 扣 2 分，修复故障过程允许超时</td><td></td></tr>
<tr><td>开始时间</td><td></td><td>结束时间</td><td></td><td>成绩</td><td colspan="2"></td></tr>
</table>

任务拓展

机床电气设备的日常维护和保养

电气设备在运行过程中出现的故障，有些可能是由于操作使用不当、安装不合理或维修不正确等人为因素造成的，称为人为故障。而有些故障则可能是由于电气设备在运行时过载、机械振动、电弧的烧损、长期动作的自然磨损、周围环境温度和湿度的影响、金属屑和油污等有害介质的侵蚀以及电器元件的自身质量问题或使用寿命等原因而产生的，称为自然故障。显然，如果加强对电气设备的日常检查、维护和保养，及时发现一些非正常因素，并给予及时的修复或更换处理，就可以将故障消灭在萌芽状态，防患于未然，使电气设备少出甚至不出故障，以保证工业机械的正常运行。

1. 电动机的日常维护及保养

1）保持电动机表面清洁，进、出风口必须保持畅通无阻，不允许水滴、油污或金属屑等异物掉入电动机的内部。

2）检查运行中的电动机负载电流是否正常，用钳形电流表查看三相电流是否平衡，三相电流中的任何一相与其三相平均值相差不允许超过10%。

3）对工作在正常环境条件下的电动机，定期用兆欧表检查其绝缘电阻,；对工作在潮湿、多尘及含有腐蚀性气体等环境条件的电动机，更应定期用兆欧表检查其绝缘电阻。三相380V的电动机及各种低压电动机，其绝缘电阻至少为0.5MΩ方可使用，高压电动机定子绕组绝缘电阻为1MΩ/kV，转子绝缘电阻至少为0.5MΩ，方可使用。若发现电动机的绝缘电阻达不到规定要求，应采取相应绝缘措施处理后，使其符合规定要求，方可继续使用。

4）检查电动机的接地装置，使之保持牢固可靠，接地良好。

5）检查电源电压是否与铭牌相符，三相电压是否对称。

6）检查电动机的温升是否正常。交流三相异步电动机各部位温度的最高允许值见表3-14。

表3-14　三相异步电动机的最高允许温度（用温度计测量法，环境温度为40℃）

绝缘等级		A	E	B	F	H
最高允许温度/℃	定子和绕线转子绕组	95	105	110	125	145
	定子铁心	100	115	120	140	165
	集电环	100	110	120	130	140

注：对于滑动和滚动轴承的最高允许温度分别为80℃和95℃。

7）检查电动机的振动、噪声是否正常，有无异常气味、冒烟、起动困难等现象，一旦发现，应立即停车检修。

8）检查电动机轴承是否有过热、润滑脂不足或磨损等现象，轴承的振动和轴向位移不得超过规定值。轴承应定期清洗检查，定期补充或更换轴承润滑脂（一般一年左右）。电动机的常用润滑脂特性见表3-15。

表3-15　各种电动机润滑脂特性

名　称	钙基润滑脂	纳基润滑脂	钙纳基润滑脂	铝基润滑脂
最高工作温度/℃	70~85	120~140	115~125	200
最低工作温度/℃	≥-10	≥-10	≥-10	—
外观	黄色软膏	暗褐色软膏	淡黄色、深棕色软膏	黄褐色软膏
适用电动机	封闭式、低速轻载的电动机	开启式、高速重载的电动机	开启式及封闭式高速重载的电动机	开启式及封闭式高速的电动机

9）检查机械传动装置是否正常，联轴器、带轮或传动齿轮是否跳动。

10）检查电动机的引出线是否绝缘良好，连接是否牢固可靠。

2. 控制设备的日常维护保养

1）电气柜（配电箱）的门、盖、锁及门框周边的耐油密封垫均应良好。门、盖应关闭严密，柜内应保持清洁，不得有水滴、油污和金属物等进入电气柜内，以免造成电器漏电、短路而发生事故。

2）控制台上的所有操纵按钮、主令电器的手柄、信号灯及仪表护罩都应保持清洁完好。

3）检查接触器、继电器等电器的电磁系统吸合是否良好、有无噪声、卡阻或迟滞现象，触点接触面有无烧蚀、毛刺或凹坑；电磁线圈是否过热；各弹簧的弹力是否适当；灭弧装置是否完好无损等。

4）检查各电器的操作机构是否灵活可靠，有关整定值是否符合要求。

5）检查各线路接头与端子板的接头是否牢靠，各部件之间的连接导线、电缆或保护导线的软管，不得被切削液、油污等腐蚀，管接头处不得产生脱落或散头等现象。

6）安全门控开关能否起安全保护作用。

7）检查电气柜（配电箱）及导线通道的散热情况是否良好。

8）检查各类指示信号装置和照明装置是否完好。

9）检查电气设备和生产机械上所有裸露导体件是否接到保护接地专用端子上，是否达到了保护电路连续性要求。

3. 电气设备的维护保养周期

对设置在电气柜（配电箱）内的电器元件，一般不经常进行开门监护，主要是靠定期的维护保养，来实现电气设备较长时间的安全稳定运行。其维护保养周期，应根据电气设备的构造、使用情况及环境条件等来确定。一般可配合生产机械的一、二级保养同时进行其电气设备的维护保养工作。保养的周期及内容见表3-16。

表3-16　电气设备的维护保养周期及内容

保养级别	保养周期	机床作业时间	电气设备保养内容
一级保养	一季度左右	6～12h	(1)清扫配电箱内的灰尘异物 (2)整理内部接线,使之整齐美观 (3)紧固熔断器的可动部分,使之接触良好 (4)紧固接线端子和电器元件上的压线螺钉,使所有压接线头牢固可靠,以减小接触电阻 (5)修复或更换即将损坏的电器元件 (6)对电动机进行小修和中修检查 (7)通电试车,使电器元件的动作程序正确可靠
二级保养	一年左右	3～6d	(1)机床一级保养时,对机床电器所进行的各项维护保养工作 (2)检修动作频繁且电流较大的接触器、继电器触点 (3)检修有明显噪声的接触器和继电器 (4)校验热继电器,看其是否能正常工作。校验结果应符合热继电器的动作特性 (5)校验时间继电器,看其延时时间是否符合要求

课后测评

一、填空题

1. 机床电气检修人员工作中，用来准确确定故障点的一种行之有效的检查方法是____________。使用该方法检查故障点时，一定要保证各种________和________完好，使用方法正确，还要注意防止________、________及其他________的影响。

2. 用短接法检查故障时，应选用一根__________的导线，将所怀疑的__________部位的两端__________，如短接后电路__________，则说明该处______________。

3. 短接法有_____________和____________，两者结合使用能很快找出故障点。

4. 根据图 3-4 所示 CA6140 型车床的电路图做以下习题：

（1）主轴电动机 M1 和冷却泵电动机 M2 在控制电路中实现了______，即只有______起动运转后，__________才能起动运转。

（2）刀架快速移动电动机 M3 采用的是______________控制，刀架移动方向的改变是由________实现的。

（3）在电路正常工作时，位置开关 SQ1 的常开触点处于____________状态；开关 SB 和位置开关 SQ2 的常闭触点处于____________状态。

二、判断题（正确的打“√”，错误的打“×”）

1. 使用电阻分阶测量法或电阻分段测量法检查故障，必须保证在切断电源的情况下进行。（　）

2. 电路图中继电器线圈符号下左栏中的数字表示继电器的常闭触点所处的图区号。（　）

3. 在操作 CA6140 型车床时，按下 SB2，发现接触器 KM 得电动作，但主轴电动机 M1 不能起动，则故障原因可能是热继电器 FR1 动作后未复位。（　）

4. CA6140 型车床的主轴电动机 M1 因过载而停转，热继电器 FR1 的常闭触点是否复位，对冷却泵电动机 M2 和刀架快速移动电动机 M3 的运转无任何影响。（　）

5. 电动机的接地装置应经常检查，使之保持牢固可靠。（　）

三、选择题（请把正确答案的字母填入括号中）

1. CA6140 型车床调速是（　）。

A. 电气无级调速　B. 齿轮箱进行机械有级调速　C. 电气与机械配合调速

2. 电路图中接触器线圈符号下左栏中的数字表示接触器（　）所处的图区号。

A. 主触点　B. 常开辅助触点　C. 常闭辅助触点

3. 电动机三相负载任何一相中的电流与其三相平均值相差不允许超过（　）。

A. 5%　B. 10%　C. 20%

4. 三相 380V 的电动机及各种低压电动机的绝缘电阻至少为（　）时，方可使用该设备。

A. 2MΩ　B. 1MΩ　C. 0.5MΩ

5. 金属切削机床的一级保养一般（　）进行一次。

A. 一个月　B. 一季度　C. 半年

四、问答题

1. 检修前怎样进行故障调查？

2. 利用短接法检查电气故障时应注意哪几点？

3. CA6140 型车床在车削过程中，若有一个控制主轴电动机的接触器主触点接触不良，会出现什么现象？如何解决？

4. 根据 CA6140 型车床的故障现象，分析产生的故障原因。

（1）主轴电动机 M1 转速很慢并发出“嗡嗡”声。
（2）主轴电动机 M1 不能停止。
（3）刀架快速移动电动机 M3 不能起动。
（4）主轴电动机“嗡嗡”响但不能运行。
（5）主轴电动机 M1 起动运转后，按下 SB4，冷却泵电动机 M2 不运转。

5. 对机床电气柜内的电器元件进行一级保养的内容是什么？

任务二　X62W 型万能铣床电气控制电路的检修

学习目标

1. 了解 X62W 型万能铣床的主要结构、运动形式和控制要求。
2. 熟悉 X62W 型万能铣床电气控制电路的构成和工作原理。
3. 能检修 X62W 型万能铣床电气控制电路的常见电气故障。

任务描述

万能铣床是一种通用的多用途机床，它可以用圆柱铣刀、圆片铣刀、成形铣刀及端面铣刀等工具对各种零件进行平面、斜面、螺旋面及成形表面的加工，还可以加装万能铣头和圆工作台来扩大加工范围。

常用的万能铣床有两种：一种是 62W 型卧式万能铣床，铣头水平方向放置，如图 3-16a 所示；另一种是 X52K 型立式万能铣床，铣头垂直方向放置，如图 3-16b 所示。这两种铣床结构上大体相似，工作台进给方式、主轴变速等都一样，电气控制电路经过系列化以后也基本一样，差别在于铣头的放置方向不同。

a) 62W型卧式万能铣床

b) X52K型立式万能铣床

图 3-16　万能铣床

本任务就是检修 X62W 型万能铣床电气控制电路的常见电气故障。

知识链接

一、X62W 型万能铣床的主要结构、主要运动形式及控制要求

1. 主要结构

X62W 型万能铣床主要由底座、床身、主轴、悬梁、刀杆支架、工作台、回转盘、横溜板、刀杆挂脚和升降台等几部分组成，如图 3-17 所示。

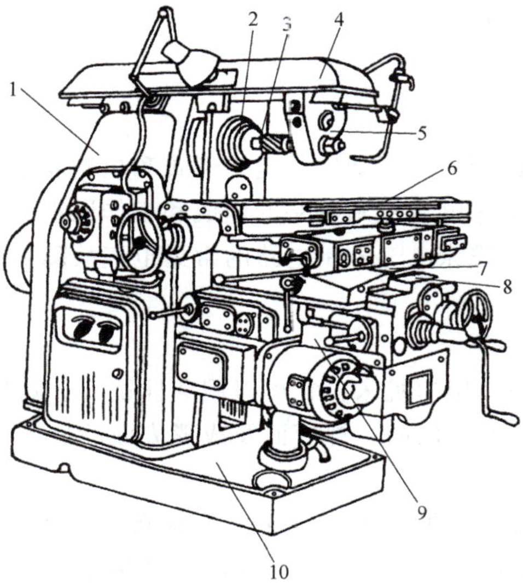

图 3-17　X62W 型万能铣床结构图

1—床身　2—主轴　3—刀杆支架　4—悬梁　5—刀杆挂脚　6—工作台　7—回转盘　8—横溜板　9—升降台　10—底座

X62W 型万能铣床的型号及含义如下：

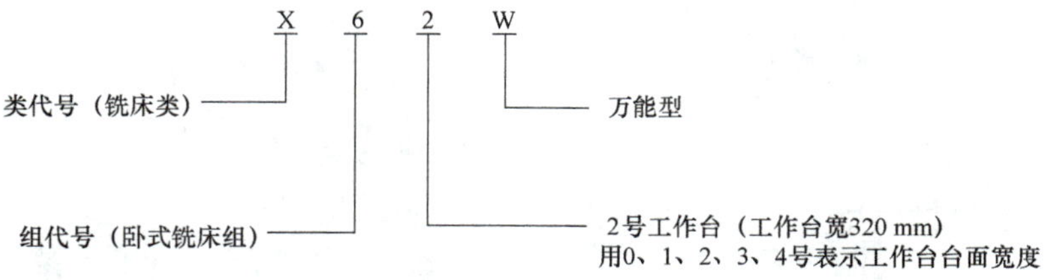

2. 主要运动形式及控制要求

（1）主运动　X62W 型万能铣床的主运动是主轴带动铣刀的旋转运动。

铣削加工有顺铣和逆铣两种方式，所以要求主轴电动机能实现正反转，但考虑到一批工件一般只用一个方向铣削，在加工过程中不需要经常变换主轴旋转的方向，因此，X62W 型万能铣床是用组合开关来改变主轴电动机的电源相序以实现正反转目的。

铣削加工是一种不连续的切削加工方式，为减小振动，主轴上装有惯性轮，但这样就会造成主轴停车困难，为此 X62W 型万能铣床主轴电动机采用电磁离合器制动以实现准确停车。

X62W 型万能铣床的主轴调速是通过改变主轴箱中的齿轮传动比来实现的，为了保证齿轮良好啮合，故主轴变速时要求主轴电动机有一瞬间变速冲动过程。

（2）进给运动　X62W 型万能铣床的进给运动是指工件随工作台在前后（横向）、左右（纵向）和上下（垂直）六个方向上的运动以及随圆形工作台的旋转运动。

X62W 型万能铣床的工作台要求有前后、左右和上下六个方向上的进给运动和快速移动，所以要求进给电动机能正反转。为扩大加工能力，在工作台上可加装圆形工作台，圆形工作台的回转运动是由进给电动机经传动机构驱动的。

为保证机床和刀具的安全，在铣削加工时，任何时刻工件都只能有一个方向的进给运动，因此采用了机械操作手柄和行程开关相配合的方式实现六个运动方向的联锁。

为防止刀具和机床的损坏，要求只有主轴起动后才允许有进给运动；同时为了减小加工件的表面粗糙度值，要求进给停止后主轴才能停止或同时停止。

进给变速采用机械方式实现，变速时为了齿轮良好啮合，也需要进给电动机有一瞬间变速冲动过程。

（3）辅助运动　X62W 型万能铣床的辅助运动是指工作台的快速运动及主轴和进给的变速冲动。工作台的快速运动是指工作台在前后、左右和上下六个方向之一上的快速移动。它是通过快速移动电磁离合器的吸合，改变机械传动链的传动比实现的。为保证变速后齿轮能良好啮合，主轴和进给变速后，都要求电动机做瞬时点动，即变速冲动。

二、X62W 型万能铣床电气控制电路

X62W 型万能铣床电气控制电路如图 3-18 所示，它分为电源电路、主电路、控制电路和照明电路四个部分。

1. 电源电路

三相交流电源通过组合开关 SA1 和熔断器 FU1 分别给电动机 M1、M2、M3 和控制变压器 TC1、TC2、TC3 供电。

2. 主电路

主电路中共有主轴电动机 M1、冷却泵电动机 M2 和进给电动机 M3 三台电动机，其控制与保护电器见表 3-17。

表 3-17　主电路的控制与保护电器

电动机名称	功　能	控制电器	过载保护	短路保护
主轴电动机 M1	拖动主轴带动铣刀旋转	接触器 KM1 和组合开关 SA2	热继电器 FR1	熔断器 FU1
冷却泵电动机 M2	提供切削液	接触器 KM 2	热继电器 FR2	熔断器 FU2
进给电动机 M3	拖动工作台进给运动和快速移动	接触器 KM3 和 KM4	热继电器 FR3	熔断器 FU2

3. 控制电路

380V 交流电源经控制变压器 TC 转变为 110V 电压作为控制电路的电源。

（1）主轴电动机 M1 的控制　为了方便操作，主轴电动机 M1 采用一地起动两地停止的控制方式，一组起动按钮 SB5 和停止按钮 SB1 安装在工作台上，另一只停止按钮 SB2 安装

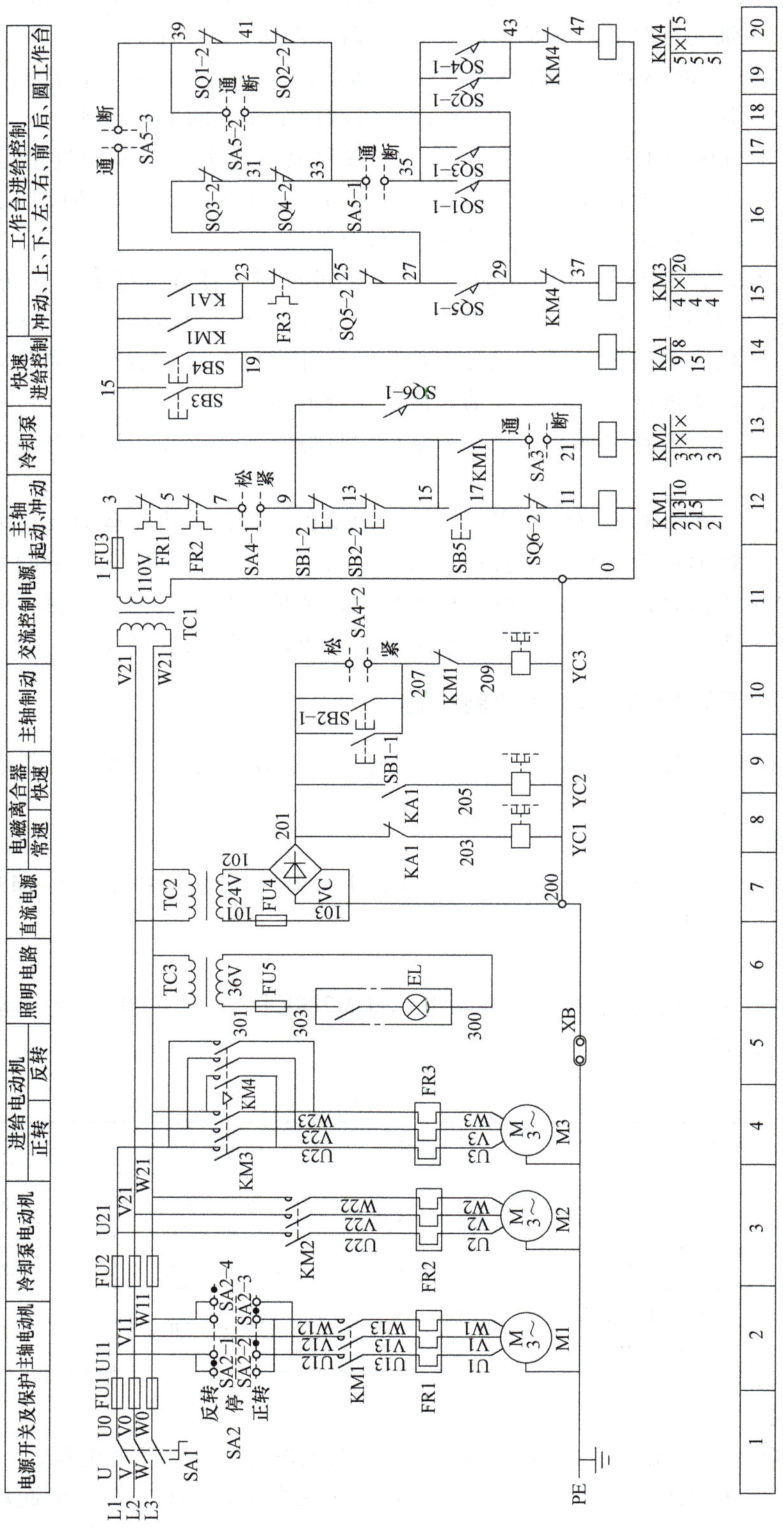

图 3-18 X62W 型万能铣床电路图

在床身上。铣床的加工有顺铣和逆铣两种工作方式，在开始工作前首先应确定主轴电动机 M1 的转向，而主轴电动机 M1 的正反转的转向是由主轴换向开关 SA2 控制的。主轴换向开关 SA2 的通断状态见表 3-18。

表 3-18 主轴换向开关 SA2 的通断状态

触点	所在图区	操作手柄位置		
		正转	停止	反转
SA2-1	2	−	−	+
SA2-2	2	+	−	−
SA2-3	2	+	−	−
SA2-4	2	−	−	+

注：“+”表示 SA2 触点闭合，“−”表示 SA2 触点断开。

主轴电动机 M1 的控制包括起动控制、制动控制、换刀控制和变速冲动控制。

1）主轴电动机 M1 的起动控制。起动前，首先选择好主轴的转速，接着将主轴换向开关 SA2 扳到所需要的转向，然后合上铣床电源总开关 SA1。工作原理如下：

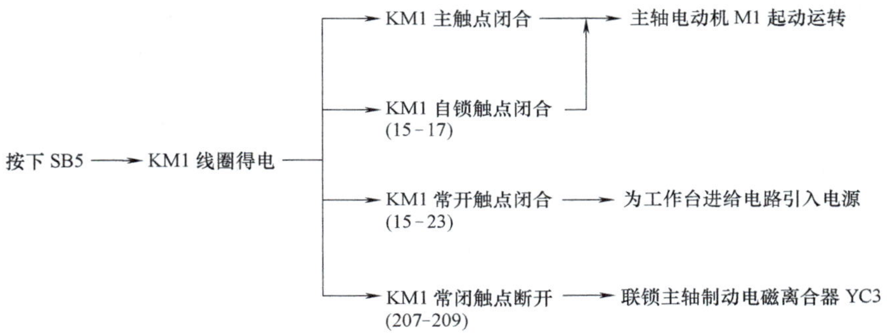

KM1 线圈得电回路为：TC1(1)→3→5→7→9→13→15→17→11→KM1 线圈→TC1(0)。

2）主轴电动机 M1 停车及制动控制。当铣削完毕，需要主轴电动机 M1 停止时，为使主轴能迅速停车，控制电路采用电磁离合器 YC3 对主轴进行停车制动。工作原理如下：

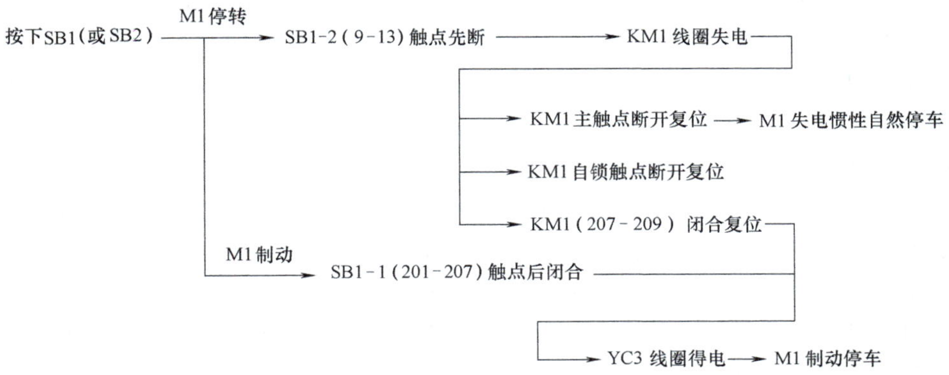

3）主轴换铣刀控制。主轴电动机 M1 停转后并不处于制动状态，主轴仍可自由转动。在主轴更换铣刀时，为避免主轴转动，造成更换困难，应将主轴制动。其方法是将主轴制动换刀开关 SA4 扳向换刀位置（即松紧开关 SA4 置“夹紧”位置），SA4-2 常开触点（201-207）闭

合，电磁离合器 YC3 获电，将主轴电动机 M1 制动；同时 SA4-1 常闭触点（7-9）断开，切断了控制电路，机床无法起动运行，从而保证了人身安全。

主轴制动、换刀开关 SA4 的通断状态见表 3-19。

表 3-19 主轴制动、换刀开关 SA4 的通断状态

触点	接线端标号	所在图区	操作位置	
			主轴正常工作	主轴换刀制动
SA4-1	7-9	12	+	-
SA4-2	201-207	10	-	+

注："+"表示 SA4 触点闭合，"-"表示 SA4 触点断开。

4）主轴变速冲动控制。主轴变速时的冲动控制，是利用变速手柄与冲动行程开关 SQ6 通过机械上的联动机构进行控制的，如图 3-19 所示。

主轴变速是通过调节变速盘改变齿轮传动比实现的，为了使齿轮能够良好啮合，故需要主轴作短时变速冲动。主轴变速时的冲动控制，是利用变速手柄与冲动行程开关 SQ6 通过机械上的联动机构进行控制的，变速时，先将主轴变速操纵手柄 4 下压，使手柄的榫块从定位槽中脱出，然后向外拉动手柄使榫块落入第二道槽内，使齿轮组脱离啮合。转动变速盘 1 选定所需要的转速后，把变速操纵手柄 4 推回原位，使榫块重新落进槽内，齿轮组重新啮合。变速时为了使齿轮容易啮合，在主轴变速操纵手柄 4 推进时，手柄上装的凸轮 2 将弹簧杆 3 推动一下又返回，这时弹簧杆 3 推动一下行程开关 SQ6，使 SQ6 的常闭触点 SQ6-2（11-17）先分断，常开触点 SQ6-1 后闭合，接触器 KM1 瞬间得电动作，主轴电动机 M1 会产生一冲动。主轴电动机 M1 因未制动而惯性旋转，使齿轮系统发生抖动，主轴在抖动时刻，将变速操纵手柄 4 先快后慢地推进去，齿轮便顺利地啮合。当瞬间点动过程中齿轮系统没有实现良好啮合时，可以重复上述过程直到啮合为止。变速前应先停车。

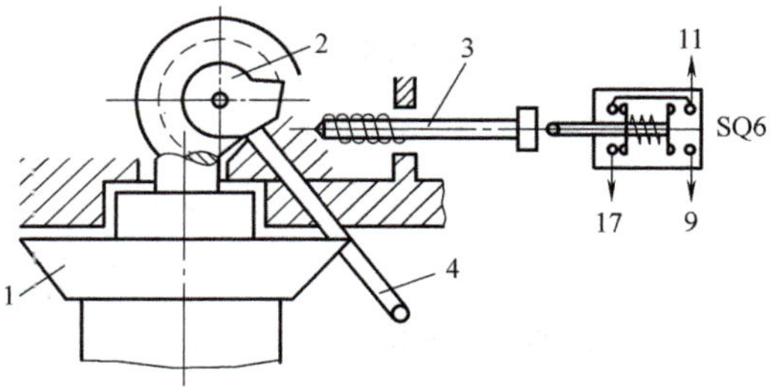

图 3-19 主轴变速冲动结构控制示意图

1—变速盘 2—凸轮 3—弹簧杆 4—主轴变速操纵手柄

（2）进给电动机 M3 的控制 X62W 型万能铣床工作台进给电动机电气控制电路如图 3-20所示。

X62W 型万能铣床工作台的进给运动必须在主轴电动机 M1 起动后才能进行。工作台的进给可在左右、前后和上下六个方向上做直线运动，即工作台在回转盘上的左右运动；工作台与回转盘一起在溜板上随溜板前后运动；升降台在床身的垂直导轨上作上下运动。这些进给运动是通过两个操纵手柄、快速移动按钮、电磁离合器 YC1、YC2 和机械联动机构控制相应的行程开关使进给电动机 M3 正转或反转，实现工作台的常速或快速移动，并且六个方向的运动是联锁的，不能同时接通。常速时，电磁离合器 YC1 线圈得电；快速时电磁离合器 YC2 线圈得电；热继电器 FR3 作过载保护。

1）工作台的左右进给运动。工作台的左右进给运动是由纵向操纵手柄和行程开关联合控制的。操纵手柄位置及其控制关系见表 3-20。

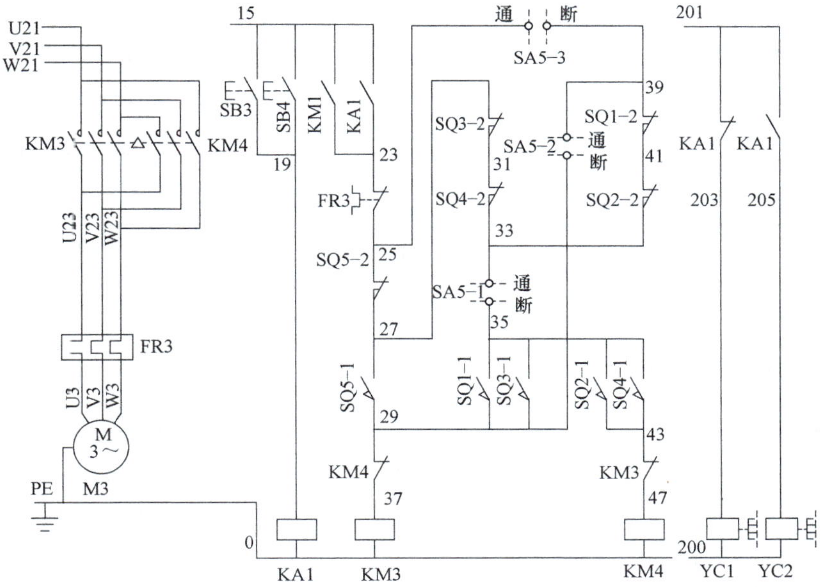

图 3-20　X62W 型铣床工作台进给电动机控制电路

表 3-20　工作台纵向（左右）进给操纵手柄位置及其控制关系

手柄位置	行程开关动作	接触器动作	电动机 M3 转向	传动链搭合丝杠	工作台运动方向
向右	SQ1	KM3	正转	左右进给丝杠	向右
居中	—	—	停止	—	停止
向左	SQ2	KM4	反转	左右进给丝杠	向左

起动条件：十字（横向、垂直）操纵手柄置于“居中”位置（行程开关 SQ3、SQ4 不受压）；控制圆工作台的选择转换开关 SA5 置于“断开”的位置；SQ5 置于正常工作位置（不受压）；主轴电动机 M1 首先已起动，即接触器 KM1 得电吸合并自锁，其辅助常开触点 KM1（15-23）闭合，接通进给控制电路电源。

① 工作台向左进给运动控制。

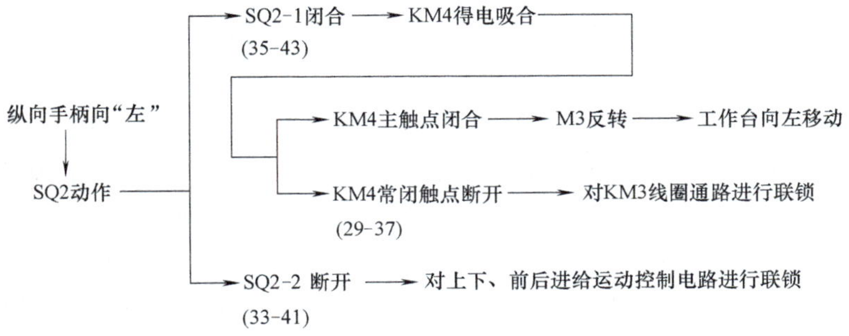

KM4线圈得电回路：TC1 (1) → 3 → 5 → 7 → 9 → 13 → 15 → 23 → 25 → 27 → 31 → 33

TC(0) ← KM4线圈 ← 47 ← 43 ← 35

② 工作台向右进给运动控制。

工作台向右进给与工作台向左进给相似，请自行分析。

2）工作台上下和前后进给运动。工作台上下和前后进给运动的选择及联锁是通过十字操纵手柄和行程开关 SQ3、SQ4 联合控制的，十字操纵手柄位置及其控制关系见表 3-21。

表 3-21 工作台上下和前后进给十字手柄位置及其控制关系

手柄位置	位置开关动作	触点	接触器动作	电动机 M3 转向	传动链搭合丝杠	工作台运动方向
上	SQ4	SQ4-1	KM4	反转	上下进给丝杠	向上
下	SQ3	SQ3-1	KM3	正转	上下进给丝杠	向下
中	—	—	—	停止	—	停止
前	SQ3	SQ3-1	KM3	正转	前后进给丝杠	向前
后	SQ4	SQ4-1	KM4	反转	前后进给丝杠	向后

起动条件：左右（纵向）操纵手柄置于“居中”位置（SQ1、SQ2 不受压）；控制圆工作台转换开关 SA5 置于“断开”位置；SQ5 置于正常工作位置（不受压）；主轴电动机 M1 首先已起动（即接触器 KM1 得电吸合）。

① 工作台向上和向后进给控制。

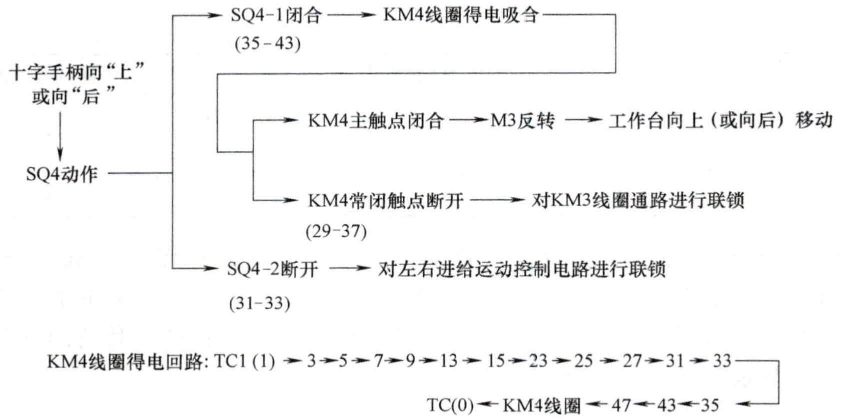

② 工作台向下和向前进给控制。

工作台向下和向前进给与工作台向上和向后进给相似，请大家自行分析。

③ 左右进给手柄与上下、前后进给手柄的联锁控制。

左右进给操纵手柄与上下、前后进给操纵手柄实行了联锁控制。在两个手柄中，只能进行其中一个进给方向上的操作，当一个操纵手柄被置定在某一进给方向后，另一个操纵手柄必须置于“中间”位置，否则将无法实现进给运动。例如当把左右进给操纵手柄扳向“左”时，同时又将十字进给操纵手柄扳至向“下”进给方向时，则位置开关 SQ2 和 SQ3 均被压下，常闭触点 SQ2-2 和 SQ3-2 均分断，断开了接触器 KM3 和 KM4 的线圈通路，进给电动机 M3 只能停转，保证了操作安全。

3）工作台进给变速时的瞬时点动（即进给变速冲动）控制。工作台进给变速时的瞬时点动（即进给变速冲动）控制与主轴变速冲动一样，是为了便于变速时齿轮的啮合，进给变速冲动由蘑菇形进给变速手柄配合行程开关 SQ5 来实现。但进给变速时不允许工作台作任何方向的运动。主轴电动机 M1 先起动，即接触器 KM1 得电吸合并自锁，其辅助常开触点 KM1（15-23）闭合，接通进给控制电路电源。

变速时，先将蘑菇形变速手柄拉出，使齿轮脱离啮合，转动变速盘至所需要的进给速度挡，然后用力将蘑菇形变速手柄向外拉到极限位置，再将蘑菇形变速手柄复位，复位过程中，压动了行程开关 SQ5。工作原理如下：

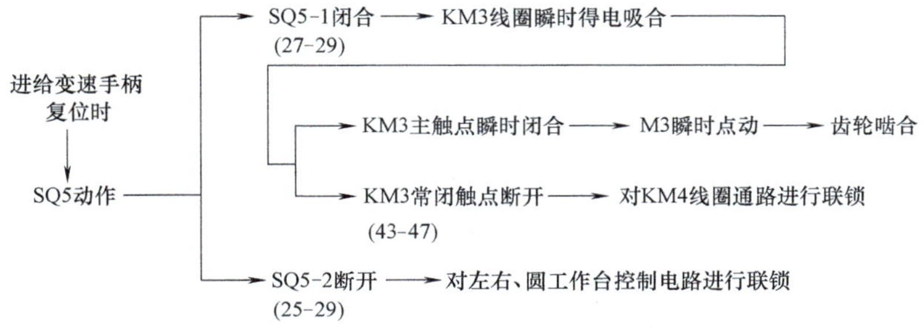

KM3 线圈得电回路：TC1(1) →3→5→7→9→13→15→23→25→39→41→33→31→27→29→37→KM3 线圈→TC(0)

4）工作台的快速运动。工作台的快速运动，是由各个方向的操纵手柄与快速移动按钮 SB3 或 SB4 配合控制的。如果需要工作台在某个方向快速运动，应将工作台操纵手柄扳向相应的方向位置，然后按下 SB3 或 SB4。工作原理如下：

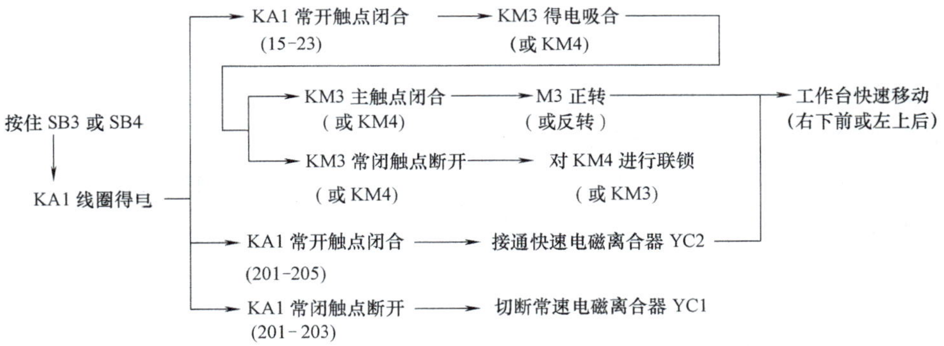

松开快速按钮 SB3 或 SB4，接触器 KM3 或 KM4 失电释放，快速电磁离合器 YC2 失电释放，常速电磁离合器 YC1 得电吸合，工作台快速运动停止，继续以常速在这个方向上运动。

5）圆工作台进给运动。为了扩大铣床的加工范围，可在铣床工作台上安装附件圆工作台，进行对圆弧或凸轮的铣削加工。转换开关 SA5 就是用来控制圆工作台的，其功能见表 3-22。

表 3-22　圆工作台转换开关 SA5 触点工作状态

触点	接线端标号	所在区号	操作手柄位置	
			断开圆工作台	接通圆工作台
SA5-1	33-35	16	+	-
SA5-2	39-29	18	-	+
SA5-3	25-39	17	+	-

起动条件：首先将左右（纵向）和十字（横向、垂直）操纵手柄都置于“中间”位置（行程开关 SQ1 ~ SQ4 均未受压动，处于初始状态）；SQ5 处于初始状态（未受压）；主轴电动机 M1 已起动，即接触器 KM1 得电吸合并自锁，其辅助常开触点 KM1（15-23）闭合，然后将圆工作台转换开关 SA5 置于“接通”位置；接通圆工作台进给控制电路电源。工作原理如下：

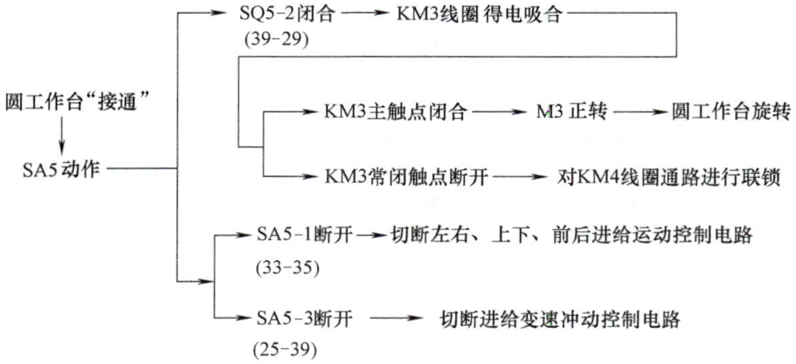

KM3线圈得电回路：TC1 (1) → 3 → 5 → 7 → 9 → 13 → 15 → 23 → 25 → 27 → 31 → 33 → 41 → 39 → 29 → 37 → KM3线圈 → TC(0)

若要圆工作台停止工作，只需将圆工作台控制开关 SA5 打到“断开”，或者按下停止按钮 SB1 或 SB2，此时 KM1、KM3 相继失电释放，电动机 M3 停转，圆工作台停止回转。

由于 KM4 线圈无法得电，因此圆工作台不能实现反转。

（3）冷却泵电动机 M2 的控制　铣床在铣削加工过程中，是通过冷却泵电动机 M2 传送切削液对铣刀和工件进行降温，同时冲去铣削下来的铁屑等。

1）冷却泵电动机 M2 起动。只有当主轴电动机 M1 起动后，KM1 的自锁触点（15-17）闭合后才可起动冷却泵电动机 M2。工作原理如下：

M1 起动后 → 合上 SA3 → KM2 线圈得电 → KM2 主触点闭合 → M2 起动运转

2）冷却泵电动机 M2 停止。

关闭 SA3 → KM2 线圈失电 → KM2 主触点恢复断开 → M2 失电停转

注意：由于 M1 与 M2 之间是顺序控制关系，所以当 M1 停止运行时，M2 也随即停转。

4. 照明电路

X62W 型万能铣床照明电路由控制变压器 TC3 的二次侧提供 36V 交流电压，作为铣床低压照明灯 EL 的电源，熔断器 FU5 对照明灯 EL 起短路保护作用。

先合上铣床电源总开关 SA1，再合上照明灯开关，照明灯 EL“亮”。照明灯开关断开，照明灯 EL“灭”。

X62W 型万能铣床电器元件明细表见表 3-23。

表 3-23　X62W 型万能铣床电器元件明细表

元件代号	图上区号	元件名称	型号及规格	数量	用　　途
M1	2	电动机	JO2—51—4、7.5kW、1450/min	1	驱动主轴
M2	3	电动机	JCB—22、0.125kW、2790r/min	1	驱动冷却泵
M3	4	电动机	JO2—22—4、1.5kW、1410r/min	1	驱动工作台进给
SA1	1	组合开关	HZ1—60/3J、60A、500V	1	电源总开关
SA2	2	组合开关	HZ3—133、60A、500V	1	M1 换相开关
SA3	13	开关	HZ1—10/3J、10A、500V	1	冷却泵开关
SA4	10、12	开关	HZ1—10/3J、10A、500V	1	换刀开关
SA5	16、18	开关	HZ1—10/3J、10A、500V	1	圆工作台开关
FU1	1	熔断器	RL1—60/50A	3	电源总保险
FU2	3	熔断器	RL1—15/4A	1	M2、M3 主电路保险
FU3	11	熔断器	RL1—15/10A	1	控制电路保险
FU4	7	熔断器	RL1—15/2A	1	直流电路保险
FU5	6	熔断器	RL1—15/1A	1	照明保险
FR1	2	热继电器	JR0—60/3、16A	1	M1 过载保护
FR2	3	热继电器	JR0—20/3、0.5A	1	M2 过载保护
FR3	4	热继电器	JR0—20/3、3.5A	1	M3 过载保护
TC1	11	变压器	BK—150、380/110V	1	控制回路电源
TC2	7	变压器	BK—100、380/24V	1	整流电源
TC3	6	变压器	BK—50、380/36V	1	照明电源
VC	7	整流器	4X2ZC　5A、50V	1	整流器
KM1	12	接触器	CJ0—20、20A、110V	1	主轴起动
KM2	13	接触器	CJ0—10、10A、110V	1	控制 M2
KM3	15	接触器	CJ0—10、10A、110V	1	M3 正转
KM4	20	接触器	CJ0—10、10A、110V	1	M3 反转
SB1、SB2	10、12	按钮	LA2	2	M1 停止
SB3、SB4	13、14	按钮	LA2	2	快速进给点动
SB5	12	按钮	LA2	2	M1 起动
YC1	8	电磁离合器	B1DL—Ⅱ	1	正常进给
YC2	9	电磁离合器	B1DL—Ⅱ	1	快速进给
YC3	10	电磁离合器	B1DL—Ⅲ	1	主轴制动
SQ1	16、20	位置开关	LX1—11K	1	向右
SQ2	19、20	位置开关	LX3—11K	1	向左
SQ3	16、17	位置开关	LX2—131	1	向后、上
SQ4	16、20	位置开关	LX2—131	1	向前、下
SQ5	15	位置开关	LX2—131	1	进给冲动
SQ6	12、13	位置开关	LX2—131	1	主轴冲动
KA1	14	中间继电器	JZ7—44，110V	1	快速进给控制
EL	6	照明灯	JC—25，40W、36V	1	工作照明

任务实施

实施本任务所使用的工具、仪表及设备器材可参考表3-24。

表3-24　工具、仪表及设备器材

类别	序号	名称	型号与规格	单位	数量	备注
工具	1	电工常用工具	测电笔、螺钉旋具、尖嘴钳、斜口钳、剥线钳、电工刀等	套	1	
仪表	2	万用表	MF47	块	1	
	3	兆欧表	500V，0～200MΩ	只	1	
	4	钳形电流表	0～50A	只	1	
设备器材	5	万能铣床	X62W型	台	1	
	6	电气元件	参考X62W型万能铣床的电气元件明细表			

一、操作铣床

1. 操作铣床前的准备

1）对照铣床的主要结构图（见图3-17），在教师指导下，熟悉X62W型万能铣床的主要结构和运动形式。

2）根据铣床的电器元件明细表（见表3-23）和电器位置图（见图3-21～图3-27），在教师指导下，熟悉X62W型万能铣床各电器的位置、型号和用途。

①左门上的电器，如图3-21所示。

a. 电源总开关SA1。

b. 主轴换向开关SA2。

c. 熔断器FU1（3只）、FU2（3只）。

d. 接线端子排XT1。

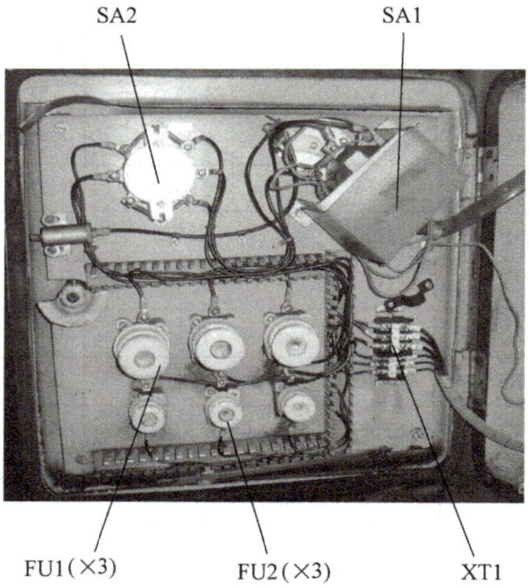

图3-21　左门电器位置图

②左壁龛内的电器，如图3-22所示。

a. 交流接触器KM1、KM2、KM3、KM4。

b. 热继电器FR1、FR2、FR3。

c. 接线端子排XT2。

③右壁龛内的电器，如图3-23所示。

a. 中间继电器KA1。

b. 变压器TC1、TC2、TC3。

c. 熔断器FU3、FU4、FU5。

d. 接线端子排XT3。

④右门上的电器，如图3-24所示。

a. 圆工作台转换开关SA5。

b. 冷却泵转换开关SA3。

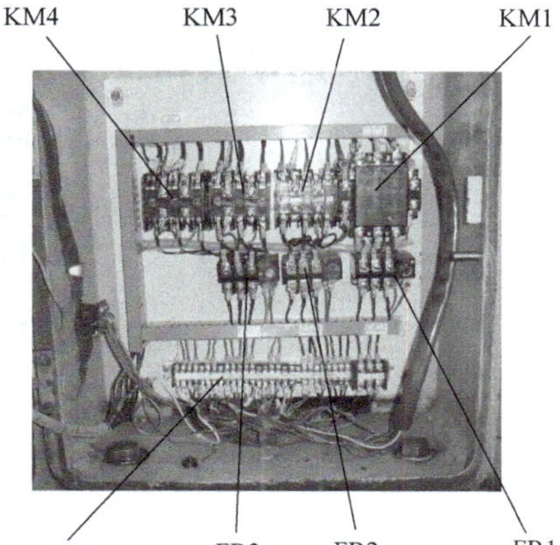

图 3-22　左壁龛内的电器位置图

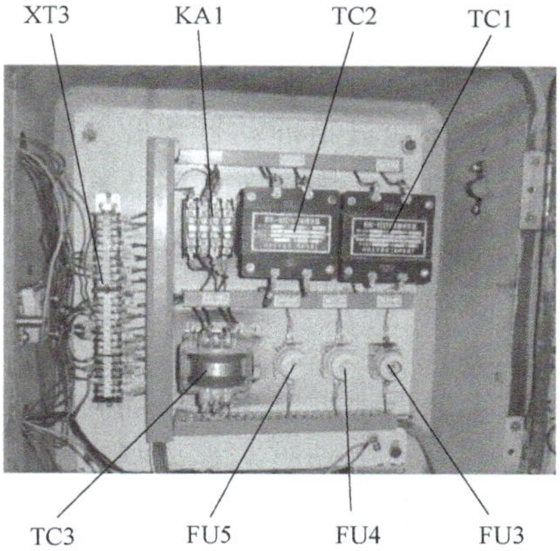

图 3-23　右壁龛内的电器位置图

c. 桥式整流组件 UR。

d. 接线端子排 XT4。

⑤ 左按钮板，如图 3-25 所示。

a. 主轴制动上刀开关 SA4。

b. 主轴停止按钮 SB1。

c. 工作台快速移动按钮 SB4。

d. 主轴变速冲动行程开关 SQ6（安装在左按钮板里面）。

e. 照明灯 EL 左按钮板上方。

⑥ 床鞍上的电器，如图 3-26 所示。

a. 主轴停止按钮 SB2。

b. 主轴起动按钮 SB5。

c. 工作台快速移动按钮 SB3。

d. 工作台左右（纵向）移动行程开关 SQ1（右）、SQ2（左）。

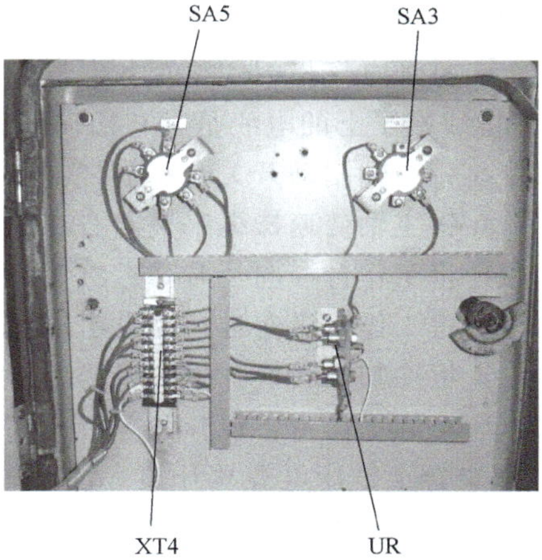

图 3-24　右门电器位置图

图 3-25　左按钮板电器位置图

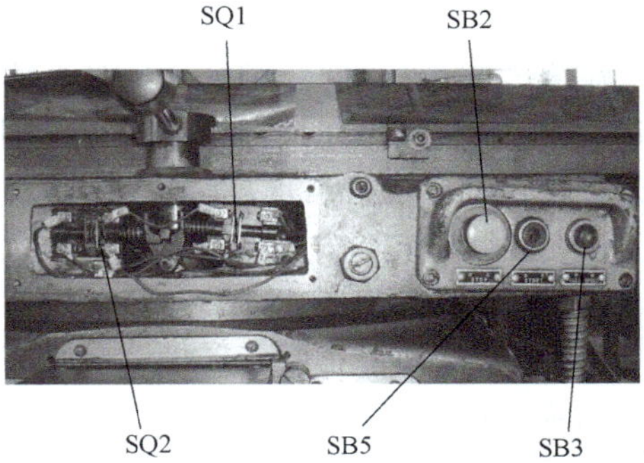

图 3-26　床鞍电器位置图

⑦ 升降台，如图 3-27 所示。

a. 工作台前后（横向）以及升降台上下（垂直）移动行程开关 SQ3（前、下）、SQ4（后、上）。

b. 工作台进给冲动行程开关 SQ5。

c. 接线端子排 XT5（安装在升降台右侧面）。

d. 工作台常速、快速进给电磁离合器 YC1、YC2。

e. 进给电动机 M3。

⑧ 其他。

a. 主轴电动机（床身后面）M1。

b. 冷却泵电动机（底座后面）M2。

c. 主轴制动电磁离合器（床身右侧）YC3。

图 3-27 升降台部分电器位置图

3）对照图 3-28 所示 X62W 型万能铣床的操纵手柄，熟悉铣床的操纵系统。

2. 示范操作铣床

1）开机前的准备。

① 打开电气柜门，检查各电器元件安装是否牢固，各电器开关是否合上，操作是否灵活，接线端子上的电线是否有松动的现象，然后关好电气柜门。

② 将主轴制动开关 SA4 置“放松”位置。

③ 将主轴变速操纵手柄向右推进原位。

④ 将工作台横向及升降进给十字操纵手柄置“中间”位置。

⑤ 将工作台纵向进给操纵手柄置“中间”位置。

⑥ 将冷却泵转换开关 SA3 置“断开”位置。

⑦ 将圆工作台转换开关 SA5 置“断开”位置。

2）合上铣床电源总开关 SA1。

3）将照明灯开关打到闭合状态，机床工作照明灯 EL 灯亮，此时说明机床已处于带电状态，同时告诫操作者该机床电气部分不能随意用手触摸，防止人身触电事故。

4）将主轴换向开关 SA2 扳在所需要的旋转方向上（如果主轴需顺时针方向旋转，将主轴换向开关置“顺”；反之置“倒”；中间为“停”）。

5）将主轴制动上刀开关 SA4（俗称松紧开关）置“夹紧”位置，此时主轴电动机 M1 被制动锁紧，主轴无法转动，然后装上或更换铣刀后再将主轴制动上刀开关 SA4 置“放松”位置。

6）调整主轴转速。将主轴变速操纵手柄向左拉开，使齿轮间脱离；手动旋转变速盘使箭头对准变速盘上所需要的转速刻度，再将主轴变速操纵手柄向右推回原位，同时压动行程开关 SQ6，使主轴电动机出现短时转动，从而使改变传动比的齿轮重新啮合。

7）主轴起动操作。按下主轴电动机起动按钮 SB5，主轴电动机 M1 起动，主轴按预定方向、预选速度带动铣刀转动。

8）调整进给转速。将蘑菇形进给变速操纵手柄拉出，使齿轮间脱离，转动工作台进给变速盘至所需要的进给速度档，然后再将蘑菇形进给变速操纵手柄迅速推回原位。蘑菇形进给变速操纵手柄在复位过程中压动瞬时点动行程开关 SQ5，此时进给电动机 M3 做短时转动，从而使齿轮系统产生一次抖动，使齿轮顺利啮合。在进给变速时，工作台纵向进给移动

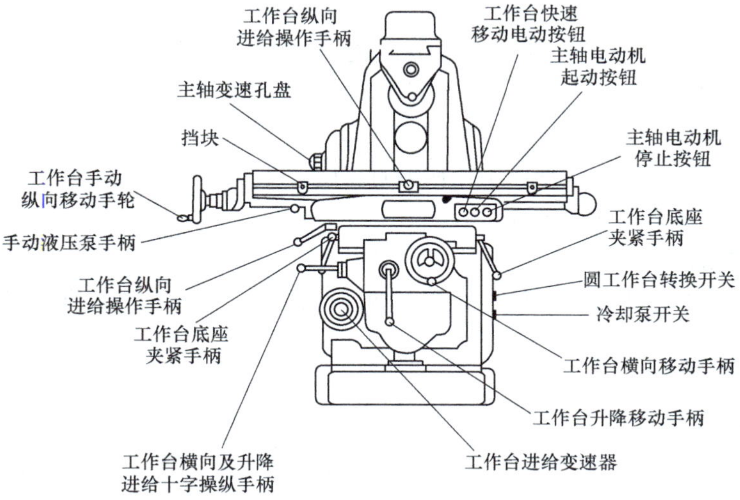

a) X62W型万能铣床正面操纵部件位置图

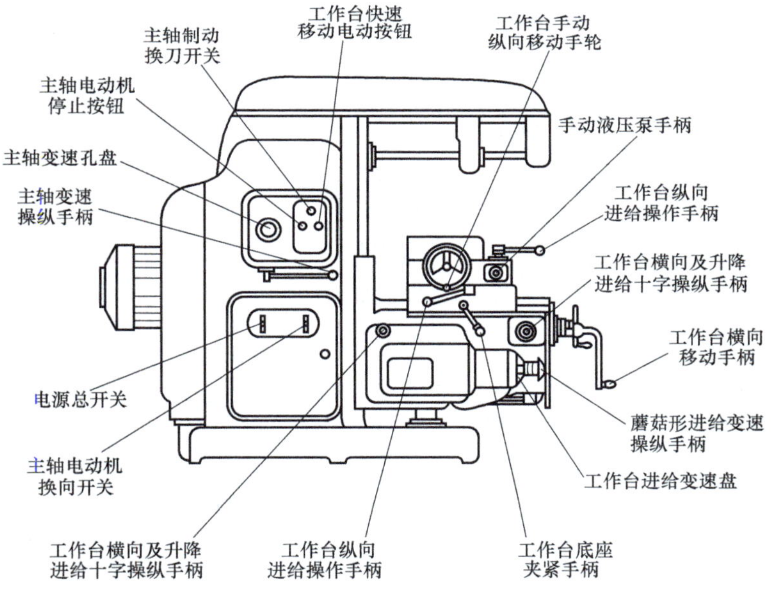

b) X62W 型万能铣床左侧面操纵部件位置图

图 3-28　X62W 型万能铣床的操纵手柄

手柄和工作台横向及升降操纵十字手柄均应置“中间”位置。

9）工件与主轴对刀操作。预先固定在工作台上的工件，根据需要将工作台纵向进给操纵手柄或横向及升降操纵十字手柄置某一方向，则工作台将按选定方向正常移动；若按下快速移动按钮 SB3 或 SB4，使工作台在所选方向作快速移动，检查工件与主轴所需的相对位置是否到位（这一步也可在主轴不起动的情况下进行）。

10）将冷却泵转换开关 SA3 置“通”位置，冷却泵电动机 M2 起动，输送切削液。

11）工作台进给运动。分别操作工作台纵向进给操纵手柄或横向及升降操纵十字手柄，可使固定在工作台上的工件随着工作台作三个坐标六个方向（左、右、前、后、上、下）上的进给运动；需要时，再按下 SB3 或 SB4，工作台快速进给运动。

12）加装圆工作台时，应将工作台纵向进给操纵手柄和横向及升降操纵十字手柄置“中间”位置，此时可以将圆工作台转换开关 SA5 置“接通”，圆工作台转动。

13）加工完毕后，按下主轴停止按钮 SB1 或 SB2，主轴随即制动停止。

14）断开照明灯开关，使铣床工作照明灯 EL 熄灭。

15）断开铣床电源总开关 SA1。

3. 练习操作铣床

在熟悉 X62W 型万能铣床结构和操作手柄的前提下，分组练习操作铣床。

二、线路检修

1. 识读电气图

1）识读铣床电路图（见图 3-18），结合实际操作铣床，进一步理解铣床各部分的功能及工作原理。

2）识读铣床电器位置图（见图 3-21 ~ 图 3-27），熟悉各电器的用途、位置和型号。

3）识读铣床的接线图（见图 3-29），熟悉铣床的布线情况，并通过测量等方法找出各回路的实际走线路径。

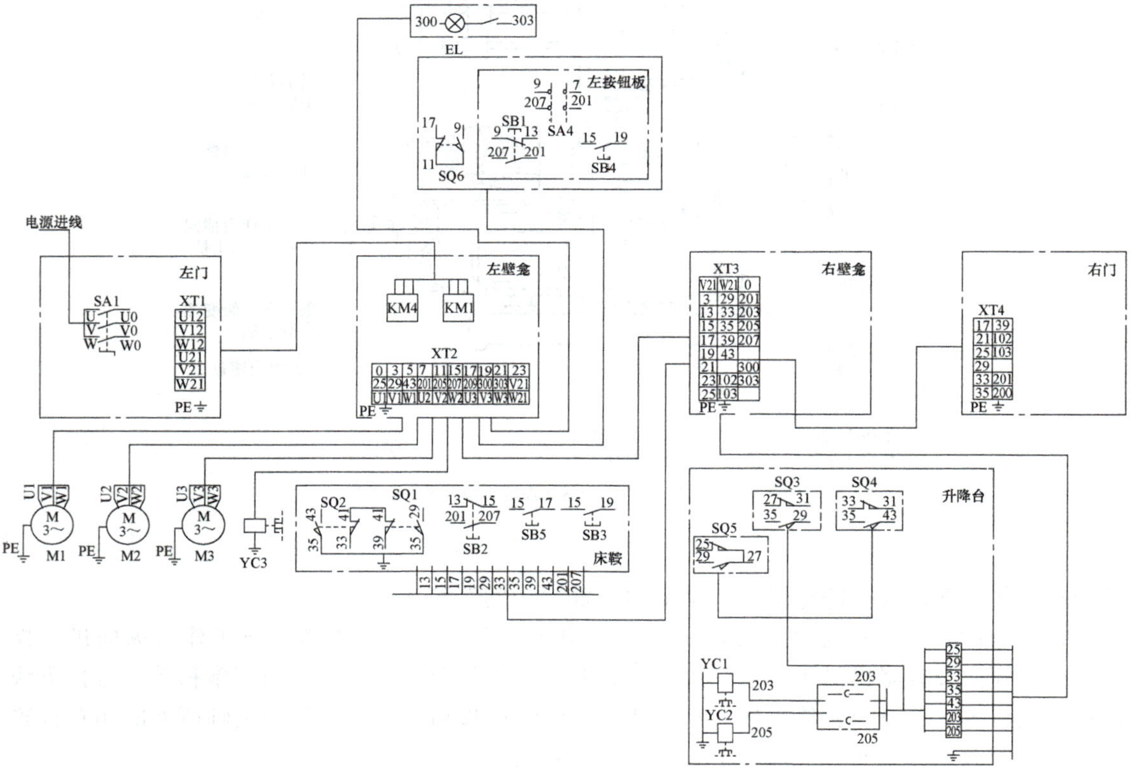

图 3-29　X62W 型万能铣床接线图

2. 示范检修

在 X62W 型万能铣床上人为设置自然故障点，按照故障检修步骤及要求，由教师示范检修，边操作边讲解，边分析边检修，直至故障排除。

【例 3-3】 按下起动按钮 SB5 后，交流接触器 KM1 不动作。

(1) 观察故障现象　合上铣床电源总开关 SA1，按下主轴电动机起动按钮 SB5，接触器 KM1 不吸合，主轴电动机 M1 不起动（此时铣床照明灯已亮，其他均无）。

(2) 判断故障范围　根据故障现象可以判断故障范围可能出现在主轴电动机 M1 控制回路中（1#～0#线之间）。

(3) 查找故障点　采用电压分阶测量法检查。

1) 将万用表选择开关拨至交流电压 250V 挡。

2) 将黑表笔接在选择的参考点 TC1 (0#) 上。

3) 合上铣床电源总开关 SA1，红表笔从 TC1 接线端 (1#) 起，依次逐点测量：

① TC1 接线端 (1#)，测得电压值 110V 为正常。

② 熔断器 FU3 (1#)，测得电压值 110V 为正常。

③ 熔断器 FU3 (3#)，测得电压值 110V 为正常。

④ 接线端子 XT3 (3#)，测得电压值 110V 为正常。

⑤ 接线端子 XT2 (3#)，测得电压值 110V 为正常。

⑥ 热继电器 FR1 常闭触点 (5#)，测得电压值 110V 为正常。

⑦ 热继电器 FR2 常闭触点 (7#)，测得电压值 110V 为正常。

⑧ 接线端子 XT2 (7#)，测得电压值 110V 为正常。

⑨ SA4-1 常闭触点 (7#)，测得电压值 110V 为正常。

⑩ SA4-1 常闭触点 (9#)，测得电压值 0V 为不正常，说明故障就在此处，SA4-1 常闭触点开路（触点接触不良或损坏）。

(4) 排除故障　根据故障点情况，断开铣床电源总开关 SA1，修复或更换 SA4 元件。

(5) 通电试车　排除故障点后，重新开机操作检查，直至符合技术要求为止。

【例 3-4】 工作台各个方向都不能作进给运动而且也不能进给冲动。

(1) 观察故障现象　合上铣床电源总开关 SA1，铣床主轴电动机起动后，操作工作台纵向操纵手柄和十字操纵手柄，工作台各个方向（上下、前后、左右 6 个方向）都不能进给运动，同时也不能进给冲动。

(2) 判断故障范围　根据故障现象，判断故障范围在控制电路中：

15-KM1-23-FR3-25 或 0#线。

(3) 查找故障点 采用电压分阶测量法检查。

1) 将万用表选择开关拨在交流 250V 挡。

2) 将黑表笔接在选择的参考点 TC1 (110V) 上。

3) 合上电源开关 SA1，将主轴电动机起动后，红表笔从 TC1 (0#) 起，依次逐点测量 0#线：

变压器 TC1 (0#)，测得电压值 110V 为正常。

接线端子 XT3 (0#)，测得电压值 110V 为正常。

接线端子 XT2（0#），测得电压值 110V 为正常。

接触器 KM4（0#），测得电压值 110V 为正常。

接触器 KM3（0#），测得电压值 110V 为正常。

说明 0#线无故障，若红表笔测得某一点无电压，说明此处有故障，应排除。

4）检查 0#线无故障，再检查 15-KM1-23-FR3-25 范围。检查方法基本同上，不同之处是以 TC1（0#）为参考点，红表笔从接触器 KM1（15）起，依次逐点测量：

① 接触器 KM1（15#），测得电压值 110V 为正常。

② 接触器 KM1（23#），测得电压值 110V 为正常。

③ 热继电器 FR3（23#），测得电压值 110V 为正常。

④ 热继电器 FR3（25#），测得电压值 110V 为正常。

⑤ 接线端子 XT2（25#），测得电压值 110V 为正常。

⑥ 接线端子 XT3（25#），测得电压值 110V 为正常。

若测得上述某点无 110V 电压，说明该点有故障。如：红表笔测 KM1（15#）有 110V 电压，测 KM1（23#）无 110V 电压，经进一步检查接触器 KM1 常开触点接触不良。

（4）排除故障　断开铣床电源总开关 SA1，排除故障，根据故障点情况，修复或更换接触器 KM1 触点。

（5）通电试车　通电检查铣床各项操作，是否符合技术要求。

检修流程如图 3-30 所示。

3. 练习检修

1）由教师设置让学生事先知道的故障点，指导学生如何从故障现象着手进行分析，逐步引导学生采用正确的检查步骤和检修方法进行检修。

2）教师在电路中设置两处人为的自然故障点，由学生按照故障检修步骤及要求进行检修，并做好检修记录。

操作提示　由于该机床的电气控制与机械结构的配合十分密切，因此，在出现故障时，应首先判明是机械故障还是电气故障。

任务评价

线路检修任务评价参见表 3-13。

任务拓展

电磁离合器制动

生产机械在电动机的拖动下运转，当电动机失电后，由于惯性作用电动机不可能立即停下来，而会继续转动一段时间才会完全停下来。这种现象一是会使生产机械的工作效率变低，二是对于某些生产机械是不适宜的。为了能使电动机迅速停转，满足生产机械的这种要求，就需要对电动机进行制动。

所谓制动，就是给电动机一个与转动方向相反的转矩使它迅速停转（或限制其转速）。

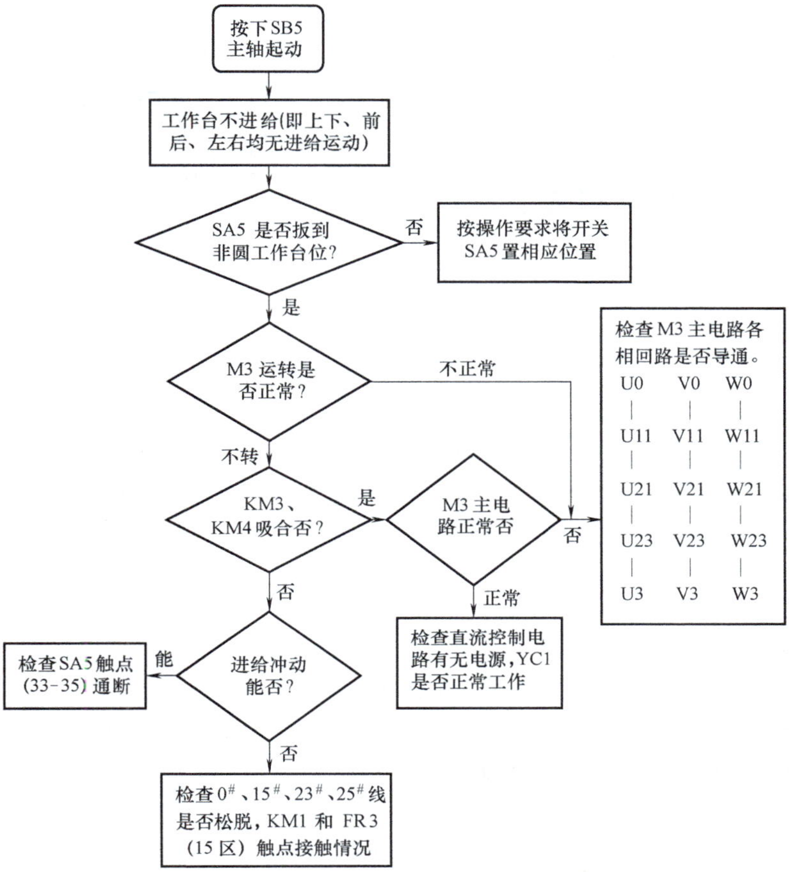

图 3-30 铣床的检修流程

制动的方法一般有两类：机械制动和电力制动。电动机断开电源后，利用机械装置产生的反作用力矩使其迅速停转的方法叫机械制动。机械制动常用的方法有电磁离合器制动和电磁抱闸制动器制动。X62W 万能铣床的主轴电动机就是采用电磁离合器制动以实现准确停车。所谓电力制动是指使电动机在切断定子电源停转的过程中，产生一个和电动机实际旋转方向相反的电磁转矩（制动转矩），迫使电动机迅速制动停转的方法。电力制动常用的方法有反接制动、能耗制动、电容制动和再生发电制动等。

电磁离合器制动是利用动、静摩擦片之间产生足够大的摩擦力，使电动机断电后立即制动。

一、电磁离合器结构示意图

电磁离合器的外形及结构如图 3-31 所示。

二、电磁离合器制动原理

电动机断电时，线圈失电，制动弹簧将静摩擦片紧紧地压在动摩擦片上，此时电动机通过绳轮轴被制动。当电动机通电运转时，线圈也同时得电，电磁铁的动铁心被静铁心吸合，

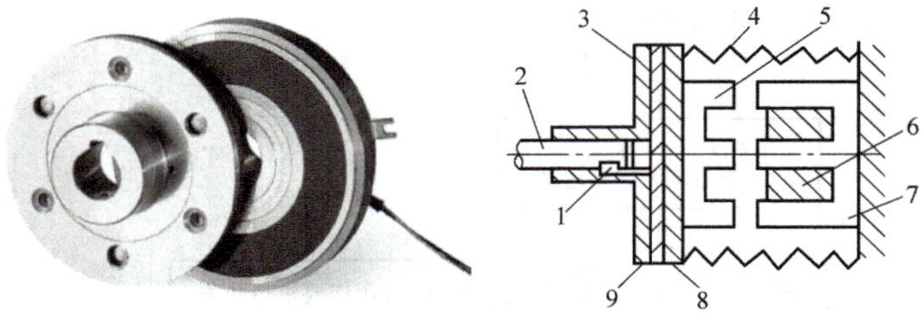

a) 外形图　　b) 结构示意图

图 3-31　断电制动型电磁离合器的外形和结构示意图

1—键　2—绳轮轴　3—法兰　4—制动弹簧　5—动铁心
6—励磁线圈　7—静铁心　8—静摩擦片　9—动摩擦片

使静摩擦片分开，于是动摩擦片连同绳轮轴在电动机的带动下正常起动运转。当电动机切断电源时，线圈也同时失电，制动弹簧立即将静摩擦片连同铁心推向转着的动摩擦片，强大的弹簧张力迫使动、静摩擦片之间产生足够大的摩擦力，使电动机断电后立即受制动停转。

课后测评

一、填空题

结合图 3-18 所示 X62W 型万能铣床电路图填空。

1. 主轴电动机 M1 采用________控制方式，停止按钮 SB1-2 和 SB2-2 ________在一起。

2. 进给电动机 M3 的正反转由接触器____________控制，必须在____________起动后才能起动。

3. 主轴更换铣刀时，应将转换开关 SA4 扳向____________位置，此时其常开触点 SA4-2 ____________，电磁离合器____________线圈得电，主轴处于____________状态；同时常闭触点 SA4-1 ____________，切断控制电路，保证了人身安全。

4. 主轴变速时的冲动控制是利用____________与冲动行程开关____________，通过机械上的联动机构进行控制的。

5. 工作台左、右进给操纵手柄与位置开关____________和____________联动，有____________、____________、____________三个位置。要使工作台向左进给，手柄应扳向____________端，压下位置开关____________，使接触器____________通电吸合，电动机 M3 ____________，其传动链与工作台下面的____________搭合；要使工作台停止，手柄应扳向____________位置。

6. 工作台上、下、前、后进给操纵手柄与位置开关____________和____________联动，有____________、____________、____________、____________、____________五个位置。要使工作台向下进给，手柄应扳向____________端，压下位置开关____________使接触器____________通电吸合，电动机 M3 ____________，其传动链与升降台____________搭合；要使工作台向后进给时，手柄应扳向____________端，压下位置开关____________使接触器____________通电吸合，电动机 M3 ____________，其传动链与溜板下面的____________搭合。

7. 进给变速冲动工作时，蘑菇形进给变速手柄复位过程中压下位置开关____________，使触点＿＿＿＿＿＿先断开，＿＿＿＿＿＿后闭合，接触器＿＿＿＿＿＿通电吸合，M3 起动。随着蘑菇形进给变速手柄复位，触点＿＿＿＿＿＿先断开，＿＿＿＿＿＿后闭合，M3 又断电，使齿轮系统产生一次抖动，齿轮顺利啮合。

二、判断题（正确的打“√”，错误的打“×”）

1. X62W 型万能铣床的顺铣和逆铣加工是由主轴电动机 M1 的正反转来实现的。（　）

2. 对于 X62W 型万能铣床为了避免损坏刀具和机床，要求电动机 M1、M2、M3 只要有一台过载，三台电动机都必须停止运转。（　）

3. 圆工作台的运动与否，对工作台在 6 个方向的进给运动无影响。（　）

4. 进给操作手柄被放置定于某一方向后，电动机 M3 只能朝一个方向旋转，其传动链只能与一根丝杠搭合。（　）

5. 进给变速时的冲动控制也是通过变速手柄与冲动位置开关 SQ5 来实现的。（　）

三、选择题（请把正确答案的字母填入括号中）

1. 主轴电动机的正反转是由（　）控制的。

A. 按钮 SB3 和 SB4　　B. 组合开关 SA2　　C. 接触器 KM3 和 KM4

2. 若 X62W 型万能铣床工作台正在向右进给，工人误操作，又将另一手柄向下压，这时联锁保护触点（　）断开，使 KM3 失电、M3 停转。

A. SQ1—2 和 SQ3—2　　B. SQ1—2 和 SQ4—2　　C. SQ3—2 和 SQ4—2

3. 当接触器 KM3 吸合，电动机 M3 正转，可以带动工作台在（　）三个方向的进给；当接触器 KM4 吸合后，电动机 M2 反转，可以带动工作台在（　）三个方向的进给。

A. 左　下　前　　B. 左　上　后　　C. 右　下　前　　D. 左　右　后

四、问答题

结合图 3-18 所示电路图，回答以下问题：

（1）主轴变速时产生瞬时冲动的目的是什么？简述其变速冲动过程。

（2）在主轴制动离合器 YC3 电路中，三个并联的触点 SB1-1、SB2-1、SA4-2 各有什么作用？

（3）若工作台在上、下、前、后四个方向中的某一方向进给，又将左右进给操作手柄拨动了，会出现什么结果？

（4）简述工作台向右进给的工作原理。

（5）简述工作台向下和向前进给的工作原理。

（6）在按钮 SB3 和 SB4 两端是否可以并联 KA1 的常开辅助触点？为什么？

（7）在圆工作台工作期间，若拨动了两个进给手柄中的任一个，会出现什么结果？

（8）试分析并说明产生工作台能向前、后、上、下进给，不能向左、右进给的故障原因。

任务三　Z3050 型摇臂钻床电气控制电路的检修

学习目标

1. 了解 Z3050 型摇臂钻床的主要结构、运动形式和控制要求。

2. 熟悉 Z3050 型摇臂钻床电气控制电路的构成和工作原理。

3. 能检修 Z3050 型摇臂钻床电气控制电路的常见电气故障。

任务描述

钻床是机械加工中常见的机床，用来对工件进行钻孔、扩孔、铰孔、镗孔和攻螺纹等，适用于单件或批量生产中带有多个孔的零件的加工。钻床可分为立式钻床、卧式钻床、深孔钻床、多钻头钻床及专用钻床等。常用的钻床以立式摇臂钻床为多，图 3-32 所示为常见的 Z3050 型摇臂钻床。

图 3-32　Z3050 型摇臂钻床

本任务就是检修 Z3050 型摇臂钻床电气控制电路的常见电气故障。

知识链接

一、Z3050 型摇臂钻床的主要结构、运动形式和控制要求

1. 主要结构

Z3050 型摇臂钻床主要由底座、内立柱、外立柱、摇臂、主轴箱、工作台等部分组成，如图 3-33 所示。

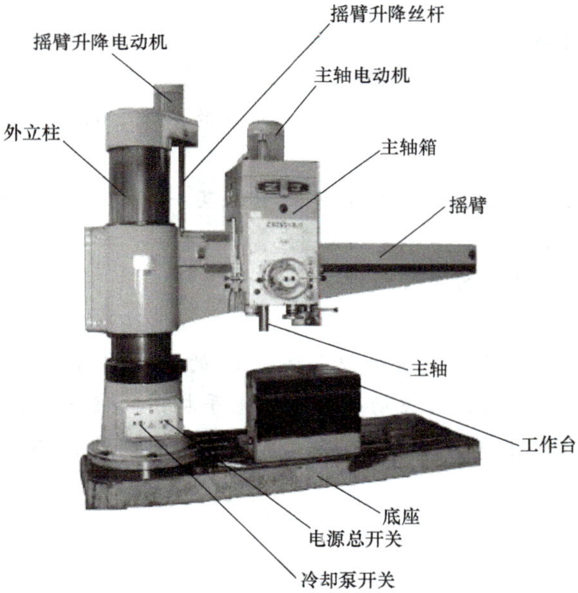

图 3-33　Z3050 型摇臂钻床结构图

内立柱固定在底座上，它外面套着空心的外立柱，外立柱可绕着固定不动的内立柱回转。摇臂一端的套筒部分与外立柱滑动配合，摇臂可沿外立柱上下移动，但不能绕外立柱转

动，只能与外立柱一起相对内立柱回转。主轴箱安装于摇臂的水平导轨上，可由手轮操纵沿摇臂作径向移动。当需要钻削加工时，先将主轴箱固定在摇臂导轨上，摇臂固定在外立柱上，外立柱紧固在内立柱上。工件不大时可压紧在工作台上加工，较大的工件需安装在夹具上加工，通过调整摇臂高度、回转及主轴箱位置，完成钻头的调整调准工作，转动手轮操控钻头进行钻削。

Z3050 型摇臂钻床的型号及含义如下：

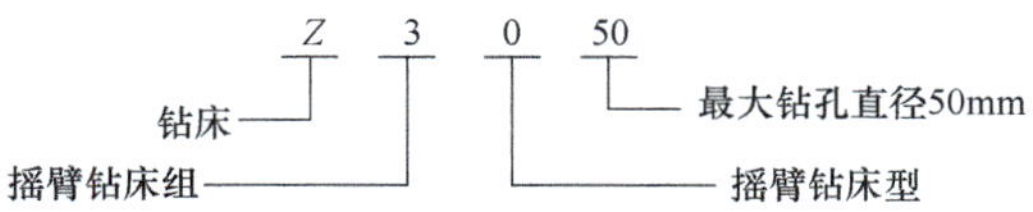

2. 运动形式

Z3050 型摇臂钻床的主运动是主轴带动钻头的旋转运动；进给运动是钻头的上下运动；辅助运动是主轴箱沿摇臂水平运动、摇臂沿外立柱上下移动以及摇臂连同外立柱一起相对于内立柱的回转运动。Z3050 型摇臂钻床摇臂的夹紧和放松是由电动机配合液压装置自动进行的，并有夹紧、放松指示。

3. 控制要求

1）由于摇臂钻床的运动部件较多，为简化传动装置，需使用多台电动机拖动，主轴电动机承担主钻削及进给任务，摇臂升降、夹紧放松和冷却泵各用一台电动机拖动。

2）为了适应多种加工方式的要求，主轴及进给应在较大范围内调速。但这些调速都是机械调速，用手柄操作变速箱调速，对电动机无任何调速要求。主轴变速机构与进给变速机构在一个变速箱内，由主轴电动机拖动。

3）加工螺纹时要求主轴能正反转。摇臂钻床的正反转一般用机械方法实现，电动机只需单方向旋转。

4）摇臂升降由单独的一台电动机拖动，要求能实现正反转。

5）摇臂的夹紧与放松以及立柱的夹紧与放松由一台异步电动机配合液压装置来完成，要求这台电动机能正反转。摇臂的回转和主轴箱的径向移动在中小型摇臂钻床上都采用手动。

6）钻削加工时，为对刀具及工件进行冷却，需要一台冷却泵电动机拖动冷却泵输送切削液。

7）各部分电路之间有必要的保护和联锁。

二、Z3050 型摇臂钻床电气控制线路

Z3050 型摇臂钻床电气控制电路如图 3-34 所示，它分为电源电路、主电路、控制电路、指示电路和照明电路五个部分。

1. 电源电路

三相交流电源通过电源开关 QF1 分别给电动机和控制变压器 TC 供电。

2. 主电路

Z3050 型摇臂钻庆共有 4 台电动机，除冷却泵电动机 M4 采用断路器 QF2 直接起动外，其余 3 台电动机均采用接触器直接起动。主电路中电动机的控制与保护电器见表 3-25。

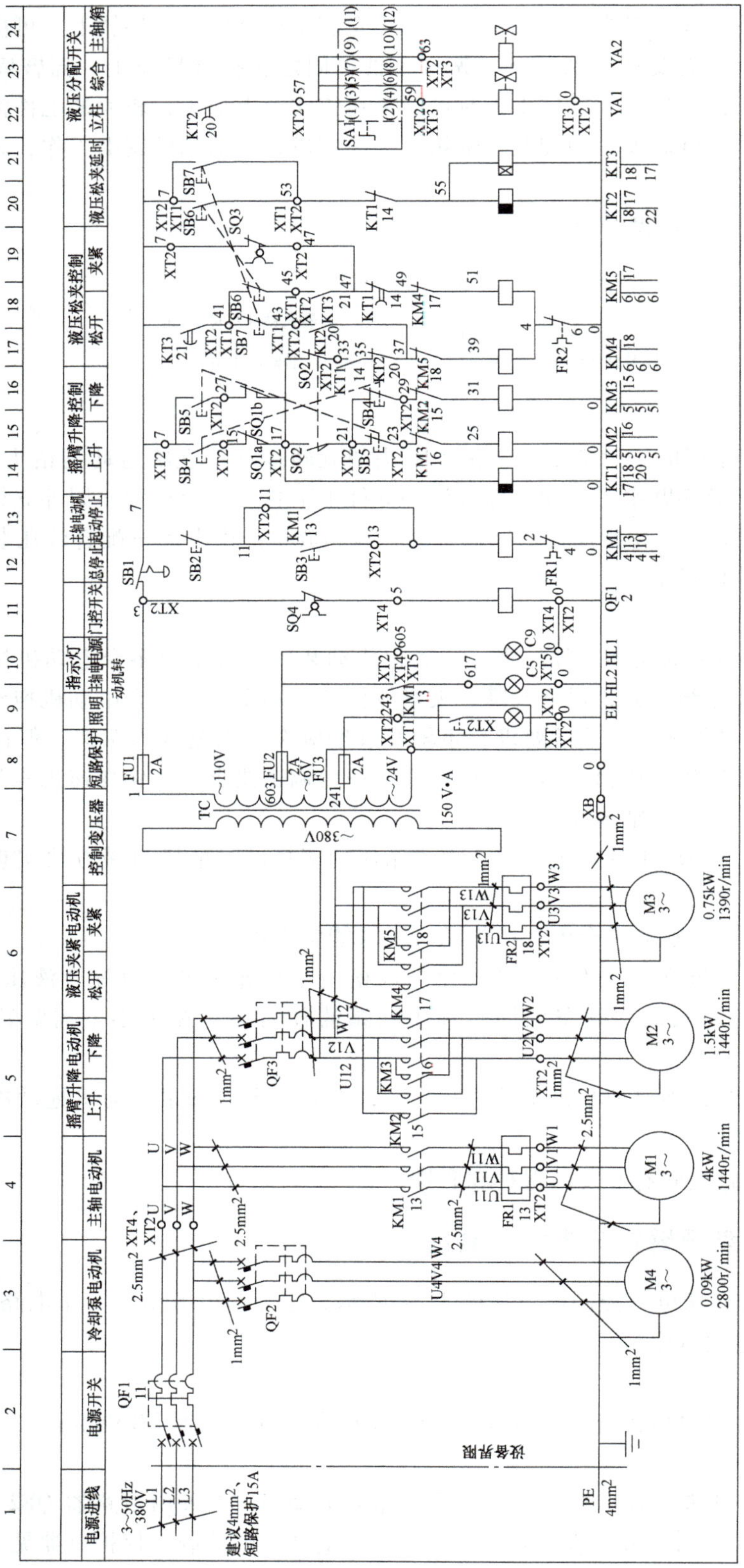

图 3-34 Z3050 型摇臂钻床电路图

表 3-25　主电路的控制与保护电器

电动机名称	功能	控制电器	过载保护	短路保护
主轴电动机 M1	拖动主轴及进给传动系统运转	接触器 KM1	热继电器 FR1	断路器 QF1
摇臂升降电动机 M2	拖动摇臂升降	接触器 KM2、KM3	无	断路器 QF3
液压夹紧电动机 M3	提供摇臂、立柱及主轴箱的松开和夹紧动力	接触器 KM4、KM5	热继电器 FR2	断路器 QF3
冷却泵电动机	提供切削液	断路器 QF2	断路器 QF2	断路器 QF2

电源配电盘装在立柱前下部，断路器 QF1 作为电源引入开关。冷却泵电动机 M4 装在靠近立柱的底座上，摇臂升降电动机 M2 装于立柱顶部，其余电气设备置于主轴箱或摇臂上。由于 Z3050 型摇臂钻床的内、外立柱间未装汇流排，因此在使用时不允许沿一个方向连续转动摇臂，以免发生事故。

3. 控制电路

控制电路电源由控制变压器 TC 降压后供给 110V 电压，熔断器 FU1 作为短路保护。

（1）开车前的准备工作　为保证操作安全，本钻床具有“开门断电”功能。所以开车前应将立柱下部及摇臂后部的电门盖关好，门控开关 SQ4（11 区）接通，方能接通电源。合上总电源开关 QF1（2 区）及 QF3（5 区），则电源指示灯 HL1（10 区）亮，表示钻床的电气线路已进入带电状态。

（2）主轴电动机 M1 的控制　按下起动按钮 SB3（12 区），接触器 KM1 吸合并自锁，主轴电动机 M1 起动运行，同时指示灯 HL2（9 区）亮，按下停止按钮 SB2，KM1 断电释放，使主轴电动机 M1 停止旋转，同时指示灯 HL2 熄灭。

（3）摇臂升降控制　摇臂通常是夹紧在外立柱上的，以免升降丝杆承担吊挂载荷。因此，Z3050 型摇臂钻床的摇臂的升降是由摇臂升降电动机 M2、摇臂夹紧机构和液压系统协调配合，自动完成摇臂松开→摇臂上升（或下降）→摇臂夹紧的控制过程。

按下上升按钮 SB4（15 区）（或下降按钮 SB5），则时间继电器 KT1（14 区）通电吸合，其瞬时闭合的常开触点（17 区）闭合，接触器 KM4 线圈（17 区）通电，液压夹紧电动机 M3 起动，正向旋转，供给液压油。液压油经分配阀体进入摇臂的“松开油腔”推动活塞移动，活塞推动菱形块，将摇臂松开。同时活塞杆通过弹簧片压下位置开关 SQ2，使其常闭触点（17 区）断开，常开触点（15 区）闭合。前者切断了接触器 KM4 的线圈电路，KM4 主触点（6 区）断开，液压夹紧电动机 M3 停止工作；后者使交流接触器 KM2（或 KM3）的线圈（15 区或 16 区）通电，KM2（或 KM3）的主触点（5 区）接通 M2 的电源，摇臂升降电动机 M2 起动旋转，带动摇臂上升（或下降）。如果此时摇臂尚未松开，则位置开关 SQ2 的常开触头则不能闭合，接触器 KM2（或 KM3）线圈无电，摇臂就不能上升（或下降）。当摇臂上升（或下降）到所需位置时，松开按钮 SB4（或 SB5），则接触器 KM2（或 KM3）和时间继电器 KT1 断电释放，M2 停止工作，随之摇臂停止上升（或下降）。由于时间继电器 KT1 断电释放，经 1～3s 时间的延时后，其延时闭合的常闭触点（18 区）闭合，接触器 KM5 线圈（18 区）通电，液压夹紧电动机 M3 反转，随之泵内液压油经分配阀进入摇臂的“夹紧油腔”，反方向推动活塞和菱形块，使摇臂夹紧。在摇臂夹紧后，活塞杆推动弹簧片压下位置开关 SQ3，其常闭触点（19 区）断开，接触器 KM5 线圈（18 区）断电释放，液压夹紧电动机 M3 最终停止工作，完成了摇臂的松开→上升（或下降）→夹紧的整套动作。

组合开关 SQ1a（15 区）和 SQ1b（16 区）作为摇臂升降的超限程限位保护。当摇臂上升到限位位置时，压下 SQ1a 使其关断，接触器 KM2 断电释放，M2 停止运行，摇臂停止上升；当摇臂下降到极限位置时，压下 SQ1b 使其断开，接触器 KM3 断电释放，M2 停止运行，摇臂停止下降。

摇臂的自动夹紧由位置开关 SQ3 控制。如果液压夹紧系统出现故障，不能自动夹紧摇臂，或者由于 SQ3 调整不当，在摇臂夹紧后不能使 SQ3 的常闭触点断开，都会使液压夹紧电动机 M3 因长期过载运行而损坏。为此电路中设有 FR2，其整定值应根据电动机 M3 的额定电流进行整定。摇臂升降电动机 M2 的正反转接触器 KM2 和 KM3 不允许同时得电动作，以防止电源相间短路，为避免因操作失误，主触点熔焊等原因而造成短路事故，在摇臂上升和下降的控制电路中采用了接触器联锁和复合按钮联锁，以确保电路安全工作。

（4）立柱和主轴箱的夹紧与放松控制　立柱和主轴箱的夹紧与放松由液压和电气控制系统协调完成。立柱和主轴箱的夹紧（或放松）既可以同时进行，也可以单独进行，由转换开关 SA1（22-24 区）和复合按钮 SB6（或 SB7）（20 或 1 区）进行控制。SA1 有三个位置，扳到中间位置时，立柱和主轴箱的夹紧（或放松）同时进行；扳到左边位置时，立柱夹紧（或放松）；扳到右边位置时，主轴箱夹紧（或放松）。复合按钮 SB6 是松开控制按钮，SB7 是夹紧控制按钮。

1）立柱和主轴箱的同时夹紧与放松控制。将转换开关 SA1 扳到中间位置，然后按下松开按钮 SB6（不放手），时间继电器 KT2、KT3 线圈（20、21 区）同时得电。KT2 的延时断开的常开触点（22 区）瞬时闭合，电磁铁 YA1、YA2 得电吸合。而 KT3 延时闭合瞬时断开的常开触点（17 区）经 1～3s 延时后闭合，使接触器 KM4 得电吸合，液压夹紧电动机 M3 正转，供出的液压油进入立柱和主轴箱的松开油腔，使立柱和主轴箱同时松开。松开 SB6，时间继电器 KT2、KT3 断电释放，KT3 延时闭合瞬时断开的常开触点（17 区）瞬时分断，接触器 KM4 断电释放，液压夹紧电动机 M3 停转。KT2 瞬时闭合延时断开的常开触点（22 区）经 1～3s 后分断，电磁铁 YA1、YA2 线圈断电释放，立柱和主轴箱同时松开的操作结束。立柱和主轴箱同时夹紧的工作原理与松开相似，只要按下 SB7，使接触器 KM5 得电吸合，液夹紧泵电动机 M3 反转即可。

2）立柱和主轴箱单独松开、夹紧。如果希望单独控制主轴箱，可将转换开关 SA1 扳到右侧位置。按下松开按钮 SB6（或 SB7），时间继电器 KT2、KT3 线圈同时得电，这时只有电磁铁 YA2 单独通电吸合，从而实现主轴箱的单独松开（或夹紧）。松开复合按钮 SB6（或 SB7），时间继电器 KT2、KT3 断电释放，KT3 延时闭合瞬时断开的常开触点（17 区）瞬时分断，接触器 KM4 断电释放，液压夹紧电动机 M3 停转。经 1～3s 的延时后，KT2 瞬时闭合延时断开的常开触点（22 区）分断，电磁铁 YA2 的线圈断电释放，主轴箱松开（或夹紧）的操作结束。

同理，把转换开关 SA1 扳到左侧，则使立柱单独松开或夹紧。因为立柱和主轴箱的松开与夹紧是短时间的调整工作，所以采用点动控制。

（5）冷却泵电动机 M4 的控制　扳动断路器 QF2，就可以接通或断开电源，操纵冷却泵电动机 M4 的工作或停止。

4. 照明和指示电路

照明、指示电路的电源也由控制变压器 TC 降压后提供 24V、6V 的电压，由熔断器 FU3、FU2 作短路保护，EL 是照明灯，HL1 是电源指示灯，HL2 是主轴指示灯。

Z3050 型摇臂钻床电器元件明细表见表 3-26。

表 3-26　Z3050 型摇臂钻床电器元件明细表

代号	元件名称	型号/规格	数量	用　途
M1	主轴电动机	Y112M—4,4kW,1440r/min	1	驱动主轴
M2	摇臂升降电动机	Y90L—4,1.5kW,1440r/min	1	驱动摇臂升降
M3	液压夹紧电动机	Y802—4,0.75kW,1390r/min	1	驱动液压系统
M4	冷却泵电动机	AOB—25,90W,2800r/min	1	驱动冷却泵
QF1	低压断路器	DZ25—20/330FSH,10A	1	电源总开关
QF2	低压断路器	DZ5—20/330H,0.3~0.45A	1	M4 控制开关
QF3	低压断路器	DZ5—20/330H,6.5A	1	M2、M3 电源开关
FU1	熔断器	BZ—001A,2A	1	控制电路短路保护
FU2	熔断器	BZ—001A,2A	1	指示电路短路保护
FU3	熔断器	BZ—001A,2A	1	照明电路短路保护
KM1	交流接触器	CJ0—20B,线圈电压 110V	1	控制 M1
KM2~KM5	交流接触器	CJ0—10B,线圈电压 110V	4	控制 M2、M3 正反转
FR1	热继电器	JR0—20/3D,6.8~11A	1	M1 过载保护
FR2	热继电器	JR0—20/3D,1.5~2.4A	1	M3 过载保护
KT1,KT2	时间继电器	JJSK2—4,线圈电压 110V	2	
KT3	时间继电器	JJSK2—2,线圈电压 110V	1	
YA1,YA2	交流电磁铁	MFJ1—3,线圈电压 110V	2	液压分配
TC	控制变压器	BK—150,380/110—24V—6V	1	控制、指示照明电路供电
SB1	按钮	LAY3—11,红色	1	总停止开关
SB2	按钮	LAY3—11,红色	1	主轴电动机停止
SB3	按钮	LAY3—11D,绿色	1	主轴电动机起动
SB4	按钮	LAY3—11,绿色	1	摇臂上升
SB5	按钮	LAY3—11,绿色	1	摇臂下降
SB6	按钮	LAY3—11,绿色	1	松开控制
SB7	按钮	LAY3—11,绿色	1	夹紧控制
SQ1	组合开关	HZ4—22	1	摇臂升降限位
SQ2、SQ3	位置开关	LX5—11	1	摇臂松紧限位
SQ4	门控开关	JWM6—11	1	防触电的门控开关
SA1	万能转换开关	LW6—2/8071	1	液压分配开关
HL1	指示灯	XD1,6V	1	电源指示灯
HL2	指示灯	XD1,6V	1	主轴指示灯
EL	照明灯	JC—25,40W,24V	1	照明

任务实施

实施本任务所使用的工具、仪表及设备器材可参考表 3-27。

表 3-27　工具、仪表及设备器材

类别	序号	名称	型号与规格	单位	数量	备注
工具	1	电工常用工具	测电笔、螺钉旋具、尖嘴钳、斜口钳、剥线钳、电工刀等	套	1	
仪表	2	万用表	MF47	块	1	
	3	兆欧表	500V,0～200MΩ	只	1	
	4	钳形电流表	0～50A	只	1	
设备器材	5	摇臂钻床	Z3050 型	台	1	
	6	电器元件	参考 Z3050 型摇臂钻床的电器元件明细表			

一、操作钻床

1. 操作钻床的准备

(1) 熟悉钻床的主要结构和运动形式　对照钻床的主要结构图（见图 3-33），在老师指导下，熟悉 Z3050 型摇臂钻床的主要结构和运动形式。

(2) 熟悉钻床各电器的位置、用途和走线　根据钻床的电器位置图（见图 3-35）和电器元件明细表（见表 3-26），在老师指导下，熟悉 Z3050 型摇臂钻床各电器的位置、用途和型号。

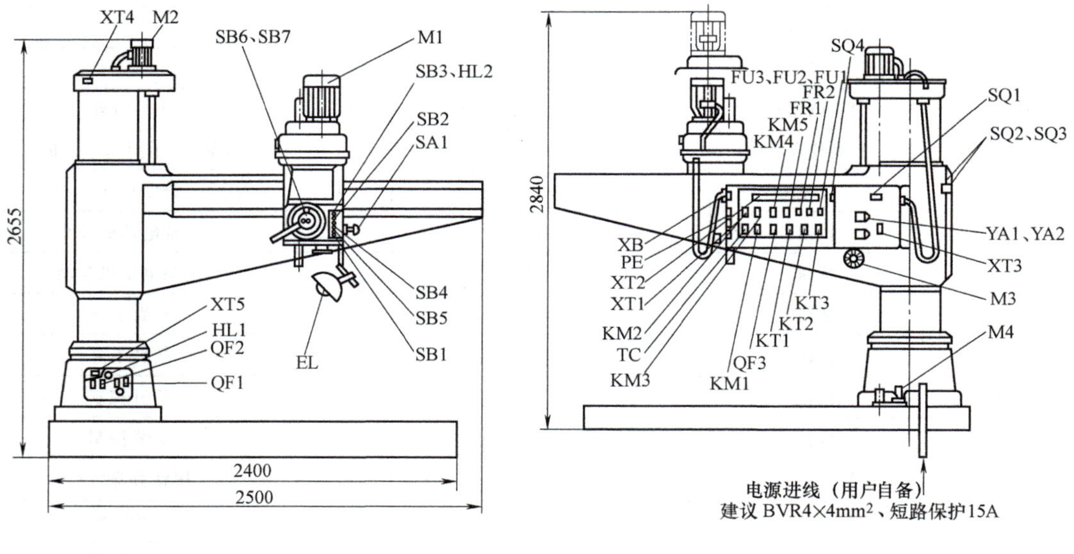

图 3-35　Z3050 型摇臂钻床电器位置图

(3) 熟悉钻床的操纵系统　Z3050 型摇臂钻床的操作开关和按钮如图 3-36 所示。

2. 示范操作钻床

1) 开机前的准备工作。

①打开电气柜门，检查各电器元件的安装是否牢固，各电器接线端子上的电线是否有松动的现象，然后关好电气柜门。

注意 为了保证操作安全，Z3050型摇臂钻床设有“开门断电”的功能。开机前应将立柱下边的配电箱盖及摇臂后背的配电柜门关好。

②将转换开关SA1扳到“中间”位置。

③将冷却泵电源开关QF2置“断开”位置。

④将摇臂升降电动机和液压夹紧电动机电源开关QF3置“断开”位置。

⑤将主轴正反转及空档手柄打到“空档”位置。

⑥将急停按钮SB1松开。

2）合上电源总开关QF1，电源指示灯HL1点亮。

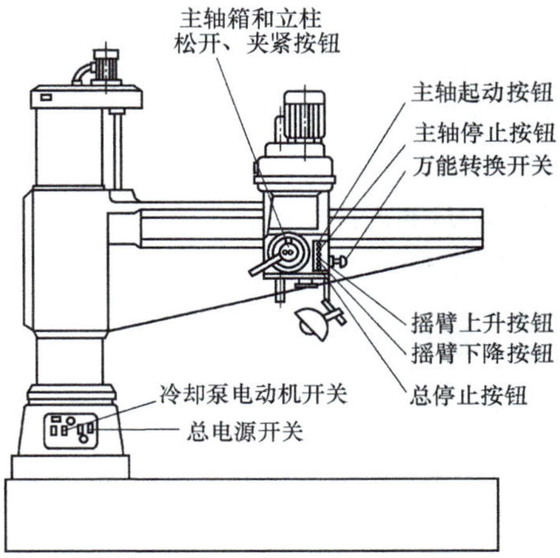

图3-36　Z3050型摇臂钻床的操作开关和按钮

3）将工件定位并固定在工作台上。根据加工需要，按下松开按钮SB6，使内、外立柱之间和主轴箱、摇臂之间液压夹紧机构松开，调整主轴与工件的纵向（前后）相对位置。转动主轴箱移动手轮，调整主轴箱在摇臂导轨上横向（左右）相对位置。然后按下夹紧按钮SB7，使内、外立柱之间和主轴箱、摇臂之间的液压夹紧机构夹紧。

4）根据加工需要，按下摇臂上升按钮SB4（或下降按钮SB5），摇臂沿着外立柱上升（或下降），调整主轴与工件的相对高度。当摇臂上升（或下降）到所需位置时，松开上升按钮SB4（或下降按钮SB5），摇臂停止上升（或下降），摇臂自动夹紧在外立柱上。

5）根据加工需要，将主轴变速及自动进给手柄扳至所需旋转方向位置。手柄向“外”为正转，手柄向“内”为反转。通过操纵手柄使两个操纵阀相互改变位置，用一股压力油将制动摩擦离合器松开，为主轴旋转创造条件；另一股压力油压紧正转或反转摩擦离合器，接通主轴电动机到主轴的传动链，驱动主轴正转或反转。

6）按下主轴电动机起动按钮SB3，主轴电动机M1得电起动，指示灯HL2亮，说明主轴电动机已开始工作，主轴转动。

7）根据加工需要，可在主轴正转或反转的过程中，改变主轴转速或主轴进给量。将主轴变速及自动进给手柄扳向“下”变速位置，视所选择主轴转速和进给量大小而定，改变两个操纵阀的相互位置，使送出的液压油进入主轴转速预选阀和主轴进给量预选阀，然后进入各变速油缸。与此同时，另一油路系统推动拨叉缓慢移动，逐渐压紧主轴转速摩擦离合器，接通主轴电动机到主轴的传动链，带动主轴缓慢旋转，以利于齿轮的顺利啮合。当变速完成后，松开手柄，手柄就在弹簧作用下由“变速”位置自动复位到主轴“停车”位置，然后再操纵主轴正转或反转，主轴将在新的转速或进给量下工作。

8）需要主轴停车时，将主轴变速及自动进给手柄扳回“中”位置，这时主轴电动机仍拖动齿轮旋转，但此时整个液压系统为低油压，无法松开制动摩擦离合器。在制动弹簧作用下，制动摩擦离合器被压紧，使制动轴上的齿轮不能传动，实现主轴停车。因此主轴停车时主轴电动机仍在旋转，只是不能将动力传到主轴上。

9）将主轴变速及自动进给手柄扳至“上”空档位置，液压油使主轴传动中的滑移齿轮处于脱开位置。这时，可用手轻便地转动主轴。

10）按下主轴电动机停止按钮 SB2，主轴电动机 M1 失电停止运行，主轴停止转动。同时指示灯 HL2 熄灭，说明主轴电动机已停止工作。

11）钻床加工时，按下冷却泵电动机开关 QF2，控制冷却泵电动机 M4 输送切削液。

12）遇到紧急状况按下总停止按钮 SB1。

13）加工结束，断开电源总开关 QF1，电源指示灯 HL1 灭。

3. 练习操作钻床

在熟悉 Z3050 型摇臂钻床结构和操作手柄的前提下，分组练习操作钻床。

二、线路检修

1. 识读电气图

1）识读 Z3050 型摇臂钻床电路图（见图 3-34），结合实际操作钻床，进一步理解钻床各部分的功能及工作原理。

2）识读 Z3050 型摇臂钻床电器位置图（见图 3-35），熟悉各电器的用途、位置和型号。

3）识读 Z3050 型摇臂钻床的接线图（见图 3-37 和图 3-38），熟悉钻床的布线情况，并通过测量等方法找出各回路的实际走线路径。

2. 示范检修

在 Z3050 型摇臂钻床上人为设置自然故障点，按照故障检修步骤及要求，由教师示范检修，边操作边讲解，边分析边检修，直至故障排除。

Z3050 型摇臂钻床电气控制的特殊环节是摇臂升降以及立柱和主轴箱的夹紧放松，它们的工作过程都是由电气与机械、液压系统紧密结合实现的。因此，在维修中不仅要注意电气部分能否正常工作，也要注意它与机械和液压部分的协调关系。其中，摇臂钻床的摇臂升降部分的电气故障检修流程如图 3-39 所示。

立柱和主轴箱的松开部分的电气故障检修流程如图 3-40 所示，立柱和主轴箱的夹紧部分有相似之处，请读者自行分析。

【例 3-5】 摇臂不能正常升降。

（1）观察故障现象　合上电源开关 QF1 及 QF3，按下 SB4 或 SB5，摇臂不能正常升降。

（2）判断故障范围　根据故障现象，判断故障范围：XT2 $\xrightarrow{17^{\#}}$ SQ2 $\xrightarrow{21^{\#}}$ XT2，判断 SQ2 的位置是否正确。

（3）查找故障点

1）断开钻床电源，打开摇臂背面的配电柜门，将门控开关 SQ4 临时短接。

2）采用电压测量法，将万用表的转换开关拨至交流电压 250V 档。

3）合上电源开关 QF1 及 QF3，按下按钮 SB4 或 SB5，将万用表的黑表笔接到参考点 XT2（$0^{\#}$）上，用红表笔依次测以下各点与参考点之间的电压。

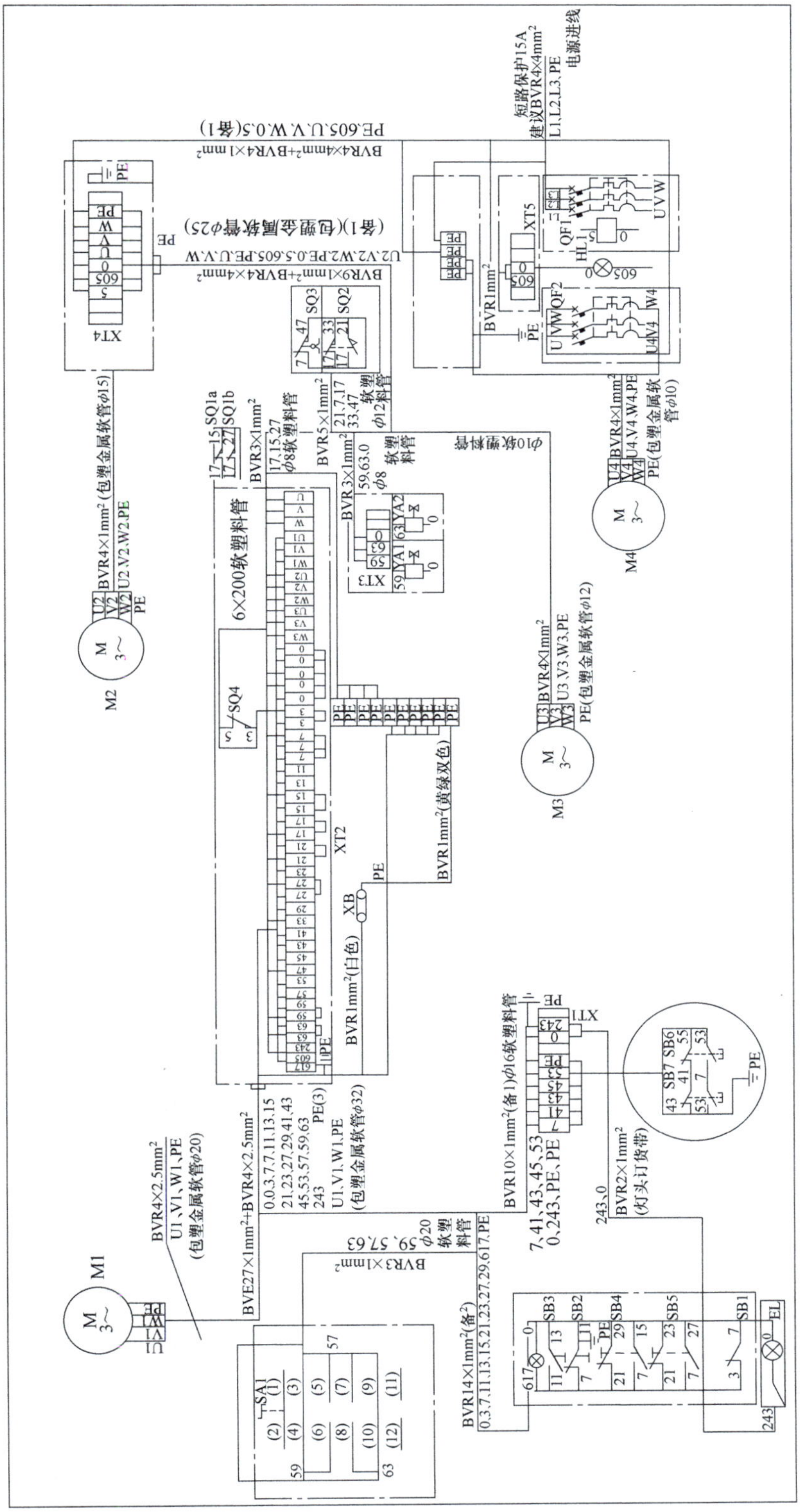

图 3-37　Z3050 型摇臂钻床接线图

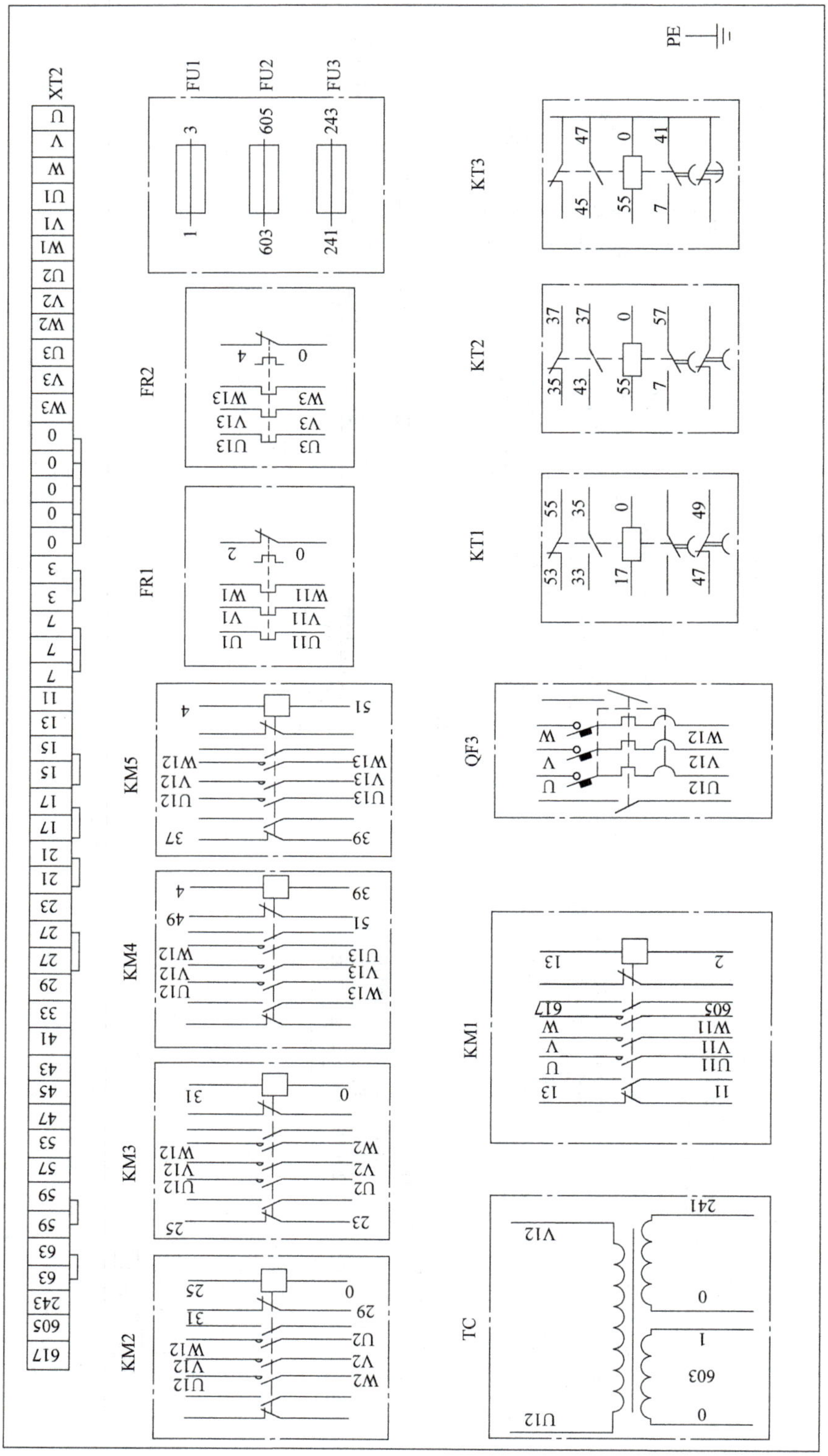

图 3-38 Z3050 型摇臂钻床电盘接线图

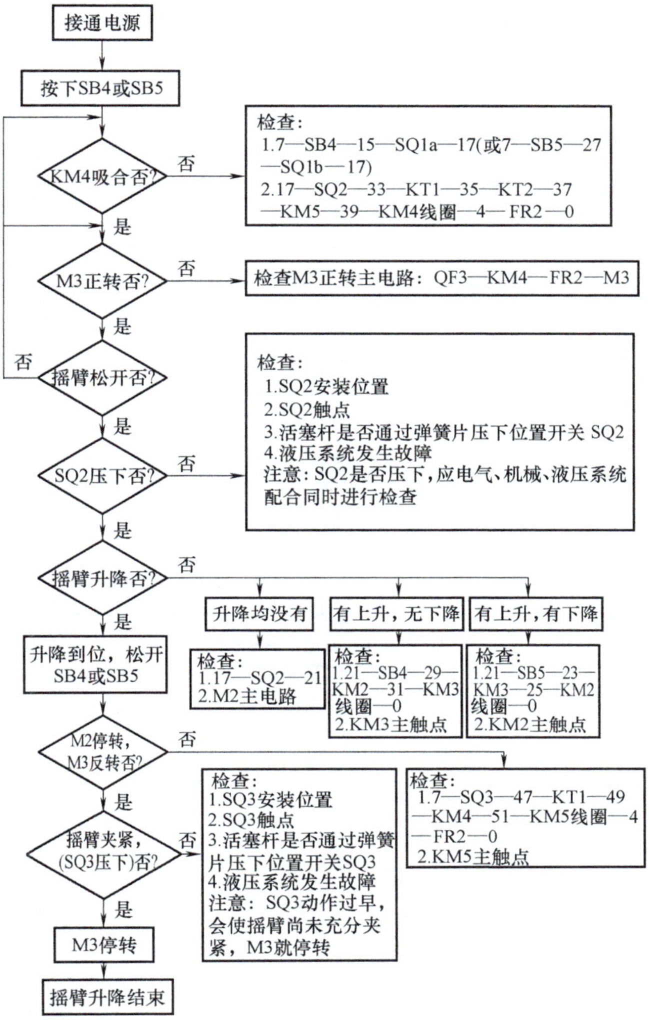

图 3-39　摇臂升降部分的电气故障检修流程

① XT2（17#），测得电压值为 110V，正常。

② SQ2（17#），测得电压值为 110V，正常。

③ SQ2（21#），测得电压值为零，不正常。

通过进一步检查发现，由于 SQ2 安装位置移动，导致活塞杆压不上 SQ2，SQ2 不动作。所以，摇臂虽已放松，但活塞杆压不上 SQ2，摇臂就不能升降。

（4）排除故障　断开钻床电源总开关 QF1，调整 SQ2 安装位置或检修 SQ2。

（5）通电试车　除去门控开关 SQ4 临时短接线，将摇臂背面的配电柜门关好，通电检查钻床各项操作，直至符合技术要求。

【例 3-6】　立柱和主轴箱不能松开。

（1）观察故障现象　合上电源开关 QF1 及 QF3，按下 SB6，液压夹紧电动机 M3 能正转，但电磁铁 YA1 和 YA2 不吸合，立柱和主轴箱不能松开。

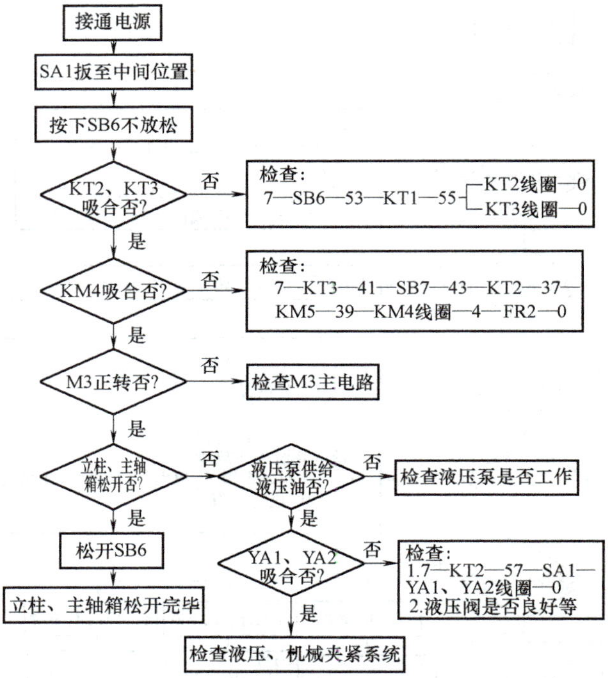

图 3-40　主柱和主轴箱的松开部分的电气故障检修流程

(2) 判断故障范围　根据故障现象，判断故障范围：

XT2 $\xrightarrow{7^{\#}}$KT2 $\xrightarrow{57^{\#}}$XT2 $\xrightarrow{57^{\#}}$SA1 $\longrightarrow$XT2 $\xrightarrow{59^{\#}}$XT3 $\xrightarrow{59^{\#}}$YA1 线圈$\xrightarrow{0^{\#}}$XT3 $\xrightarrow{0^{\#}}$XT2 $\xrightarrow{0^{\#}}$TC（$0^{\#}$）

和 XT2 $\xrightarrow{7^{\#}}$KT2 $\xrightarrow{57^{\#}}$XT2 $\xrightarrow{57^{\#}}$SA1 $\longrightarrow$XT2 $\xrightarrow{63^{\#}}$XT3 $\xrightarrow{63^{\#}}$YA2 线圈$\xrightarrow{0^{\#}}$XT3 $\xrightarrow{0^{\#}}$XT2 $\xrightarrow{0^{\#}}$TC（$0^{\#}$）

(3) 查找故障点　采用电阻测量法。断开电源开关 QF1，将万用表的转换开关拨至 $R\times1$ 档并调零。

1）测 XT2（$7^{\#}$）—KT2（$7^{\#}$）之间，电阻值接近零，正常。
2）测 KT2（$7^{\#}$）—KT2（$57^{\#}$）之间，电阻值为无穷大，正常。
3）测 KT2（$57^{\#}$）—XT2（$57^{\#}$）之间，电阻值接近零，正常。
4）测 XT2（$57^{\#}$）—SA1（$57^{\#}$）之间，电阻值接近零，正常。
5）测 SA1（$59^{\#}$）—XT2（$59^{\#}$）之间，电阻值接近零，正常。
6）测 SA1（$59^{\#}$）—XT2（$63^{\#}$）之间，电阻值接近零，正常。
7）测 XT2（$59^{\#}$）—XT3（$59^{\#}$）之间，电阻值接近零，正常。
8）测 XT2（$63^{\#}$）—XT3（$63^{\#}$）之间，电阻值接近零，正常。
9）测 XT3（$59^{\#}$）—YA1 线圈（$59^{\#}$）之间，电阻值接近零，正常。
10）测 XT3（$63^{\#}$）—YA2 线圈（$63^{\#}$）之间，电阻值接近零，正常。
11）测电磁铁 YA1、YA2，线圈的电阻值正常。
12）测 YA1 线圈（$0^{\#}$）—XT3（$0^{\#}$）之间，电阻值接近零，正常。

13）测 YA2 线圈（$0^{\#}$）—XT3（$0^{\#}$）之间，电阻值接近零，正常。

14）测 XT3（$0^{\#}$）—XT2（$0^{\#}$）之间，电阻值接近零，正常。

15）测 XT2（$0^{\#}$）—TC（$0^{\#}$）之间，电阻值接近零，正常。

说明通电后时间继电器 KT2 的瞬时闭合延时断开常开触点（7—57）不能闭合。

（4）排除故障　断开钻床电源总开关 QF1，更换或检修时间继电器 KT2。

（5）通电试车　将摇臂背面的配电柜门关好。通电检查钻床各项操作，直至符合技术要求。

3. 练习检修

1）由教师设置让学生事先知道的故障点，指导学生如何从故障现象着手进行分析，逐步引导学生采用正确的检查步骤和检修方法进行检修。

2）教师在线路中设置两处人为的自然故障点，由学生按照故障检修步骤及要求进行检修，并做好检修记录。

注意

① 熟悉 Z3050 型摇臂钻床电气控制电路的基本环节及控制要求；弄清电气与执行部件如何配合实现某种运动方式；认真观摩教师的示范检修。

② 由于该机床的电气控制与机械液压机构的配合十分密切，因此，在出现故障时，特别注意电气和机械液压之间的配合。

③ 不能随意改变升降电动机原来的电源相序，以免使摇臂升降反向，造成事故。

任务评价

线路检修任务评价参见表 3-13。

课后测评

一、填空题

结合图 3-34 所示电路图填空：

1. 起动主轴电动机 M1 应按下按钮________，停止时则按下按钮____________。

2. 要使摇臂上升应按下按钮________，下降时应按下按钮____________。

3. 组合开关 SQ1a 和 SQ1b 分别作为摇臂上升和下降的____________，若两者的安装位置对换，则摇臂上升和下降的________，将造成重大事故。

4. 若使立柱和主轴箱先同时松开再同时夹紧，则应先把转换开关 SA1 拨到________位置，然后再分别按下按钮________和________。

5. 若使立柱单独松开，则应先把转换开关 SA1 扳到________位置，然后按下按钮________即可。

二、判断题（正确的打“√”，错误的打“×”）

1. Z3050 型摇臂钻床在使用中，若沿一个方向连续转动摇臂，就容易发生事故。（　　）

2. Z3050 型摇臂钻床的工作由电气与机械紧密配合就可完成，故不需要液压装置。（　　）

3. 如果 Z3050 型摇臂钻床的立柱，主轴箱不能夹紧与放松，经检查无电气方面的故障，

因此断定可能出现了油路堵塞。 (　　)

三、选择题（请把正确答案的字母填入括号中）

1. 钻床的外立柱可绕着不动的内立柱回转（　　）。

A. 90°　　B. 180°　　C. 360°

2. Z3050 型摇臂钻床的主轴（　　）。

A. 只能单向旋转

B. 由机械手柄操作正反转

C. 由主轴电动机 M1 带动正反转

3. 只有当 Z3050 型摇臂钻床的摇臂完全松开后，活塞杆通过弹簧片才会压下位置开关（　　），使摇臂上升或下降。

A. SQ1a　　B. SQ1b　　C. SQ2　　D. SQ3　　E. SQ4

4. Z3050 型摇臂钻床的摇臂夹紧后，活塞杆会推动弹簧片压下位置开关（　　），自动切断夹紧电路，停止夹紧工作。

A. SQ1a　　B. SQ1b　　C. SQ2　　D. SQ3　　E. SQ4

5. Z3050 型摇臂钻床的摇臂升降电动机 M2 采用了（　　）。

A. 接触器联锁正反转控制

B. 按钮联锁正反转控制

C. 按钮和接触器双重联锁正反转控制

四、问答题

结合图 3-34 所示 Z3050 型摇臂钻床的电路图，回答以下问题：

1. 位置开关 SQ2 的作用是什么？

2. 简述摇臂下降的工作过程。

3. 简述立柱和主轴箱同时夹紧的工作过程。

4. Z3050 型摇臂钻床大修后，如果把 M3 三相电源的相序接反了，试分析会造成什么事故。

5. Z3050 型摇臂钻床大修后，若 SQ2 安装位置不当，试分析会出现什么故障。

6. Z3050 型摇臂钻床大修后，若 SQ3 安装位置不当，试分析会出现什么故障。

7. 摇臂不能升降，经检查是位置开关 SQ2 不动作造成的，试分析 SQ2 不动作的原因有哪些。

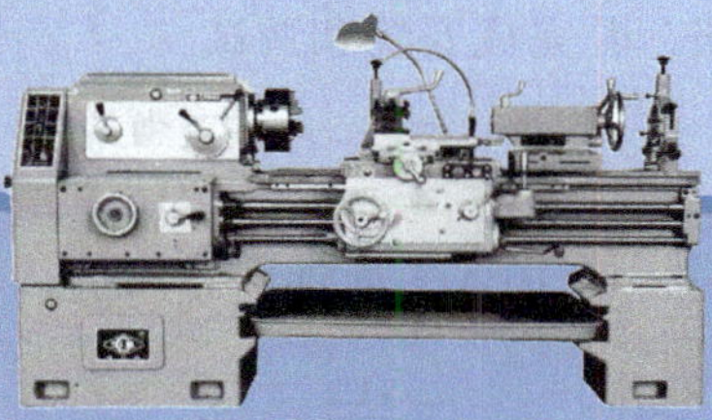

项目四

机床电气控制系统的PLC改造、设计与装调

项目描述

普通机床一般采用的都是传统的继电-接触器控制技术，即由各种有触点的继电器、接触器、按钮、行程开关等电器组成的电气控制电路来进行控制。由于采用继电-接触器控制，普通机床的电气控制设备触点多、线路复杂、故障率高、维修量大、可靠性差。比较复杂的机床，特别是液压和电气配合时间的控制部分，其控制精度、效率和自动化程度已经不能满足现代化生产的工艺要求。

可编程序控制器（简称 PLC）是在继电-接触器控制技术的基础上发展和完善起来，主要依靠微处理器为核心，能够实现自动化控制的一种电气控制装置。在普通机床电气控制系统的改造和设计中，PLC 控制技术已经完全取代了传统的继电-接触器控制技术，显著提高了普通机床的精确性、可靠性和自动化程度，既满足了企业新生产工艺，又提高了工作效率和经济效益。由于 PLC 将程序化的手段应用于电气控制，用软件代替了大量的中间继电器和时间继电器，能适应生产工艺的多变性，控制灵活，性价比高，故障率低，维护量小，已经广泛应用于自动化控制的各个领域，并与数控技术、工业机器人成为现代工业控制的三大支柱。

正确识别和选用 PLC，熟悉常用 PLC 的结构和工作原理，掌握编程指令和编程软件的使用方法，掌握 PLC 控制电路的设计、安装和调试技能，需要我们进入项目四——机床电气控制系统的 PLC 改造、设计与装调。

任务一　PLC 改造三相异步电动机单向连续运转控制电路

学习目标

1. 了解 PLC 的特点，熟悉 PLC 的基本结构和工作原理，掌握 PLC 的接线方法。

2. 了解 PLC 编程语言的特点，熟悉 PLC 梯形图的绘制原则，掌握三菱 PLC 编程软件 GX Developer 的使用方法。

3. 理解 PLC 的编程元件 X、Y 的含义，掌握编程元件 X、Y 的功能和使用方法。

4. 掌握 LD、LDI、OR、ORI、AND、ANI、OUT、END 指令及 SET、RST 指令的功能和使用方法。

5. 能用 PLC 改造三相异步电动机单向连续运转控制电路，并完成安装和调试。

任务描述

图 4-1 所示为三相异步电动机单向连续运转控制电路。其中，图 a 为原理图，图 b 为时序图。单向连续运转控制电路适用于电动机较长时间连续运转的场合。

本任务要求利用 PLC 改造图 4-1 所示传统的继电-接触器控制电路，完成三相异步电动机单向连续运转 PLC 控制电路的安装和调试。

控制要求：

1）当按下起动按钮 SB1 时，电动机起动并连续运行；当按下停止按钮 SB2 或热继电器 FR 动作时，电动机停止运行。

2）具有短路、过载保护等必要的保护措施。

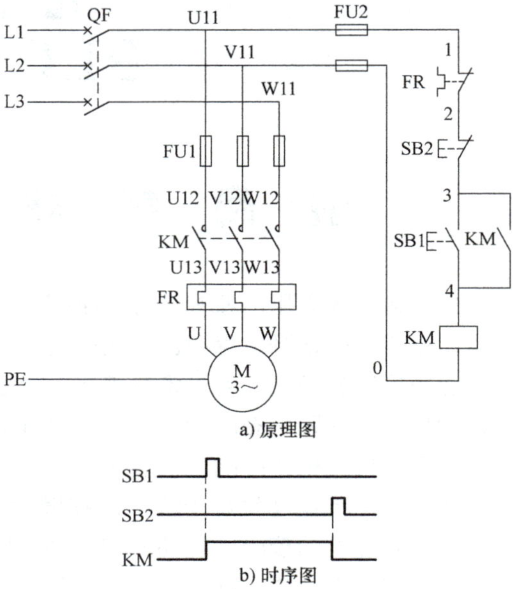

图 4-1　三相异步电动机单向连续运转控制电路

PLC 最初多用于改造传统的继电-接触器控制电路。利用 PLC 改造继电-接触器控制电路主要针对控制电路（主电路一般保留不变），即用 PLC 的外部硬件接线和 PLC 存储的程序控制逻辑（如梯形图、指令表等）来代替继电-接触器控制电路，以实现继电-接触器控制电路的硬件接线逻辑所表达的控制功能。

知识链接

国际电工委员会（IEC）对 PLC 定义为：可编程序控制器是一种数字运算操作的电子系统，专为在工业环境应用而设计的。它采用一类可编程序的存储器，用于其内部存储程序，执行逻辑运算、顺序控制、定时、计数与算术操作等面向用户的指令，并通过数字或模拟式输入输出控制各种类型的机械或生产过程。可编程序控制器及其有关外部设备，都按易于与工业控制系统联成一个整体、易于扩充其功能的原则设计。

一、PLC 的特点

可编程序控制器属于存储程序控制方式，其控制功能是通过存放在存储器内的程序来实现的，若要对控制功能做必要的修改，只需改变软件指令即可，实现了硬件控制的软件化。其主要特点如下：

1. PLC 软件简单易学

PLC 有多种程序设计语言，其中最常用的是梯形图和指令语句表。PLC 采用的易学易懂的梯形图语言，是以计算机软件技术构成人们惯用的继电器模型，形成的一套独具风格的以继电器梯形图为基础的形象编程语言。图 4-2 所示为 PLC 内部各类等效继电器的线圈和触点的图形符号，其等效继电器的动作原理与常规继电器控制中的动作原理完全一致，电器操作人员使用起来得心应手，不存在计算机技术和传统电气控制技术之间的专业“鸿沟”。在了解 PLC 简要工作原理和它的编程技术之后，就可结合实际需要进行应用设计，进而将 PLC 用于实际控制系统中。

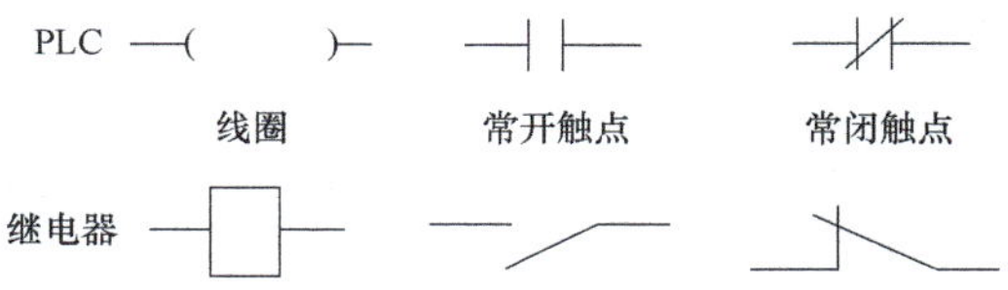

图 4-2　线圈和触点的图形符号

2. 使用和维护方便

(1) 硬件配置方便　PLC 的硬件都是专门生产厂家按一定标准和规格生产的，按实际需要配置 PLC 时，所需硬件均可在市场上方便地买到。

(2) 安装方便　PLC 内部不需要接线和焊接，只要进行外部接线和程序编写就可以了，当生产工艺发生改变时，只要修改控制程序即可。

(3) 使用方便　PLC 内部各类等效继电器的接点使用不受次数限制，内部器件可多到使用户感觉不到限制。使用时，只需考虑输入，输出点个数即可，如型号为 FX_{2N}-48MR 的 PLC 的输入和输出总点数为 48 个。

(4) 维护方便　PLC 配备有许多监控提示信号，能动态地监视控制程序的执行情况，检查出自身的故障，并随时显示给操作人员，为现场的调试和维护提供了方便。

3. 运行稳定可靠

PLC 是专为工业控制设计的，在设计和制造过程中采取了多层次抗干扰和精选元件措施，可在恶劣的工业环境下与强电设备一起工作，运行的稳定性和可靠性较高。PLC 是以集成电路为基本元件的电子设备，内部处理不依赖于接点，元件的使用寿命为半永久性。

4. 设计施工周期短

使用 PLC 完成一项控制工程，在系统设计完成以后，现场施工和 PLC 程序设计可以同时进行，周期短，而且程序的调试和修改都很方便。

综上所述，可编程序控制器在性能上优于继电-接触器逻辑控制，与微型计算机、单片机一样，是一种用于工业自动化控制的理想工具。

二、PLC 的结构和工作原理

1. PLC 的外部面板

FX_{2N}-48MR 型 PLC 是日本三菱公司生产的一种小型 PLC，其正面面板可以分为三部分，分别是外部接线端子、状态指示灯和接口，如图 4-3 所示。

(1) 外部接线端子　外部接线端子包括 PLC 用电电源（L、N）、传感器用直流电源（24＋、COM）、输入端子（X）、输出端子（Y）和机器接地（⏚）等，如图 4-3 所示。它们位于机器顶部和底部可拆卸的端子板上，每个端子均有对应的编号，主要用于电源、输入信号和输出信号的连接。

(2) 状态指示灯　状态指示灯包括各输入输出点的状态指示灯、机器电源指示灯（POWER）、机器运行状态指示灯（RUN）、用户程序存储器后备电池指示灯（BATT. V）、

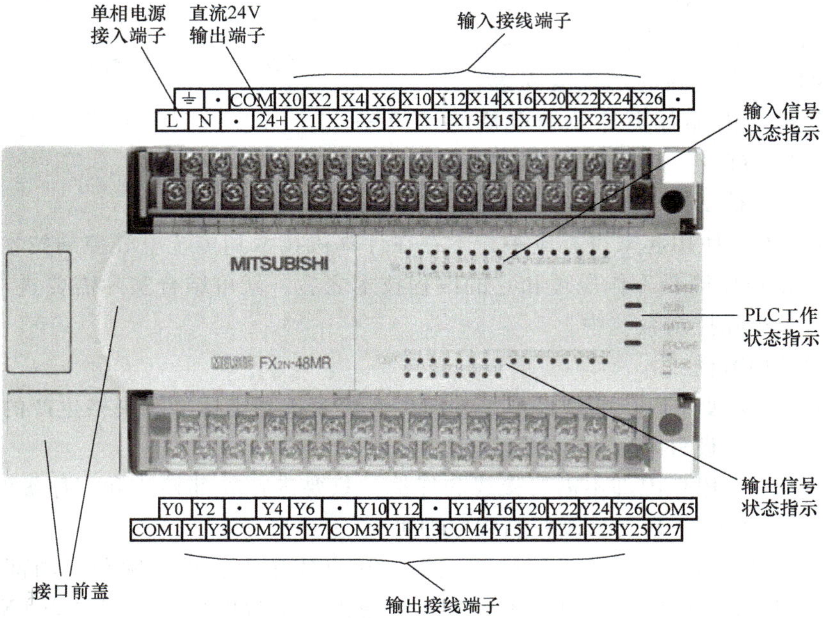

图 4-3　FX_{2N}-48MR 型 PLC 面板

程序错误（PROG · E）和 CPU 错误指示灯（CPU · E）等，用于反映 I/O 点和机器的工作状态。

（3）接口　接口主要包括编程器接口、存储器接口、扩展接口和特殊功能模块接口等，如图 4-4 所示。接口的作用是完成基本单元同编程器、外部存储器、扩展单元和特殊功能模块的连接。在机器面板上，还设置了一个 PLC 运行模式转换开关 SW（RUN/STOP），RUN 使机器处于运行状态（RUN 指示灯亮）；STOP 使机器处于停止状态（RUN 指示灯灭）。当机器处于 STOP 状态时，可进行用户程序的编辑、下载和上载。

2. PLC 的结构

PLC 实质上是一种专用于工业自动化控制的计算机，主要由CPU、存储器、输入/输出（I/O）接口、通信接口、扩展接口和电源等组成，其内部结构示意图如图 4-5 所示。

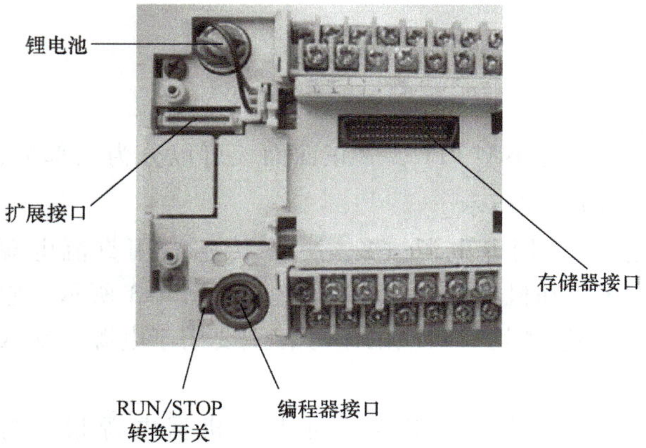

图 4-4　FX_{2N}-48MR 型 PLC 接口

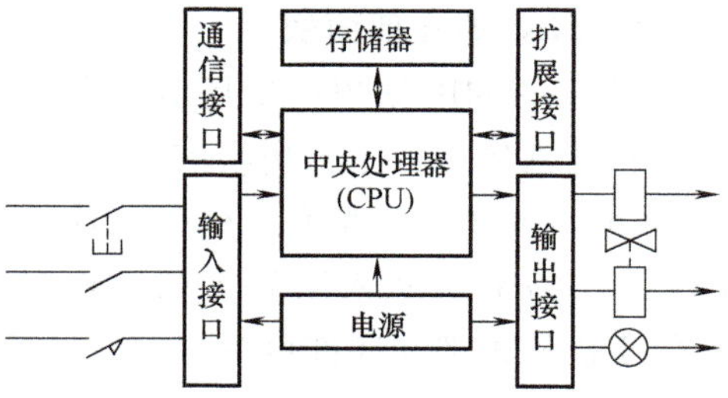

图 4-5　PLC 的内部结构示意图

（1）CPU　中央处理单元 CPU 是可编程序控制器的控制中枢，常用的 CPU 微处理器有通用型微处理器、单片机和位片式计算机等。CPU 一般由控制电路、运算器和寄存器组成，它们被封装在一个集成的芯片上，通过地址总线、数据总线、控制总线与存储单元、输入/输出接口连接。CPU 的作用如下：

1）按照 PLC 系统程序赋予的功能接收并存储从计算机或编程器等编程工具输入的用户程序和数据。

2）通过检查程序能自行检查电源、存储器、输入/输出接口的状态，并能诊断用户程序中的语法错误。

3）PLC 进入运行状态后，它在系统监控程序的控制下工作，先通过扫描方式，将外部输入信号的状态写入输入映像寄存器，接着从存储器逐条读取用户指令，按指令规定的任务进行数据的传送、逻辑运算和算术运算，然后将结果送到输出映像寄存器或数据寄存器内。等执行完用户程序后，将输出映像寄存器的各输出状态传送到相应的输出装置。

（2）存储器　可编程序控制器使用只读存储器 ROM、随机存储器 RAM 和电可擦除可编程只读存储器 EEPROM，主要用于存放系统程序、用户程序及工作数据。系统程序是制造 PLC 的厂家编写的控制和完成 PLC 各种功能的程序，例如 PLC 接通电源后检查 PLC 各部件是否正常的检查程序就是系统程序之一。存储系统程序的存储器称为系统程序存储器，在生产 PLC 过程中厂家将系统程序固化在只读存储器 ROM 中，用户是不可改变的。用户程序是 PLC 使用人员根据 PLC 控制对象的控制要求编写的控制程序。PLC 运行过程中会产生大量的运算数据，用户程序和工作运算数据存放在随机存储器 RAM 中。电可擦除可编程只读存储器 EEPROM 用来存放需要长期保存的重要数据。

PLC 在系统程序的管理下，将用户程序存储器的数据存储区划分出若干个区域，并将这些区域赋予不同的功能，由此组成了各种内部器件，这些内部器件就是 PLC 的编程元件。PLC 编程元件的种类和数量因不同厂家、不同系列、不同规格而异。编程元件的种类及数量越多，其功能就越强。三菱 FX_{2N}-48MR 型 PLC 的编程元件沿用了传统的继电-接触器控制电路中继电器的名称，并根据其功能分别称为输入继电器 X、输出继电器 Y、辅助继电器 M、定时器 T、计数器 C、数据寄存器 D、状态继电器 S、变址寄存器 V 和 Z 等。

（3）输入/输出接口　输入/输出接口是 PLC 与被控对象间传递输入和输出信号的接口部件。

1）输入接口。在 PLC 控制系统中，各种按钮、行程开关和传感器等主令电器直接接到 PLC 输入接口上，操作人员发出的命令或来自生产现场的各种控制信号，通过输入接口转化为 PLC 内部 CPU 能接受的信号，由 CPU 进行逻辑处理。为防止由于触点抖动或干扰脉冲引起错误的输入信号，输入接口必须有很强的抗干扰能力。输入接口提高抗干扰能力的方法主要有两种：一是利用光耦合器提高抗干扰能力；二是利用阻容滤波电路提高抗干扰能力。

图 4-6 所示为三菱 PLC 常见的输入接口及其等效电路。在图 4-6a 中，按钮 SB 接到 PLC 的输入接线端子 X1 和公共端子 COM 之间。三菱 PLC 的输入接线端子用文字符号 X 表示，采用八进制编号方法，FX_{2N}-48MR 型 PLC 的输入端子共有 24 个，即 X0 ~ X7、X10 ~ X17 和 X20 ~ X27。习惯上将 PLC 输入端子的内部接口电路称为输入继电器，如 PLC 输入端子 X1 内部的电路称为输入继电器 X1，其等效电路如图 4-6b 所示。

在等效电路中，输入继电器线圈、常开触点和常闭触点的图形符号如图 4-2 所示。当按

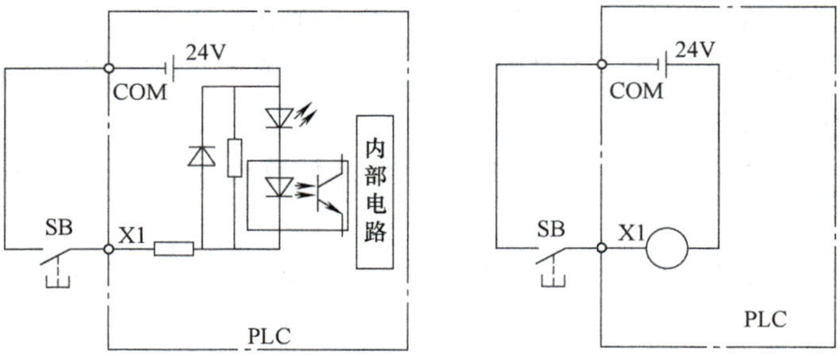

a) 输入接口　　b) 输入接口等效电路

图 4-6　PLC 输入接口

下按钮 SB 后，输入接口工作，产生一个电信号，输入到映像寄存器，再通过数据总线送给 CPU 处理。这个过程可以等效成继电器的工作过程，即按下按钮 SB，输入继电器 X1 线圈得电，输入继电器 X1 常开触点闭合、常闭触点断开。

注意　① 输入继电器 X 是专门用来接受 PLC 外部开关信号的软元件，因此输入继电器只能由外部信号来驱动，而不能由内部指令来驱动，即程序中不能出现输入继电器的线圈。

② PLC 通过输入接口将外部输入信号状态（接通时为“1”，断开时为“0”）读入并存储在输入映像寄存器中，即输入继电器反映输入映像寄存器中的状态，所以其触点的使用次数不限，即各点输入继电器都有任意对常开及常闭触点供编程使用。

2）输出接口。PLC 的输出接口是将 CPU 产生的小信号放大后输出，驱动接触器、电磁阀、指示灯等负载工作。PLC 常见的输出接口类型有三种：继电器输出、晶体管输出和晶闸管输出。三菱 FX_{2N}-48MR 型 PLC 的输出接口类型就是继电器输出型。继电器输出接口既可驱动交流负载又可驱动直流负载；晶体管输出接口只可以驱动直流负载；晶闸管输出接口只可以驱动交流负载。

三菱 PLC 的输出接线端子用文字符号 Y 表示，也采用八进制编号方法，FX_{2N}-48MR 型 PLC 的输出端子共有 24 个，即 Y0 ~ Y7、Y10 ~ Y17 和 Y20 ~ Y27。图 4-7 所示为继电器输出

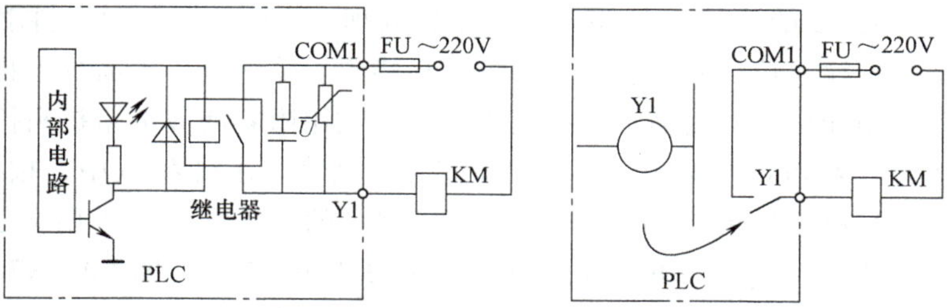

a) 输出接口　　b) 输出接口等效电路

图 4-7　PLC 输出接口

接口，习惯上将该电路称为输出继电器，如 PLC 输出端子 Y1 内部的电路称为输出继电器 Y1。在图 4-7b 所示的输出接口等效电路中，输出继电器线圈、触点的图形符号与输入继电器线圈、触点的图形符号相同。

如图 4-7a 所示，PLC 接的负载是接触器 KM 线圈，它和交流电源串联后，接在 PLC 的输出端子 Y1 和公共端子 COM1 之间。PLC 的 CPU 运算程序后，通过数据总线，将执行程序后的运算结果送到映像寄存器，该结果对应的信号通过输出接口电路放大，去驱动接在 PLC 输出端子 Y1 上的负载工作，这个过程可以看成输出继电器 Y1 线圈得电，Y1 的常开触点闭合，KM 线圈和交流电源形成回路，KM 线圈得电，如图 4-7b 所示。

注意 ① 输出继电器用来将 PLC 内部信号输出传送给外部负载（用户输出设备），因此输出继电器线圈由 PLC 内部控制程序的指令驱动，其线圈状态传送给输出接口，再由输出接口对应的硬触点来驱动外部负载。

② 每个输出继电器在输出接口中都对应有唯一一个常开硬触点，但在程序中供编程用的输出继电器，不管是常开还是常闭触点，都是软触点，所以可以使用无数次，即各点输出继电器都有一个线圈及任意对常开及常闭触点供编程使用。

（4）通信接口　通信接口是专用于数据通信的，主要实现“人-机”对话和“机-机”对话。PLC 通过通信接口可与编程设备、打印机、其他 PLC、触摸屏以及计算机等外部设备实现通信。

（5）扩展接口　扩展接口用来扩展 PLC 的 I/O 点数。当用户所需要的 I/O 点数超过 PLC 基本单元（主机，带 CPU）的 I/O 点数时，可通过此接口用扁平电缆线将 I/O 扩展模块（不带有 CPU）与 PLC 基本单元相连接，以增加 PLC 的 I/O 点数，从而适应控制系统的要求。其他很多的特殊功能模块也通过该接口与 PLC 基本单元相连。

（6）电源　通过 PLC 内部配有的一个专用开关式稳压电源，可将 PLC 外部连接的电源电压转化为 PLC 内部电路需要的工作电压（例如直流 5 V、±12 V、24 V 等），并为外部输入元件（如接近开关）提供 24V 直流电源，但要注意 PLC 负载的电源是由用户另外提供的。

三菱 FX_{2N}-48MR 的型号及含义如下：

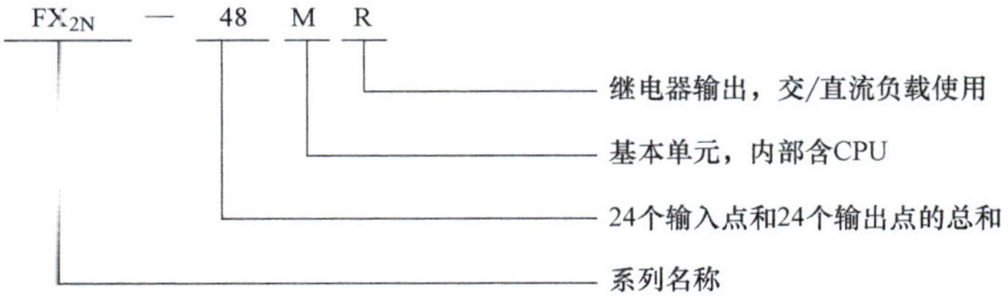

3. PLC 的工作原理

可编程序控制器属于工业控制计算机，它的工作原理是建立在计算机工作原理基础上的，通过执行反映控制要求的用户程序来实现。执行用户程序时，需要各种现场信息，如果这些现场信息（例如按钮 SB 的接通或断开状态）已送到 PLC 的输入端口，PLC 将采集所有输入信号并存放到输入映像寄存器中，执行用户程序时所需输入状态均在输入映像寄存器中取用。同样，PLC 对外部的输出控制也是先把 CPU 执行用户程序后的输出结果存放在输出映像寄存器中，等执行完用户程序后，将所有输出结果一次性向输出端口输出，使输出设备部件动作。

PLC 的工作过程是一个不断循环扫描的过程。CPU 从第一条指令开始，按顺序逐条地执行用户程序直到用户程序结束，然后返回第一条指令开始新一轮的扫描。当 PLC 处于正常运行时，PLC 会不断循环扫描地工作下去，其工作过程示意图如图 4-8 所示。每一次扫描过程有输入采样、程序执行和输出刷新三个阶段。

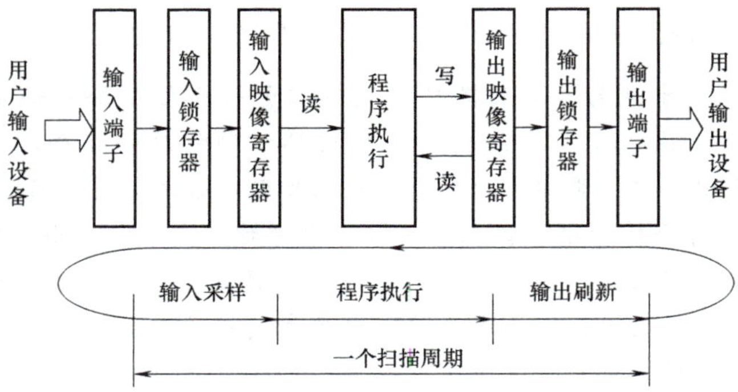

图 4-8 PLC 工作过程示意图

（1）输入采样阶段 PLC 在输入采样阶段，首先扫描所有输入端子，并将各输入状态存入对应的输入映像寄存器中。当输入映像寄存器被刷新后，进入程序执行阶段，在程序执行阶段和输出刷新阶段，因输入锁存器的存在，无论输入信号如何变化，其内容都保持不变，直到下一个扫描周期的输入采样阶段开始，才重新向输入映像寄存器写入新内容。

（2）程序执行阶段 PLC 按从上到下、从左到右的顺序逐句扫描执行程序。执行程序时，从输入/输出映像寄存器或别的元件映像寄存器读出其“0”或“1”状态，并根据指令的要求执行相应的逻辑运算，运算的结果写入到相应的映像寄存器中。因此，各映像寄存器（只读的输入映像寄存器除外）的内容随着程序的执行而变化。其中，在执行输出指令时，并不会将输出值真正输出去驱动外部负载，CPU 只是将输出值存放在输出映像寄存器中，待整个用户程序执行阶段结束后，进入输出刷新阶段时，再一起将输出信号状态送出去。

（3）输出刷新阶段 当用户程序执行结束后，元件映像寄存器中所有输出映像寄存器的状态，在输出刷新阶段转存到输出锁存器中，并通过一定方式输出，驱动外部负载，这才是 PLC 真正的实际输出。

执行一次如上所述的扫描工作过程所需要的时间称为扫描周期，其典型值为 1～100ms。其中，执行用户程序所需的时间与用户程序的长短、指令的种类和 CPU 执行指令的速度有很大的关系。用户程序较长时，用户程序执行时间在扫描周期中占相当大的比例。

三、PLC 的编程语言和编程软件

1. PLC 的编程语言

PLC 的程序有系统程序和用户程序两种。系统程序是由 PLC 制造厂商采用汇编语言设计编写的，固化于 ROM 型系统程序存储器中，用于控制 PLC 本身的运行，用户不能直接读写与更改。用户程序又称为应用程序，是指 PLC 的使用者（用户）根据各种控制要求使用制造厂商提供的编程软件自行编制的程序。由于 PLC 类型较多，各个不同机型对应的编程软件也存在一定的差别，特别是不同生产厂家的 PLC 之间，它们的编程软件不能通用，但是因为 PLC 的发展过程是相同的，所以 PLC 的编程语言基本相似，规律也基本相同。

PLC 有多种程序设计语言，最常用的语言是梯形图和语句表。

（1）梯形图　梯形图是从继电-接触器控制电路图变化过来的，因此梯形图形式上与继电-接触器控制电路图很相似，读图方法和习惯也相同。梯形图是用图形符号在图中的相互关系来表示控制逻辑的编程语言，并且梯形图通过连线，将许多功能强大的 PLC 指令的图形符号连在一起，以表达所调用的 PLC 指令及其前后顺序关系，是目前最常用的一种 PLC 程序设计语言。

尽管 PLC 梯形图是从继电-接触器控制电路图发展而来的，但是二者却存在着本质的差别，如图 4-9 所示。

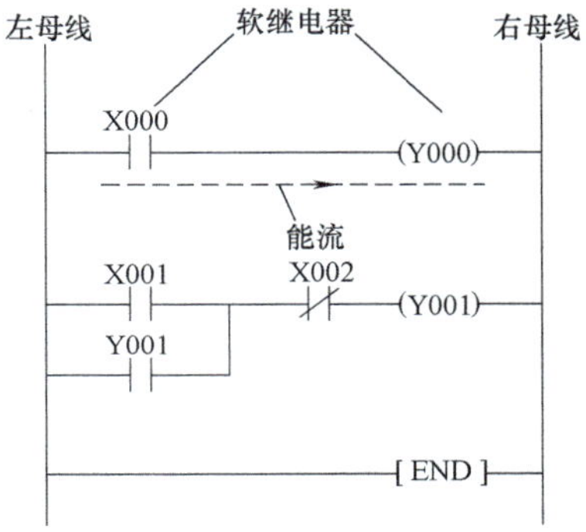

图 4-9　PLC 梯形图

1）PLC 梯形图中的某些元件沿用了继电器这一名称，如输入继电器 X、输出继电器 Y 等，但是这些继电器并不是实际存在的物理继电器，因此常称其为软继电器。每一个软继电器都对应于 PLC 元件映像寄存器的一个具体的存储单元（寄存器位）。如果某个存储单元为“1”状态，则表示梯形图中对应的软继电器的线圈得电；反之，如果某个存储单元为“0”状态，则表示梯形图中对应的软继电器的线圈断电。这样就能根据 PLC 元件映像寄存器的某个存储单元的状态是“1”还是“0”，判断与之对应的那个软继电器的线圈是否得电。

2）PLC 梯形图中仍然保留了常开触点和常闭触点的名称，这些触点的接通或断开仍然取决于其线圈是否得电。在梯形图中，当程序扫描到某个软继电器的触点时，就去检查其线圈是否得电，即通过去检查与之对应的那个存储单元的状态是“1”还是“0”来决定该触点是接通还是断开。如果该触点是常开触点，就取它的原状态；如果该触点是常闭触点，就取它的反状态。例如，如果对应输出继电器 Y0 的存储单元中的状态是“1”（表示线圈得电），当程序扫描到 Y0 的常开触点时，就取它的原状态“1”（表示常开触点接通）；当程序扫描到 Y0 的常闭触点时，就取它的反状态“0”（表示常闭触点断开）。反之亦然。

由于每个软继电器与 PLC 内部的存储单元（寄存器位）相对应，用户可以无限次地读/写存储单元（寄存器位）的内容，所以可以认为PLC 软继电器可供使用的触点数量是无限的，而继电-接触器控制电路中的物理继电器的触点数量是有限的。

3）输入继电器供 PLC 接收外部输入信号，而不是由内部其他软继电器的触点驱动。因此，梯形图中只出现输入继电器的触点，而不能出现输入继电器的线圈。输入继电器的触点表示相应的输入信号。

4）在继电-接触器控制电路图中，左、右两侧的母线（Bus bar）为电源线，在电源线之间的各个支路（或梯级）上都加有电压，当某些支路满足接通条件时，就会有电流流过触点和线圈。而 PLC 梯形图两侧的垂直公共线为逻辑母线，每一个支路都从逻辑母线开始，到线圈或其他输出功能结束。PLC 梯形图的逻辑母线上是不加什么电源的，软继电器和连线之间也并不存在电流，但它确实在传递信息。在分析 PLC 梯形图中的逻辑关系时，为了借用继电-接触器控制电路图的分析方法，可以想象左右两侧的逻辑母线是左正右负的两条直流电源线，也常称为左母线和右母线。这样当触点接通而导致某一线圈“得电”时，便有一个假想的“概念电流”或“能流”（Power Flow）从左向右流动，这一方向与执行用户程序时的逻辑运算的顺序是一致的。引用“概念电流”或“能流”，可以帮助我们更好地理解和分析 PLC 梯形图。

5）PLC 梯形图中的各种软继电器触点的串并联连接，实质上是将对应这些软继电器的存储单元的状态依次取出来，进行“逻辑与”和“逻辑或”等逻辑运算。触点的串联可实现“与”运算，触点的并联可实现“或”运算，用常闭触点控制线圈可实现“非”运算，如图 4-10 所示。图中的 X0、X1 为输入逻辑变量，Y0 为输出逻辑变量，它们之间的“与”、“或”、“非”逻辑运算关系见表 4-1。多个触点的串、并联电路可以实现复杂的逻辑运算。

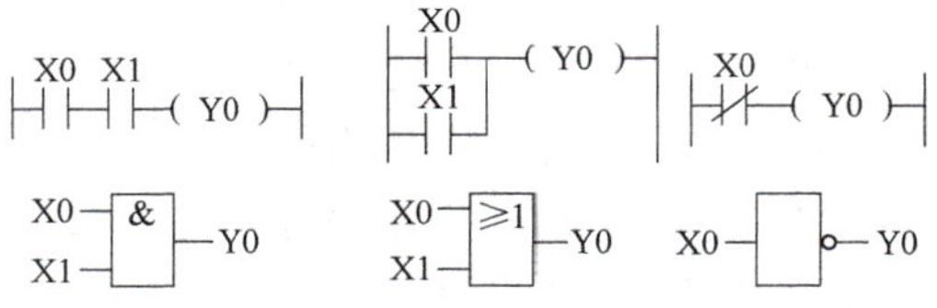

a) 逻辑与　b) 逻辑或　c) 逻辑非

图 4-10　基本逻辑运算

表 4-1　基本逻辑运算关系

与			或			非		
Y0 = X0X1			Y0 = X0 + X1			Y0 = $\overline{X0}$		
X0	X1	Y0	X0	X1	Y0	X0	Y0	
0	0	0	0	0	0	0	1	
0	1	0	0	1	1	1	0	
1	0	0	1	0	1			
1	1	1	1	1	1			

6）根据 PLC 梯形图中各触点的状态和逻辑关系，求出与图中各线圈对应的元件的状态，称为梯形图的逻辑运算。在每一个梯级中，逻辑运算是按照从左至右的方向执行的，与“能流”的方向一致。而各梯级的逻辑运算是按照从上到下的顺序执行的，前一梯级的逻辑运算结果马上可以被后面的逻辑运算所利用。按从上到下、从左至右的顺序执行完所有的梯级后，再返回最上面的梯级重新执行，如此循环下去。逻辑运算时输入继电器的触点的状态是根据输入映像寄存器中的值，而不是根据运算瞬时外部输入触点的状态来进行的。

7）在继电-接触器控制电路中，各个并联电路是同时加电压且并行工作的，由于实际元件动作的机械惯性可能会发生触点竞争现象。在 PLC 梯形图中，由于逻辑运算是按照从上到下、从左至右的顺序依次执行的，或者说是按串行方式工作的，因此不会发生触点竞争现象。

小提示　绘制 PLC 梯形图的原则

1）梯形图应该按照从左到右、从上到下的顺序画。

2）左母线只能直接接各类继电器的触点，继电器线圈不能直接接左母线。

3）右母线只能直接接各类继电器的线圈（不含输入继电器线圈），继电器的触点不能直接接右母线。

4）梯形图中触点可以任意串联或并联，而线圈可以并联但不可以串联。

5）一般情况下，同一编号的线圈在梯形图中只能出现一次，而同一编号的触点在梯形图中可以重复出现。

6）程序结束后应有结束指令。如图 4-9 中，END 就是结束指令。

（2）语句表　语句表编程语言类似于计算机的汇编语言，但是比汇编语言通俗易懂，也是 PLC 最基础的编程语言。指令是语句令表编程语言的基本单元，每个控制功能由一个或多个指令组成的程序来执行，指令规定 PLC 中 CPU 如何动作。PLC 的指令有基本指令和功能指令之分。通常每条指令由地址、操作码和操作数三部分组成，一般与梯形图语言配合使用，互为补充。对同样功能的指令，不同厂家的 PLC 使用的助记符一般不同。语句表和梯形图之间存在唯一对应关系，与图 4-9 所示梯形图对应的语句表见表 4-2。语句表比较适合熟悉 PLC 和经验丰富的程序员使用。

表 4-2　语句表

语句	说　明
LD　　X0	常开触点 X0 与左母线连接
OUT　　Y0	输出到软继电器 Y0
LD　　X1	常开触点 X1 与左母线连接
OR　　Y1	常开触点 Y1 与常开触点 X1 并联
ANI　　X2	串联一个常闭触点 X2
OUT　　Y1	输出到软继电器 Y1
END	程序结束

2. PLC 的编程软件

三菱编程软件 GX-Developer Ver. 8 是三菱公司设计的 Windows 环境下使用的 PLC 编程软件，它能够完成 FX 系列、Q 系列、QnA 系列、A 系列（包括运动 CPU）PLC 梯形图、语句表、功能块图（SFC）等的编程，支持当前所有三菱系列 PLC 的软件编程。

（1）编程软件 GX-Developer 的主要功能　GX-Developer 的功能十分强大，集成了项目管理、程序键入、编译链接、模拟仿真和程序调试等功能，其主要功能如下：

1）在 GX-Developer 中，可通过电路符号、列表语言及 SFC 符号来创建 PLC 程序，建立注释数据及设置寄存器数据。

2）创建 PLC 程序以及将其存储为文件，用打印机打印。

3）该程序可在串行系统中与 PLC 进行通信、文件传送、操作监控以及各种测试功能。

4）该程序可脱离 PLC 进行仿真调试。

（2）编程软件的编程界面　三菱编程软件 GX-Developer Ver. 8 的编程界面如图 4-11 所示。

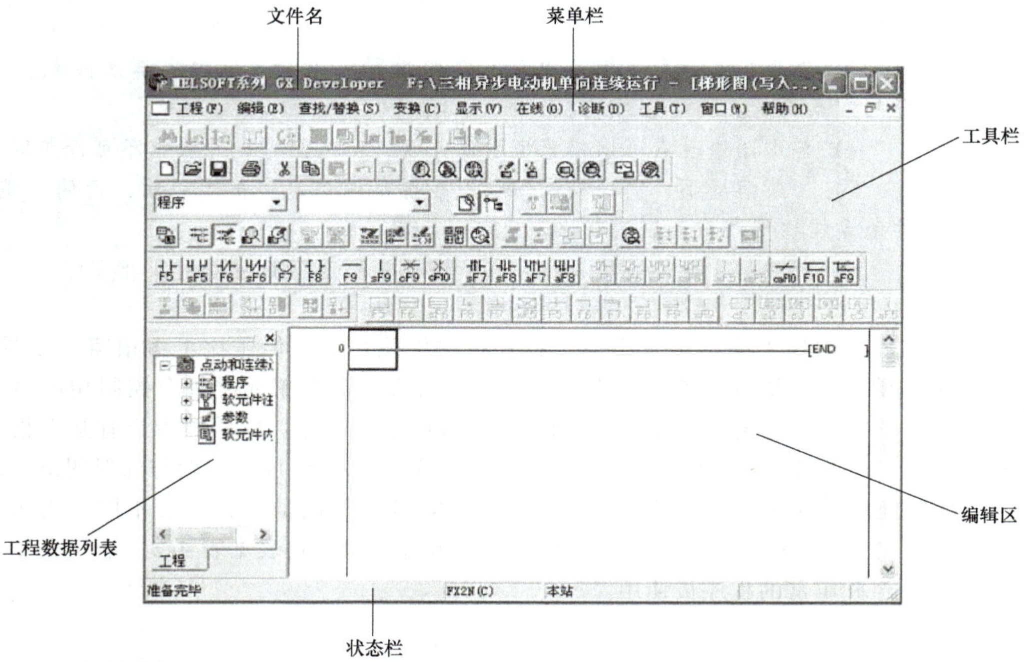

图 4-11　三菱编程软件 GX-Developer Ver. 8 的编程界面

编程界面包括文件名、菜单栏、工具栏、工程数据列表、编辑区和状态栏。

1）文件名。创建新工程后，会显示该新工程的文件名。

2）菜单栏。菜单栏中包含“工程”“编辑”“查找/替换”“变换”“显示”“在线”“诊断”“工具”“窗口”“帮助”10 个菜单。用鼠标单击某菜单项，弹出该菜单项的下拉菜单条，如“工程”菜单项包含新建工程、打开工程、保存工程、打印、页面设置等菜单，“编辑”菜单项包含剪切、复制、粘贴、行插入、行删除等菜单，这两个菜单项的主要功能是管理、编辑程序文件。菜单栏中的其他项目，如“在线”菜单项主要进行程序的下载、上传、调试和监控程序。

3）工具栏。工具栏提供简便的鼠标操作，将最常用的编程操作以按钮形式设定到工具栏上。可以利用菜单栏中的“显示”菜单选项来显示或隐藏工具栏。工具栏中涉及的各种功能在菜单栏中都能找到。

4）工程数据列表。工程数据列表主要包括显示程序、编程元件的注释、参数和编程元件内存等内容，可实现这些项目的数据设定、管理、修改等功能。

5）编辑区。编辑区用来显示编程操作的工作对象。可以使用梯形图和指令表的方式进行程序的编辑工作。使用“显示”菜单栏中“列表显示”和“梯形图显示”菜单条，可以实现梯形图程序与指令表程序的转换。也可利用工具栏中的“梯形图/指令表显示切换”按

钮 实现梯形图程序与指令表的转换。

6）状态栏。编辑区下部是状态栏，用于表示编程 PLC 类型（如 FX_{2N}）、软件的应用状态（如写入状态）和所处的程序步数（如 10/2000 表示现在程序是 10 步，程序总长可达 2000 步）等。

四、PLC 的基本指令

所谓基本指令，是指最初为取代传统的继电-接触器控制系统所需要的那些指令，是使用频率最高的指令。FX_{2N}系列 PLC 的基本指令共有 27 条（参见本书附录 B），包括标准触点指令（LD、LDI、OR、ORI、AND、ANI）、块指令（ORB、ANB）、脉冲检测指令（LDP、LDF、ANDP、ANDF、ORP、ORF）、输出指令（OUT）、结束指令（END）、置位和复位指令（SET、RST）、主控和主控复位指令（MC、MCR）、栈操作指令（MPS、MRD、MPP）、脉冲输出指令（PLS、PLF）、非指令（INV）以及空操作指令（NOP）。

1. LD、LDI、OR、ORI、AND、ANI、OUT、END 指令

（1）指令的功能及操作数（见表 4-3）

表 4-3 LD、LDI、AND、ANI、OR、ORI、OUT、END 指令的功能及操作数

指令名称	功　　能	操作数
取指令 LD	与左母线相连一个常开触点	X、Y、M、S、T、C
取反指令 LDI	与左母线相连一个常闭触点	X、Y、M、S、T、C
与指令 AND	串联一个常开触点	X、Y、M、S、T、C
与非指令 ANI	串联一个常闭触点	X、Y、M、S、T、C
或指令 OR	并联一个常开触点	X、Y、M、S、T、C
或非指令 ORI	并联一个常闭触点	X、Y、M、S、T、C
输出指令 OUT	驱动线圈的输出	Y、M、S、T、C
结束指令 END	程序结束指令，表示程序结束，返回起始地址	无

（2）编程实例（见表 4-4）

表 4-4 LD、LDI、OR、ORI、AND、ANI、OUT、END 指令编程实例

梯形图	语句表	时序图
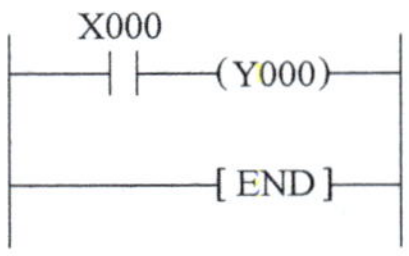	LD　X000 OUT　Y000 END	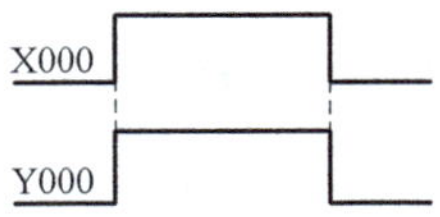
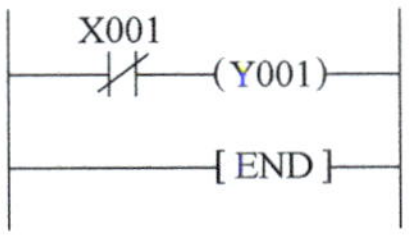	LDI　X001 OUT　Y001 END	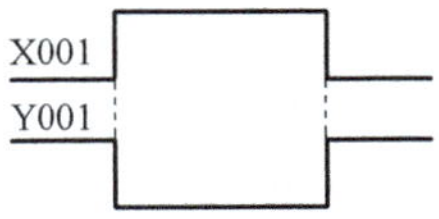

（续）

梯形图	语句表	时序图
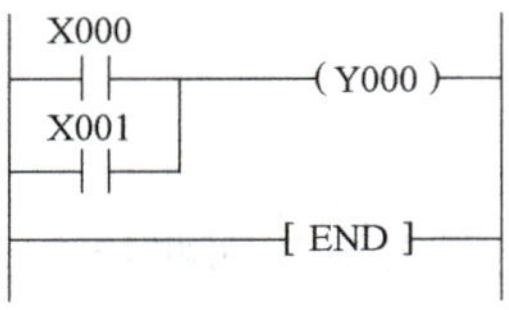	LD X000 OR X001 OUT Y000 END	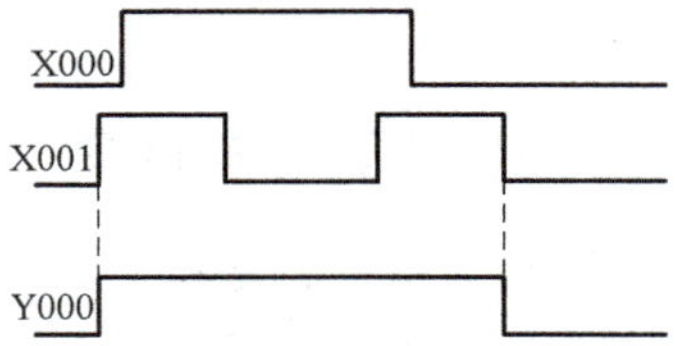
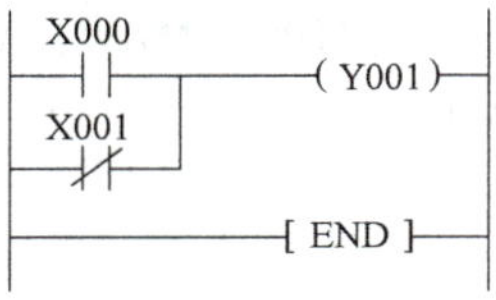	LD X000 ORI X001 OUT Y001 END	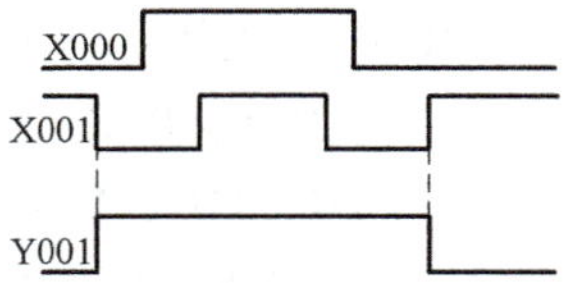
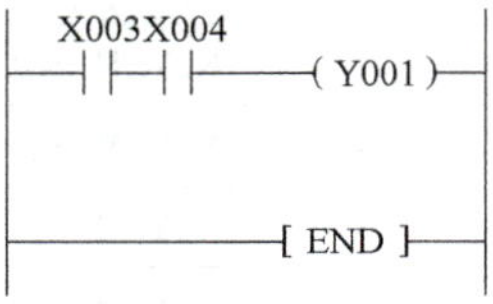	LD X003 AND X004 OUT Y001 END	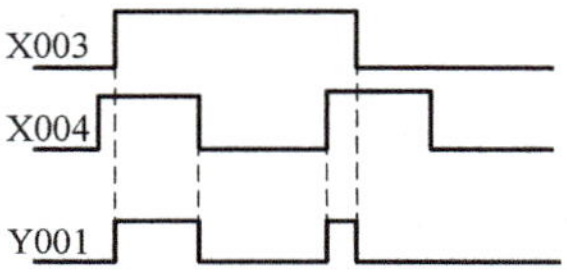
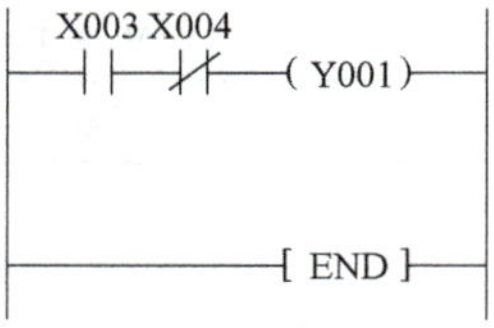	LD X003 ANI X004 OUT Y001 END	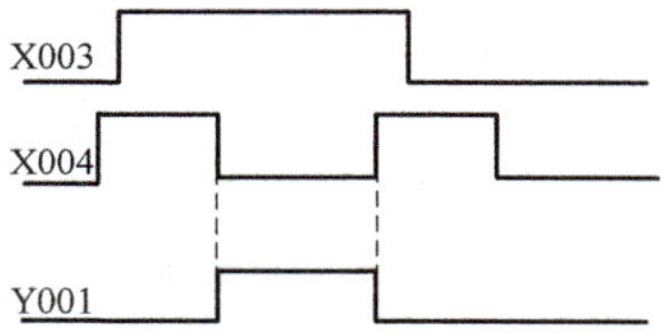

小提示

时序图是编写和分析控制程序的基本方法之一。时序图就是在某一个时间应该进行某一个控制动作的图形。在画时序图时，我们规定只画各元件的常开触点的状态。如果常开触点是闭合状态，用“1”表示（即高电平），常开触点是断开状态，用“0”表示（即低电平）。假如梯形图中只有某元件的线圈或常闭触点，则在时序图中仍然只画常开触点的状态。因为同一个元件的线圈和触点的状态是互相关联的。例如某元件线圈得电时，该元件的常开触点是闭合的，常闭触点是断开的。

（3）指令功能的说明

1）LD、LDI 分别是取常开和常闭触点，LD 指令是将常开触点接到左母线上，LDI 是将常闭触点接到左母线上，都是将指定操作元件中的内容取出并送入寄存器。在分支电路的起点处，LD、LDI 可与 ANB、ORB 指令组合使用。

2）OR、ORI 指令是从当前步开始，将一个触点与前面的 LD、LDI 指令步进行并联连接。也就是说，从当前步开始，将常开触点或常闭触点接到左母线。OR 用于常开触点的并联，ORI 则用于常闭触点的并联；都是把指定操作元件中的内容和原来保存在寄存器里的内容进行逻辑“或”，并将这一逻辑运算的结果存入寄存器。对于两个或两个以上触点的并联连接，将用到后面任务介绍的 ORB 指令。

3）AND、ANI 指令可进行 1 个触点的串联连接。串联触点的数量不受限制，可多次使用。

4）OUT 指令是对输出继电器、辅助继电器、状态继电器、定时器、计数器等线圈的驱动指令，但不能用于输入继电器。这些线圈均接于右母线。另外，OUT 指令还可对并联线圈做多次驱动。但是，如果在 OUT 指令之后，再通过触点对其他线圈使用 OUT 指令，则称为纵接输出。如图 4-12 所示，X001 的常开触点与 M1 的线圈串联后，与 Y000 线圈并联，就是纵接输出。这种情况下，X001 仍可以使用 AND 指令，并可多次重复使用，如图 4-13 所示。

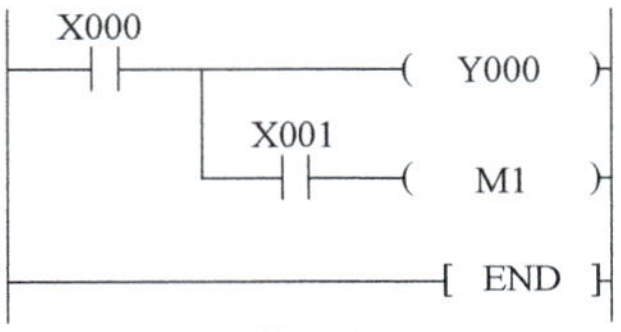

a) 梯形图

```
LD   X000
OUT  Y000
AND  X001
OUT  M1
END
```

b) 语句表

图 4-12　纵接输出中 AND 指令的使用

>> **注意**　图 4-14 所示的梯形图，不能使用 AND 指令。

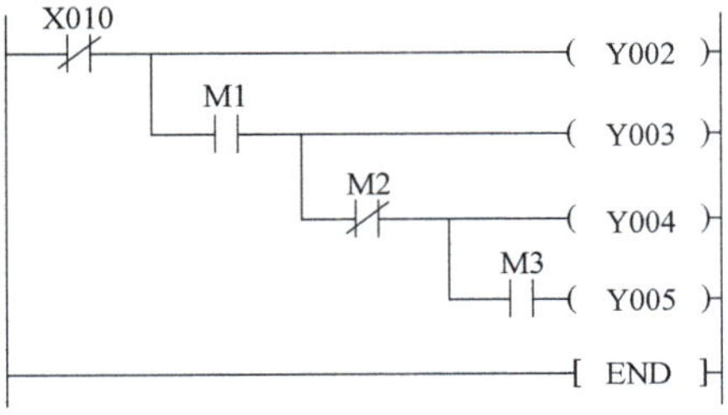

a) 梯形图

```
LDI  X010
OUT  Y002
AND  M1
OUT  Y003
ANI  M2
OUT  Y004
AND  M3
OUT  Y005
END
```

b) 语句表

图 4-13　纵接输出中 AND、ANI 指令的使用

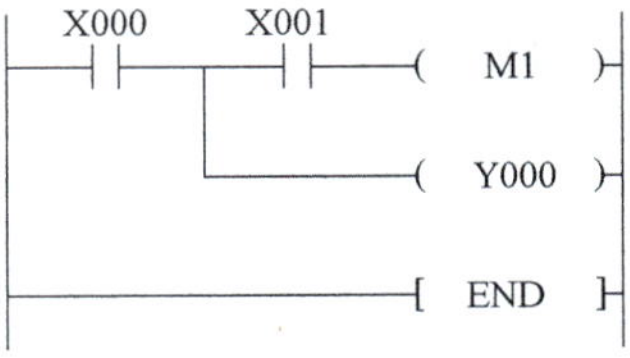

图 4-14　不属于纵接输出的梯形图

2. SET、RST 指令

（1）指令的功能及操作数　当有些线圈在运算过程中要一直保持置位时，要用到置位指令 SET 和复位指令 RST，其指令的功能及操作数见表 4-5。

表 4-5　置位与复位指令的功能及操作数

指令名称	功能	操作数
置位指令 SET	保持动作	Y、M、S
复位指令 RST	清除动作保持，寄存器清零	Y、M、S、C、D、V、Z

（2）编程实例（见表4-6）

表4-6　置位与复位指令编程实例

梯形图	指令表	时序图
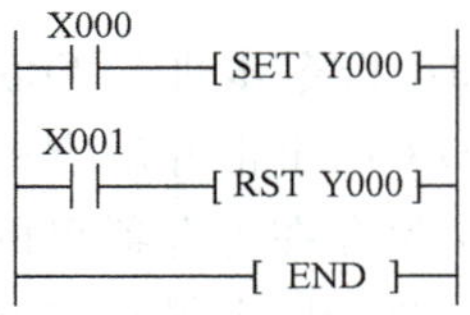	LD X000 SET Y000 LD X001 RST Y000 END	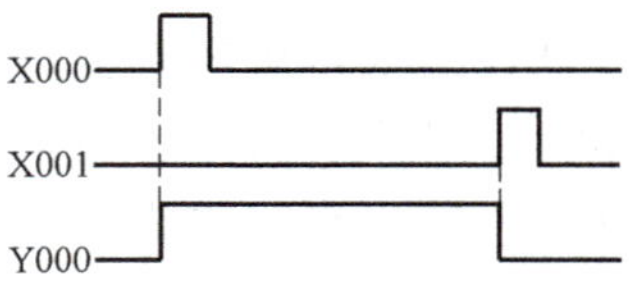

（3）指令功能的说明

1）当控制触点接通时，SET 使作用的元件置位，RST 使作用的元件复位。

2）对同一软元件，可以多次使用 SET、RST 指令，使用顺序也可随意。但最后执行的指令有效。

3）对计数器 C、数据寄存器 D 和变址寄存器 V、Z 的寄存内容清零，可以用 RST 指令。对积算定时器的当前值或触点复位，也可用 RST 指令。

五、PLC 的安装与使用

1. PLC 的安装环境及安装方式

为保证 PLC 工作的可靠性，尽可能地延长其使用寿命，在安装时一定要注意周围的环境，其安装场合应该满足以下几点：

1）环境温度在 0 ~55℃ 范围内。

2）环境相对湿度应在 35% ~85% 范围内。

3）周围无易燃和腐蚀性气体。

4）周围无过量的灰尘和金属微粒。

5）避免过度的振动和冲击。

6）不能受太阳光的直接照射或水的溅射。

>> **注意**

1）PLC 的所有单元必须在断电时安装和拆卸。

2）为防止静电对 PLC 组件的影响，在接触 PLC 前，先用手接触某一接地的金属物体，以释放人体所带静电。

3）注意 PLC 机体周围的通风和散热条件，切勿将导线头、铁屑等杂物通过通风窗落入机体内。

PLC 的安装固定常有两种方式：一是直接利用机箱上的安装孔，用螺钉将机箱固定在控制柜的背板或面板上；其二是利用 DIN 导轨安装，这需先将 DIN 导轨固定好，再将 PLC 卡上 DIN 导轨。

2. PLC 的接线

PLC 的接线包括输入元件的接线、输出元件的接线以及用电电源的接线等。

输入元件是 PLC 控制系统的信号输入部分，主要有按钮、开关及各种传感器等，用于发送控制指令。PLC 输出接口电路带负载的能力是有限的，它是通过执行装置，如继电器、接触器、气动与液动执行装置用电磁阀等来带动生产机械工作的，这些执行装置就是 PLC

的输出元件。PLC 常用输入、输出元件实物图如图 4-15 所示。

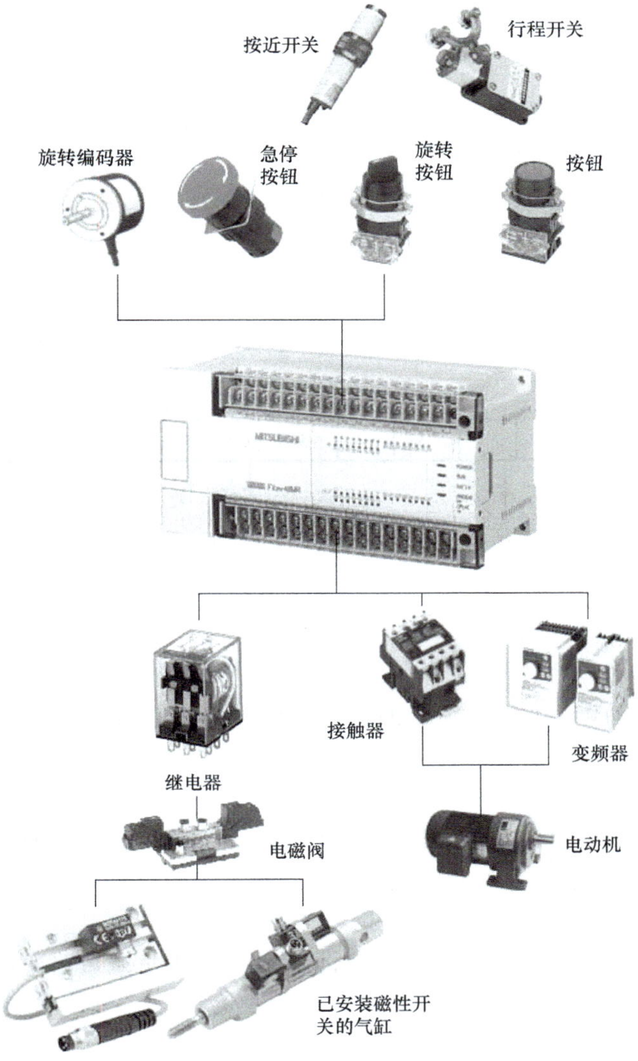

图 4-15　PLC 常用输入、输出元件实物图

（1）输入元件的接线　FX_{2N}系列 PLC 的输入回路采用直流输入，且在 PLC 内部，无源开关类输入不用单独提供电源。接近开关指本身需要电源驱动，输出有一定电压和电流的开关量传感器。PLC 输入元件的接线原理图如图 4-16 所示。

（2）输出元件的接线　PLC 有三类输出接口：继电器输出、晶体管输出、晶闸管输出。晶闸管输出只可接交流负载，晶体管输出只可接直流负载，继电器输出既可接交流负载也可接直流负载。继电器输出型 PLC 输出元件的接线原理图如图 4-17 所示。

输入元件和输出元件接线时要注意：

1）输入元件导线尽可能远离输出元件导线、高压线及电动机等干扰源。

2）不能将输入元件和输出元件接到带“.”的端子上。

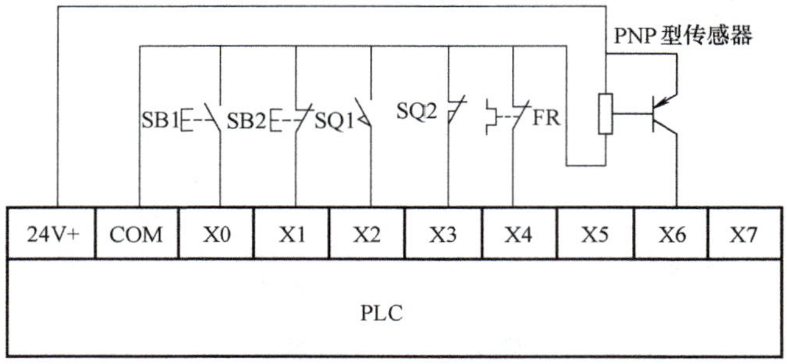

图 4-16　PLC 输入元件的接线原理图

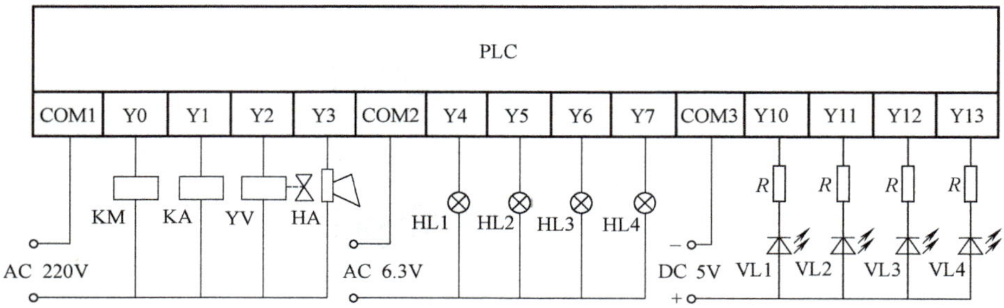

图 4-17　继电器输出型 PLC 输出元件的接线原理图

3）PLC 的各“COM”端均为独立的，当各负载使用不同电压时，可采用独立输出方式；而各个负载使用相同电压时，可采用公共输出方式，这时应使用型号为 AFP1803 的短路片将它们的“COM”端短接起来。

4）若输出端接感性负载，需根据负载的不同情况接入相应的保护电路。在交流感性负载两端并接 *RC* 串联电路；在直流感性负载两端并接二极管保护电路；在带低电流负载的输出端并接一个泄放电阻以避免漏电流的干扰。

5）在 PLC 内部输出接口电路中没有熔断器，为防止因负载短路而造成输出短路，应在外部输出电路中安装熔断器。

（3）电源接线　PLC 的电源接在图 4-18 所示的 L 端子和 N 端子之间，接线时要注意：

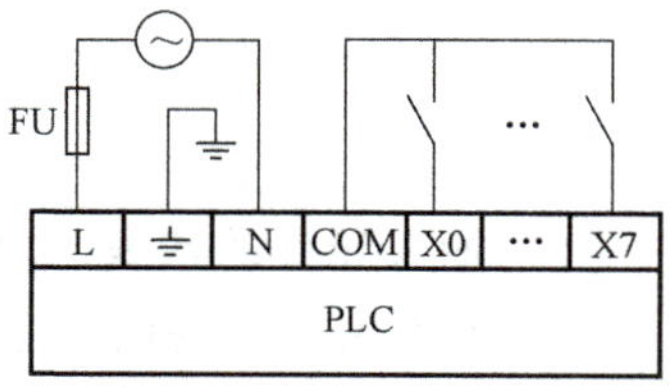

图 4-18　PLC 的电源接线

1）电源电压不能超过电压的允许范围 AC 85～264V。

2）为避免发生无法补救的重大事故，应有急停电路。

3）为防止发生短路故障，应选用 250V、1A 的熔断器。

4）为防止电源电压波动过大或过强的噪声干扰引起整个控制系统瘫痪，可采取隔离变压器等有效措施。

5）不能将外部电源线接到内部提供 24V 直流电源的端子上。

6）PLC 的接地线应为专用接地线，进行单独接地。

任务实施

实施本任务所使用的工具、仪表及器材可参考表 4-7。

表 4-7　工具、仪表及器材

类别	序号	名称	型号与规格	单位	数量	备注
工具	1	电工常用工具	测电笔、螺钉旋具、尖嘴钳、斜口钳、剥线钳、电工刀等	套	1	
仪表	2	万用表	MF47	块	1	
	3	兆欧表	500V,0～200MΩ	只	1	
	4	钳形电流表	0～50A	只	1	
器材	5	编程计算机	装有编程软件 GX-Developer Ver. 8	台	1	
	6	通信电缆	FX-422CAB-150 型 RS-422 缆线	条	1	
	7	可编程序控制器	FX_{2N}-48MR	台	1	
	8	导轨	C45	m	0.3	
	9	空气断路器	Multi9 C65N D20	只	1	三极
	10	空气断路器	Multi9 C65N D20	只	2	单极
	11	熔断器 FU1	RL1—60/25,380V,60A,配熔体 25A	只	3	
	12	熔断器 FU2	RL1—15/2,380V,15A,配熔体 2A	只	1	
	13	接触器 KM	CJT1—20,20A,线圈电压 220V	只	1	
	14	热继电器 FR	JR36—20,热元件额定电流 11A	只	1	
	15	按钮 SB	LA4—2H	只	1	
	16	接线端子排 XT	D—20	20	1	
	17	控制盘	600mm×900mm	块	1	
	18	电动机 M	Y112M—4,4kW,380V,8.8A,△联结	台	1	

一、分析控制要求，分配 PLC 输入点和输出点

图 4-1 所示电动机控制电路中，操作人员通过按钮 SB1 发出电动机起动的命令，由接触器 KM 控制电动机起动；通过按钮 SB2 发出电动机停止的命令，由接触器 KM 控制电动机停止工作。采用 PLC 控制电动机工作时，由于 PLC 的输出点带负载的能力受限制，电动机不可能直接接在 PLC 的输出点上，所以是通过 PLC 控制接触器，进而控制电动机。电动机的具体工作过程是：当操作人员按下起动或停止按钮时，将要求电动机起动或停止的信号送到 PLC 的输入端子，通过控制程序，由 PLC 控制接在 PLC 输出端子上的接触器线圈得电或失电，使接触器主触点闭合或断开，电动机起动或停止工作。起动按钮和停止按钮分别接一个输入点。当电动机单向运行时，由一个接触器控制，占用 PLC 的一个输出点。输入/输出地址表见表 4-8。

表 4-8　输入/输出地址表

输入			输出		
元件代号	作用	输入继电器	元件代号	作用	输出继电器
SB1	起动	X000	KM	正转控制	Y000
SB2	停止	X001			

二、绘制并安装 PLC 控制电路

根据输入/输出地址表绘制三相异步电动机单向连续运转 PLC 控制电路图，原理图如图 4-19a 所示，图 4-19b 为接线图，图 4-19c 为板前线槽配线实物图。

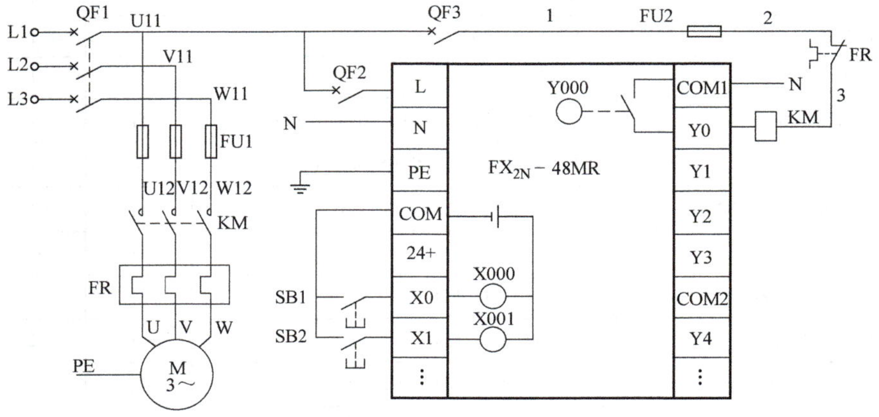

a) 原理图

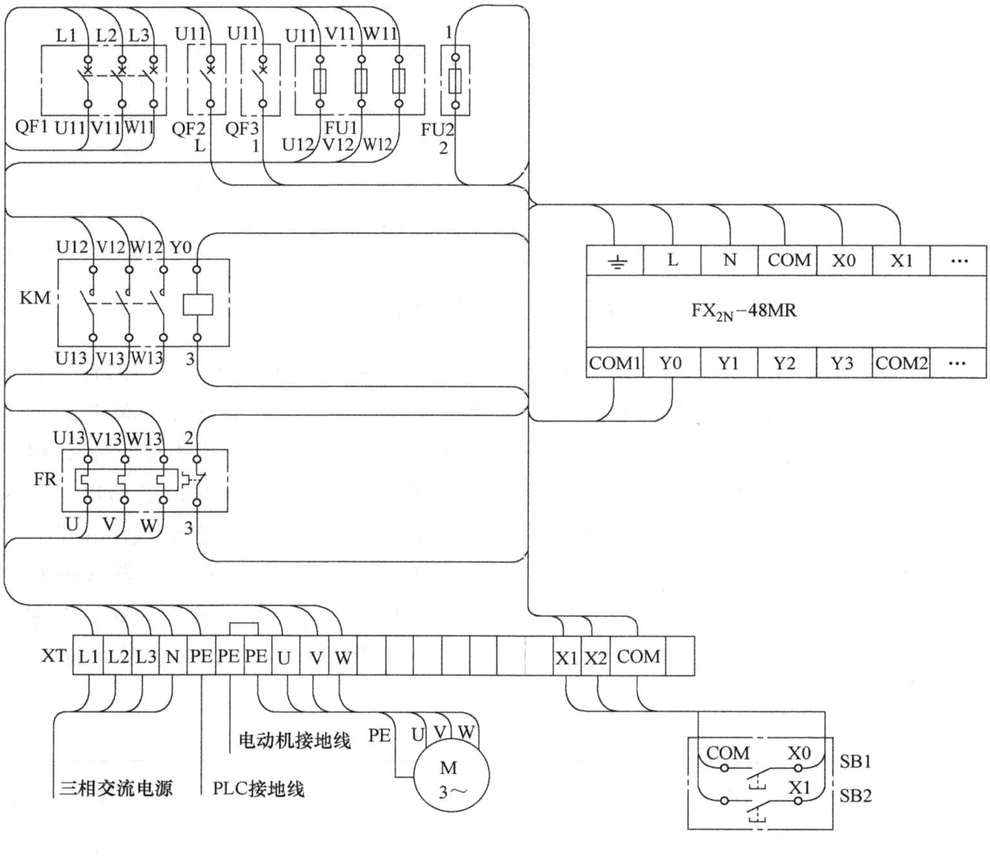

b) 接线图

图 4-19 三相异步电动机单向连续运转 PLC 控制电路

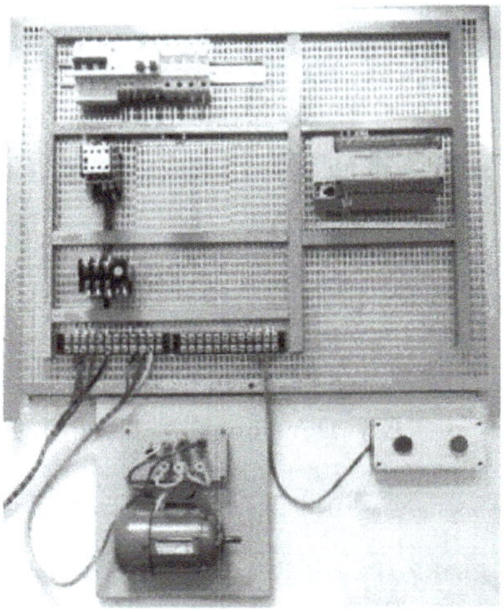

c) 板前线槽配线实物图

图 4-19　三相异步电动机单向连续运转 PLC 控制电路（续）

安装 PLC 控制电路时，接触器 KM 线圈暂时先不接到 PLC 输出端 Y0，待模拟调试通过后再连接。安装步骤如下：

1. 配齐并检查元器件

1）根据电路图和电动机的规格，选配元器件。

> **注意**　由于 FX_{2N}-48MR 型 PLC（继电器输出型）输出端子允许的额定电压为 AC 250V。因此，需要将图 4-1 中接触器 KM 线圈的额定电压由 AC 380V 改为 AC 220V，以适应 PLC 输出端子的电压要求。

2）检查各元器件的外观是否完整无损，并用仪表检查各元器件和电动机的质量。

2. 布置、固定元器件

在控制板上安装走线槽和所有电器元件，并贴上醒目的文字符号。安装走线槽时，应做到横平竖直、排列整齐匀称、安装牢固和便于走线等。

3. 布线

按照图 4-19b 所示接线图，进行板前线槽配线，并在导线端部套编码管和冷压接线头。其中，PLC 输入接线和电源接线工艺如下：

（1）输入接线　根据接线图，先将起动按钮 SB1（常开触点）的一个接线端和停止按钮 SB2（常开触点）的一个接线端连接在一起，经端子排 XT 接 PLC 的输入公共端 COM，然后分别将起动按钮 SB1 和停止按钮 SB2 的另外一个接线端经端子排 XT 接 PLC 的输入端 X0、X1，再对照接线图仔细检查输入接线的正确性。

（2）电源接线　根据接线图，先将 PLC 的接地端⏚经端子排 XT 单独接地，然后将 PLC 的端子 N 经端子排 XT 接电源的 N 线，再将 PLC 的端子 L 经低压断路器 QF2、QF1、端子排 XT 接电源的 L1 线，最后对照接线图仔细检查电源接线的正确性。

注意　1）所有元器件的安装和接线都必须在断电情况下进行。

2）PLC 的接地端⏚必须采用单独的接地装置接地，且接地线应尽量短而粗。

4. 自检

对照接线图检查接线是否无误，再使用万用表检测电路的通断情况是否正确。

三、设计梯形图程序

1. 启动编程软件

双击桌面如图 4-20 所示编程软件 GX Developer 的快捷方式图标或单击“开始”→“程序”→“MELSOFT 应用程序”→“GX-Developer”，即可启动编程软件，如图 4-21 所示。

图 4-20　编程软件 GX Developer 的快捷方式图标

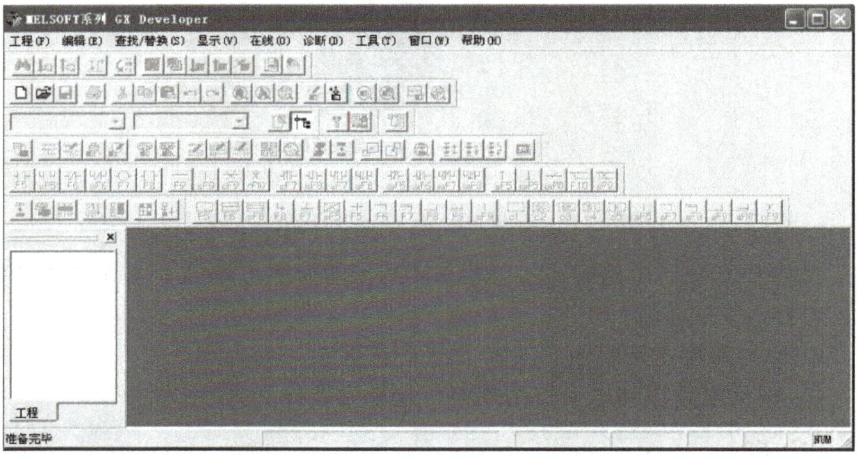

图 4-21　打开编程软件画面

2. 创建新工程

单击图标□或单击“工程（F）”→“创建新工程（N）”，即出现图 4-22 所示的对话框，要求选择“PLC 系列”、“PLC 类型”以及“程序类型”，对话框中“程序类型”默认为“梯形图”。勾选“设置工程名”，在“工程名”文本框中输入工程名，选择工程保存路径，单击“确定”，新工程创建完毕。

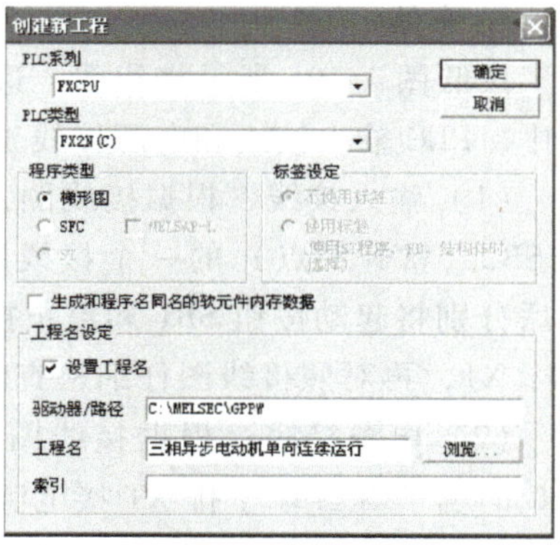

图 4-22　选择 PLC 系列和 PLC 类型

3. 编写并输入梯形图

（1）编写梯形图程序　编程思路如下：

由图 4-19a 可看到，按下 SB1，输入继电器 X000 线圈得电，X000 常开触点闭合，则在梯形图中通过 X000 常开触点驱动 Y000 线圈得电，Y000 常开触点闭合，PLC 的 Y0 输出端子有信号输出，PLC 驱动接触器 KM 的线圈得电，KM 主触点闭合，电动机接通电源起动运行，其梯形图如图 4-23a 所示。

松开按钮 SB1 电动机会停止运行。这是因为：松开

SB1 输入继电器 X000 线圈失电，X000 常开触点断开，Y000 线圈失电，Y0 输出端子没有信号输出，KM 的线圈失电，KM 主触点断开，电动机断开电源停止运行。这是点动控制运行方式，为了能够连续运行，程序中同样要加自锁环节，其梯形图如图 4-23b 所示。

按下 SB2，输入继电器 X001 线圈得电，X001 常闭触点断开，程序中利用 X001 常闭触点，使 Y000 线圈失电，Y000 常开触点断开，PLC 的 Y0 输出端子将没有信号输出，KM 的线圈失电，KM 主触点断开，则电动机停止运行，其梯形图如图 4-23c 所示，此即为三相异步电动机单向连续运转 PLC 控制梯形图程序。此梯形图具有起动—保持—停止功能，常简称为“起保停”程序。

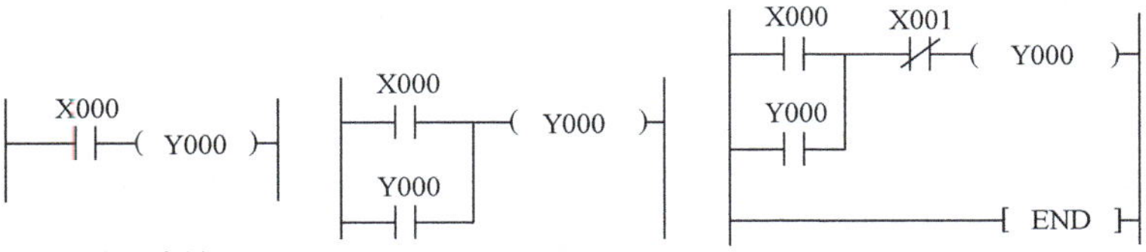

a) 点动控制　b) 添加自锁环节　c) 添加停止功能

图 4-23　三相异步电动机单向连续运转 PLC 控制编程思路

也可以使用置位和复位指令设计三相异步电动机单向连续运转 PLC 控制梯形图程序，编程思路如下：

图 4-19a 中，按下起动按钮 SB1，输入继电器 X000 线圈得电，X000 常开触点闭合，则在梯形图中通过 X000 常开触点的闭合和执行置位指令驱动 Y000 线圈得电，Y000 常开触点闭合，PLC 的 Y0 输出端子有信号输出，PLC 驱动接触器 KM 线圈得电，KM 主触点闭合，电动机 M 接通电源起动运行，其梯形图如图 4-24a 所示。

松开起动按钮 SB1，电动机 M 不会停止运行，这是因为置位指令有记忆功能，即自保持功能。

由于停止按钮 SB2 使用的是常开形式，未按下停止按钮 SB2 时，输入继电器 X001 线圈不得电，X001 常开触点是断开的；而按下停止按钮 SB2 时，输入继电器 X001 线圈得电，X001 常开触点闭合，所以程序中可以利用 X001 常开触点闭合和执行复位指令使 Y000 线圈失电，完成停止功能，如图 4-24b 所示。

比较图 4-23c 和图 4-24b 可以发现，使用 SET、RST 指令设计的起保停控制程序不需要自锁环节，原因在于 SET 指令本身就具有保持功能。图 4-23c 和图 4-24b 所示的起保停控制程序都是经典的梯形图程序，将在各种控制过程中作为基本控制环节反复使用。

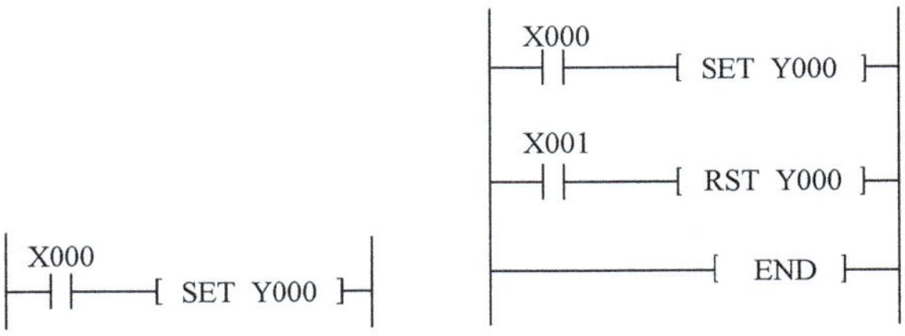

a) 起动、保持程序　b) 添加停止功能程序

图 4-24　使用置位和复位指令编程思路

（2）输入梯形图程序　输入梯形图有三种方法：一是利用工具条（见图 4-25）中的按钮输入；二是利用快捷键输入；三是直接利用键盘输入。

图 4-25　编程工具条

1）利用工具条中的按钮输入。鼠标单击常开触点按钮，则出现一个如图 4-26 所示的对话框，在对话框中的光标处输入 X0，单击“确定”按钮则输入常开触点 X000。用同样的方法，可以输入其他的常开、常闭触点和输出线圈等。

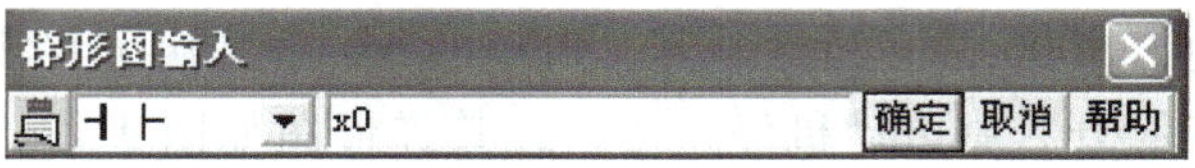

图 4-26　利用工具条中的按钮输入

2）利用快捷键输入。直接敲击键盘上的快捷键 F5，也可以出现一个如图 4-26 所示的对话框。在对话框中的光标处输入 X0，单击“确定”按钮则输入常开触点 X000。用同样的方法，可以输入其他的常开、常闭触点和输出线圈等。

3）直接从键盘输入。如果键盘使用熟练，不用单击工具栏中的按钮，也不用快捷键输入，直接从键盘输入则更方便，效率更高。首先使光标（蓝色矩形框）处于程序编辑区的第一行的首端，在键盘上直接输入 ld x0，同样出现一个对话框，如图 4-27 所示，再单击回车键（Enter），则常开触点 X000 输入。同样方法可以接着输入其他的常开、常闭触点和输出线圈等。

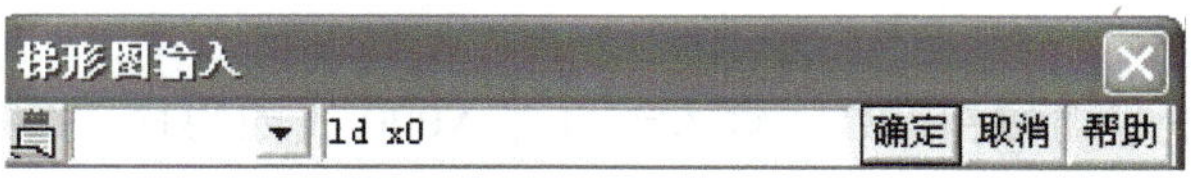

图 4-27　直接从键盘输入

直接从键盘输入时，可以不管程序中各触点的连接关系，常开触点用 LD，常闭触点用 LDI，线圈用 OUT，功能指令直接输入助记符和操作数，但要注意助记符和操作数之间用空格隔开。对于出现分支、自锁等关系的可以直接用竖线补上。

操作提示

输入梯形图时，常需要对梯形图进行插入、删除等操作。

1）触点的修改、添加和删除。

修改：光标移到需要修改的触点上，直接从键盘输入新的触点，单击回车键，则新的触点覆盖原来的触点。也可以把光标移到需要修改的触点上，再双击，则出现一个对话框（见图 4-28），在对话框中选择输入新的触点的符号，单击回车键即可。线圈的修改方法同触点的修改。

图 4-28　修改触点

添加：光标移到需要添加触点的位置上，直接输入新的触点，单击回车键。

删除：光标移到需要删除的触点上，再按键盘的“Delete”键，即可删除，再单击直线按钮，单击回车键，用直线覆盖原来的触点。

操作提示

2）行插入和行删除。在进行程序编辑时，通常要插入或删除一行或几行程序。

行插入：先将光标移到要插入行的地方，单击“编辑（E）”，弹出下拉菜单，再单击“行插入（N）”，则在光标处出现一个空行，就可以输入一行程序；用同样的方法，可以继续插入行。

行删除：先将光标移到要删除行的地方，单击“编辑（E）”，弹出下拉菜单，再单击“行删除（E）”，就删除了一行；用同样的方法可以继续删除。注意：“END”是不能删除的。

4. 变换程序

程序通过编辑以后，编辑区界面的底色是灰色的，要通过变换变成白色才能写入 PLC 或进行仿真运行。变换方法有：单击工具条中的按钮；或者直接单击功能键“F4”；或者单击菜单条中的“变换（C）”，弹出下拉菜单，选择“变换（C）”。

5. 保存程序

执行“工程”→“保存工程”菜单操作，或者直接单击工具条中的保存按钮，即可保存所输入的程序。

四、PLC 程序仿真运行

在没有 PLC 实物的情况下仿真运行程序，可以检查所编写的程序能否实现控制要求。

1. 梯形图逻辑测试启动

单击菜单条中的“工具（T）”，在弹出的下拉菜单中单击“梯形图逻辑测试启动（L）”，自动执行 PLC 写入，如图 4-29 所示。PLC 写入完毕，梯形图逻辑测试对话框中的

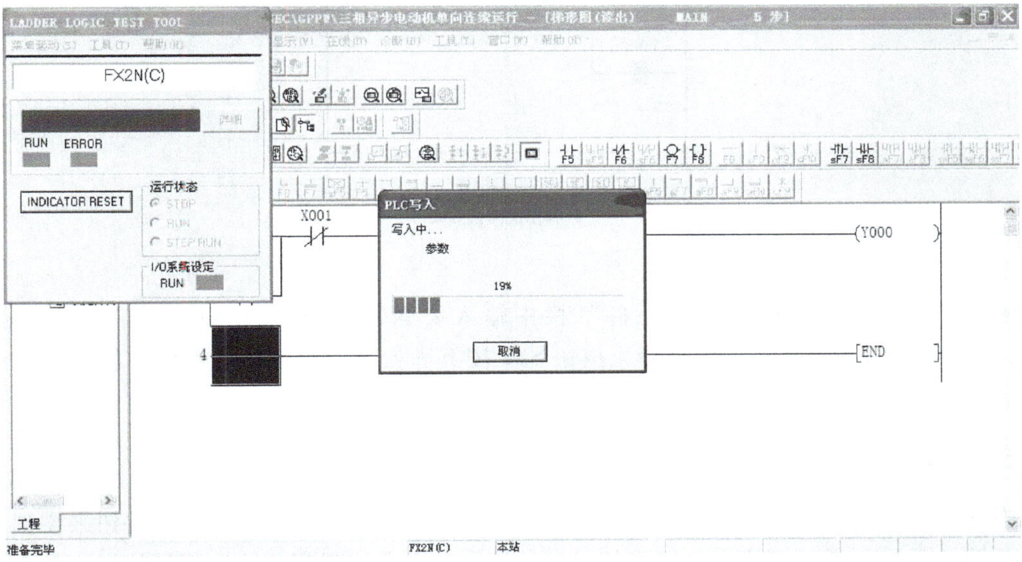

图 4-29　梯形图逻辑测试启动

"RUN"指示为黄色，表示程序已经正常运行。

2. 软元件测试

选择菜单栏"在线（O）"→"调试（B）"→"软元件测试（D）"，或者直接单击工具栏上的软元件测试按钮，则弹出如图 4-30a 所示软元件测试对话框。

在软元件测试对话框"位软元件"栏中输入要强制的位元件 X0，如图 4-30b 所示，然后单击"强制 ON"，再单击"强制 OFF"，模拟起动按钮 SB1 按下和松开，则梯形图程序如图 4-30c 所示，有蓝色矩形块的触点和线圈表示有能流通过。

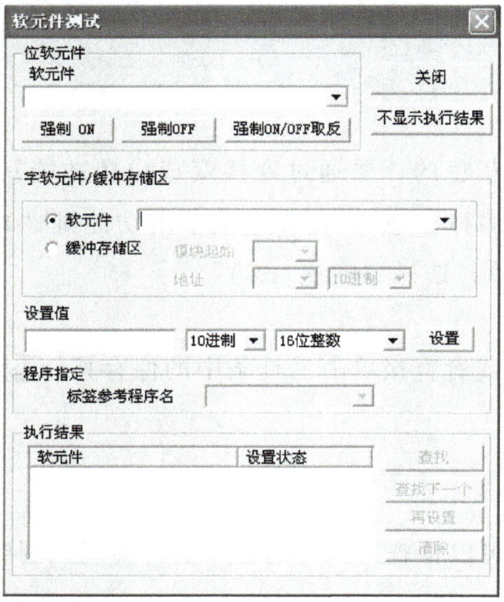

a) 软元件测试对话框

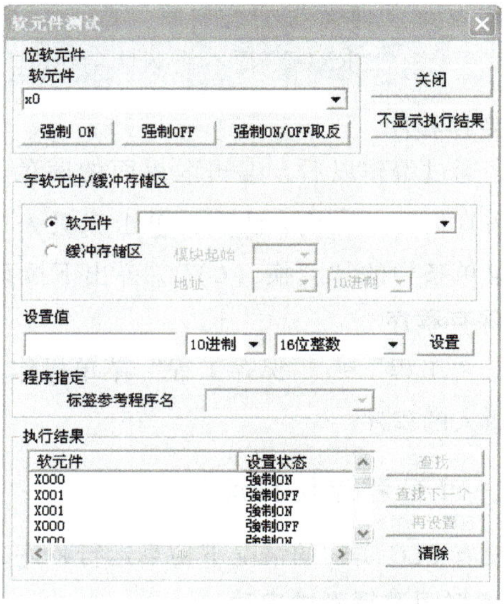

b) 强制 X0为ON

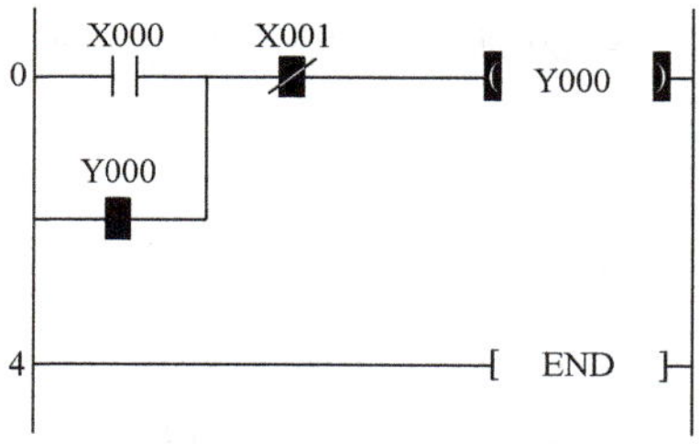

c) 梯形图测试效果

图 4-30　软元件测试

在软元件测试对话框"位软元件"栏中输入要强制的位元件 X1，然后单击"强制 ON"，再单击"强制 OFF"，模拟停止按钮 SB2 按下和松开，则梯形图程序中的蓝色矩形块消失，能流切断。

五、模拟调试

在实际生产中，一般先要在实验室对用户程序做模拟调试，用小开关和按钮来模拟 PLC 实际的输入信号，通过模块上各输出位对应的发光二极管，观察各输出信号的变化是否满足设计的要求，以确保安全生产。只有用户程序模拟调试成功后，才将 PLC 安装在控制现场，

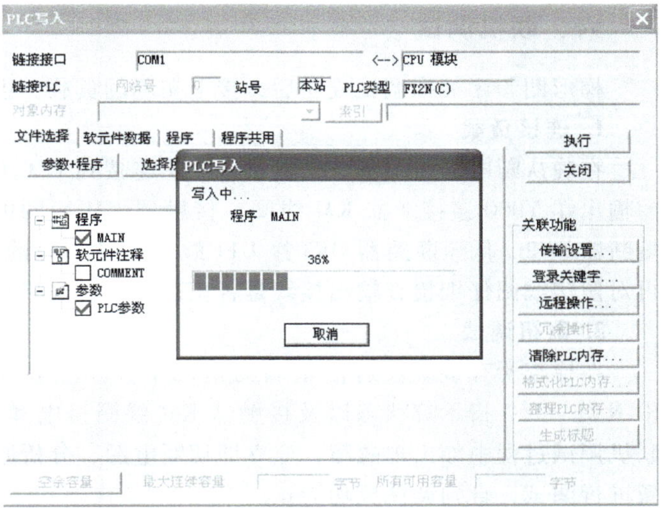

接入实际的输入信号和负载，进行现场联机总调。

1. 计算机与PLC之间的硬件连接

关断PLC电源，用一根FX-422CAB-150型RS-422缆线将编程计算机与PLC连接起来。

2. 写入程序

PLC通电后，将PLC的RUN/STOP转换开关拨到STOP位置。

执行菜单"在线（O）"→"PLC写入（W）"，出现"PLC写入"对话框，勾选"程序和参数"，如图4-31所示，再单击"执行"按钮，将程序写入PLC。

图4-31　程序的写入操作

3. 运行及监控程序

（1）运行　将PLC的RUN/STOP转换开关拨到RUN位置。

（2）监控　程序运行后，再执行菜单"在线"→"监视"→"监视开始（全画面）"，对PLC的运行过程进行监控，如图4-32所示。结合控制程序，操作有关输入信号，观察输出状态。

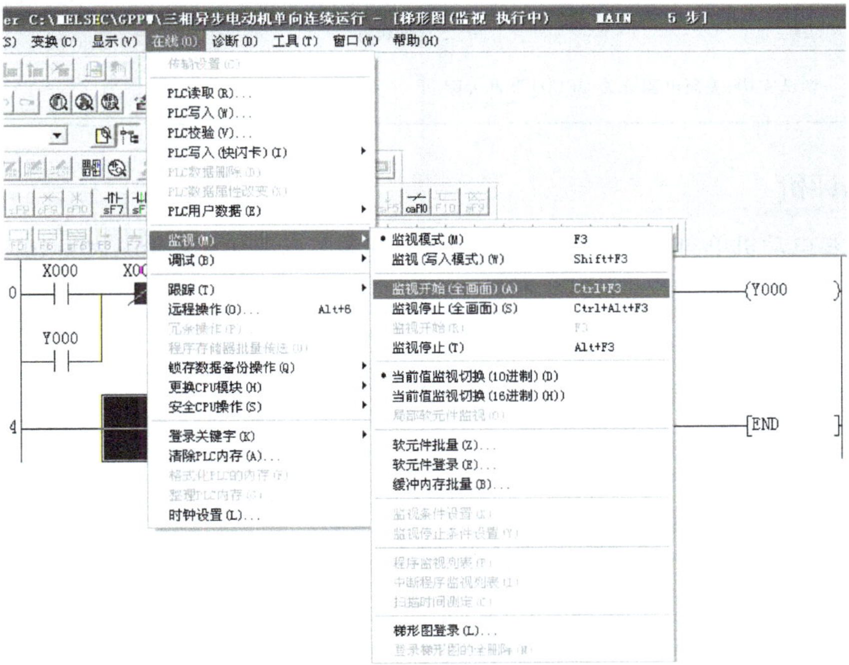

图4-32　监控操作

4. 停止程序

将PLC的RUN/STOP转换开关拨到STOP位置，关断PLC电源。

六、联机调试

梯形图程序模拟调试成功后，接上实际的负载，进行联机调试。

1. 连接负载

在确认断电的情况下，将接触器 KM 连接到 PLC 的输出端 Y000。根据接线图先将 PLC 的输出端 Y000 接接触器 KM 线圈，接触器 KM 线圈的另一端经热继电器 FR 的常闭触点、熔断器 FU2、低压断路器 QF3 接 U11 线端；将 PLC 的 COM1 端接端子排 XT 上的电源 N 线，再对照接线图仔细检查输出接线是否正确。

2. 联机调试

在检查所有接线及通信正确的情况下，按照表 4-9 的步骤进行联机调试，同时观察 RUN 灯、I/O 指示灯状态以及接触器 KM 线圈得电和电动机 M 的运行情况，并注意记录。联机调试过程中如出现故障，应立即切断电源，分析原因，检查电路，排除故障后，方可重新进行调试，直到调试成功为止。

表 4-9 联机调试记录表

操作步骤	操作内容	观察内容	观察结果	思考内容
1	RUN/STOP 转换开关拨在 STOP 位置，合上电源开关 QF1、QF2 和 QF3	PLC 的工作模式和工作原理		PLC 的工作模式和工作原理
2	RUN/STOP 转换开关拨在 RUN 位置			
3	按下起动按钮 SB1	I/O 指示灯状态及接触器 KM、电动机 M 的运行情况		
4	按下停止按钮 SB2			
5	RUN/STOP 转换开关拨在 STOP 位置	STOP、RUN 指示灯状态		
	调试完毕，关断电源开关 QF1、QF2 和 QF3			

任务评价

三相异步电动机单向连续运转 PLC 控制电路安装与调试任务评价见表 4-10。

表 4-10 任务评价表

序号	考核内容	配分	评分标准	扣分
1	电路设计	40	1. I/O 地址分配错误或遗漏，每处扣 2 分 2. 电路图绘制有误或画法不规范，每处扣 2 分 3. 梯形图结构不合理，违反编程规则，每处扣 2 分	
2	电路安装	30	1. 损坏元件，每只扣 5 分 2. 元件布置不整齐匀称、不合理，每只扣 2 分 3. 元件安装不牢固，漏装木螺钉或螺钉螺母，每只扣 2 分 4. 布线不紧固、不美观，每根扣 2 分 5. 反圈、压绝缘皮、损伤导线绝缘或线芯，每根扣 2 分 6. 线号标记遗漏、误标或不清楚，每处扣 1 分 7. 不按接线图接线，每处扣 5 分	
3	通电调试	30	1. 通电调试步骤不正确，每次扣 5 分 2. 运行一次不成功扣 10 分，两次不成功扣 20 分，三次不成功扣 30 分 3. 记录 RUN 灯、I/O 指示灯状态以及接触器 KM 线圈得电和电动机 M 运行情况错误，每处扣 1 分	
4	安全与文明生产		违反安全与文明生产规程，扣 5～50 分	
开始时间		结束时间		成绩
学生姓名		考评员	（签字） 年 月 日	

任务拓展

利用 PLC 改造三相异步电动机正反转控制电路

正反转控制电路适用于需要电动机能够正反两个方向运转的场合。例如，车库大门的升降、电梯轿厢的上下运行、起重机吊钩的上升与下降以及机床工作台的前进与后退等。图2-22 所示为三相异步电动机正反转控制电路。现要求利用 PLC 改造此传统的继电-接触器控制电路。

控制要求如下：

1）当按下正转起动按钮 SB1 时，电动机正转起动运行；当按下反转起动按钮 SB2 时，电动机停止正转并开始反转起动运行；或者当按下停止按钮 SB3 或热继电器 FR 动作时，电动机停止运行。

2）当按下反转起动按钮 SB2 时，电动机反转起动运行；当按下正转起动按钮 SB1 时，电动机停止反转并开始正转起动运行；或者当按下停止按钮 SB3 或热继电器 FR 动作时，电动机停止运行。

3）具有短路、过载保护等必要的保护措施。

分析图 2-22 所示控制电路可知，采用按钮互锁，即把两个复合按钮 SB1、SB2 的常闭触点串接入对方的控制电路中，目的是为了让电动机正反转可以直接切换，操作方便；采用接触器互锁，即把两个接触器的常闭触点也串接入对方的控制电路中，目的是防止接触器 KM1 和 KM2 同时得电从而造成电源相间短路。按钮互锁及接触器互锁都应该在 PLC 梯形图程序中予以体现。另外需要指出的是，仅依靠 PLC 梯形图程序中的软继电器触点互锁是不可靠的，在 PLC 输出端必须要有接触器常闭物理触点的硬件互锁。

因为电动机正反转控制电路的控制电路部分实际上是由两个完全相同的单向连续运转控制电路合并而成的，所以可以按照项目四之任务一的任务实施中所讲的编程思路分别采用起保停电路和 S/R 指令编写控制程序。

1. 分析控制要求，分配 PLC 输入点和输出点

按下正转起动按钮 SB1 电动机正转运行，按下反转起动按钮 SB2 电动机反转运行，按下停止按钮 SB3 电动机停止正转或反转运行。因此，输入信号有 3 个：SB1、SB2、SB3；输出信号有 2 个：KM1（控制正转）、KM2（控制反转）。

PLC 输入/输出地址表见表 4-11。

表 4-11　PLC 输入/输出地址表

输入			输出		
元件代号	作用	输入继电器	元件代号	作用	输出继电器
SB3	停止按钮	X000	KM1	正转控制	Y000
SB1	正转按钮	X001	KM2	反转控制	Y001
SB2	反转按钮	X002			

2. 绘制 PLC 控制电路

根据输入/输出地址表画出电动机正反转 PLC 控制电路图，如图 4-33 所示。

3. 设计梯形图程序

1）正反转控制都需要连续工作，则梯形图如图 4-34 所示。

2）正反转控制需要联锁，则梯形图如图 4-35 所示。

3）在正转运行支路中串入 X002 和 Y001 的常闭触点，在反转运行支路中串入 X001 和 Y000 的常闭触点，实现了按钮和接触器的双重互锁，如图 4-36 所示。

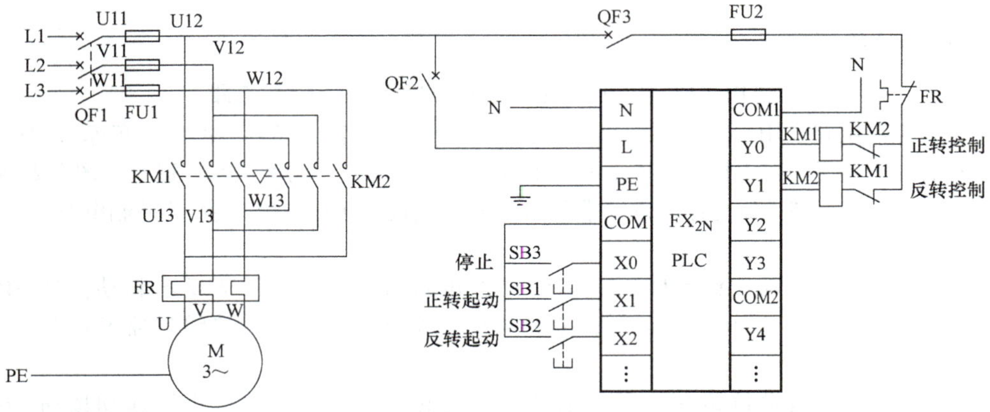

图 4-33 三相异步电动机正反转 PLC 控制电路

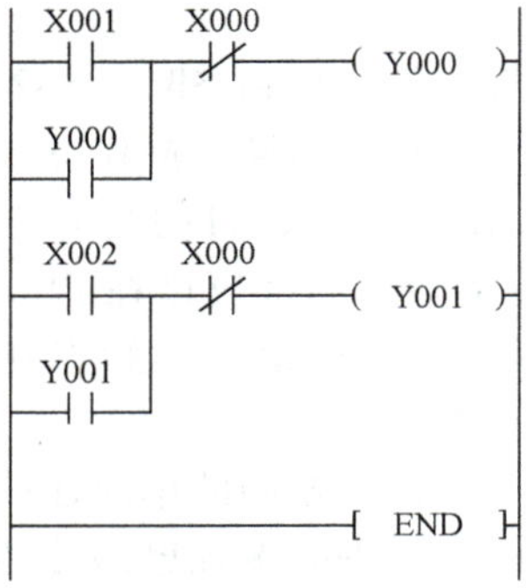

图 4-34 三相异步电动机正反转控制程序

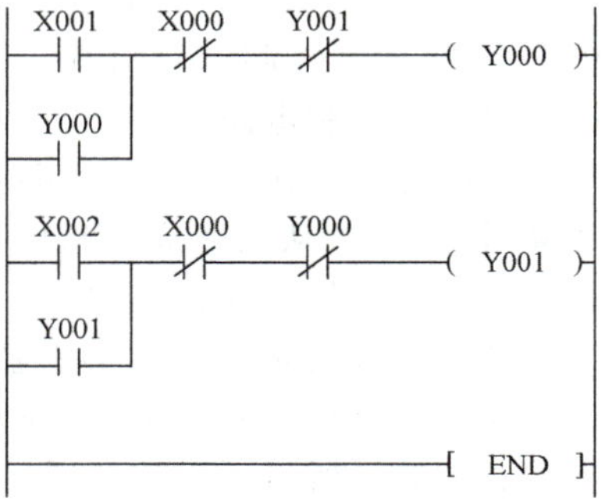

图 4-35 三相异步电动机正反转联锁控制程序

在设计正反转控制 I/O 接线图时，由于 PLC 的扫描周期和接触器的动作时间不匹配，只在梯形图中加入“软继电器”的互锁会造成 Y000 虽然断开，可能接触器 KM1 还未断开，在没有外部硬件联锁的情况下，这时如果接触器 KM2 得电动作，主触点闭合，会引起主电路电源相间短路。另外，在实际控制过程中，当接触器 KM1 或接触器 KM2 任何一个接触器的主触点熔焊时，如果没有外部硬件的联锁，只在梯形图中加入“软继电器”的互锁同样也还会造成主电路电源相间短路。

采用 S/R 指令编程请读者自行完成。

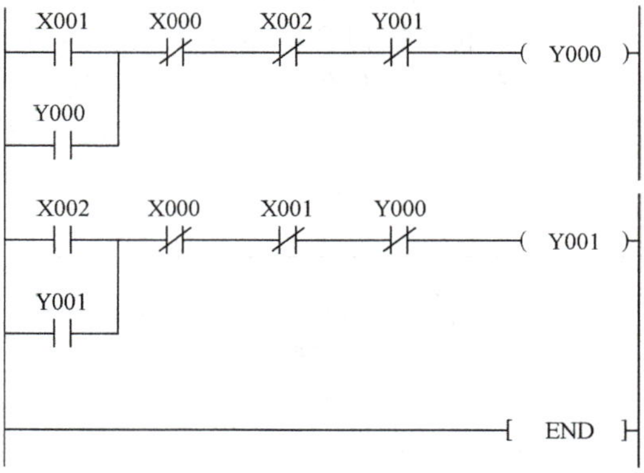

图 4-36 三相异步电动机正反转 PLC 控制梯形图

课后测评

一、填空题

1. PLC 主要由________、________、________、________、________和________等组成。

2. 输出接口电路有________输出型、________输出型和________________输出型三种。其中，________输出型适于交直流负载，________输出型适于直流负载，________输出型适交流负载。如果系统负载变化频繁，则最好选用________输出型的 PLC。

3. PLC 的工作过程是一个不断循环扫描的过程。每一次扫描过程有______、________和________三个阶段。

4. 梯形图的每一行都是从________母线开始，线圈接在________母线。

5. 从左母线取常开触点，要使用________指令；从左母线取常闭触点，要使用______指令。

6. 单个常开触点的串联连接，要使用________指令；单个常闭触点的串联连接，要使用________指令。

7. 单个常开触点的并联，要使用________指令；单个常闭触点的并联，要使用______指令。

8. 输出指令不能用于________映像寄存器。

二、判断题（正确的打“√”，错误的打“×”）

1. 1968 年，世界上第一台 PLC 生产于德国。（　　）
2. 在逻辑控制方面，继电器优于 PLC。（　　）
3. FX_{2N}-40MR 有 40 个输入点和输出点。（　　）
4. 输入继电器只能由外部输入信号来驱动，而不能由 PLC 内部指令来驱动。（　　）
5. 输出继电器必须要有一个硬触点。（　　）
6. 输出继电器有无数个软触点。（　　）
7. OUT 指令是驱动线圈指令，用于驱动各种继电器。（　　）
8. 梯形图是程序的一种表示方法，也是控制电路。（　　）
9. 在程序中输入映像寄存器只有触点，而没有线圈。（　　）

三、选择题（请把正确答案的字母填入括号中）

1. FX 系列 PLC 的 AC 电源电压允许范围是（　　）。

A. DC 24V　　B. AC85～264V　　C. AC 220～380V　　D. AC 24～220V

2. PLC 的输入继电器是（　　）。

A. 装在输入模块内的微型继电器　　B. 实际的输入继电器

C. 从输入端口到内部的电路　　D. 模块内部输入的中间继电器电路

3. 在编程时，PLC 的内部触点（　　）。

A. 可作常开使用，但只能使用一次　　B. 可作常闭使用，但只能使用一次

C. 可作常开和常闭反复使用，无限制　　D. 只能使用一次

4. PLC 程序中的 END 指令的用途是（　　）。

A. 程序结束，停止运行　　B. 指令扫描到端点，有故障

C. 指令扫描到端点，将进行新扫描　　D. A 和 B

5. 自保持是（　　）。

A. RST　　B. SET　　C. LDP　　D. LDF

6. 复位是（　　）。

A. SET　　B. LDP　　C. RST　　D. LDF

7. 下列不属于 PLC 特点的是（　　）。

A. 通用性好，适应性强　　B. 可靠性高，抗干扰能力强

C. 编程简单、易学　　D. 设计、安装、调试和维修工作量大

8. PLC 中（　　）专门用来接收外部用户输入设备发来的输入信号，其线圈只能由外部信号所驱动。

A. 输入继电器　　B. 输出继电器

C. 辅助继电器　　D. 计数器

9. （　　）是 PLC 的输出信号，控制外部负载，只能用程序指令驱动，外部信号不能驱动。

A. 输入继电器　　B. 输出继电器

C. 辅助继电器　　D. 计数器

四、问答题

1. PLC 主要有哪些特点？
2. 举例说明常见的哪些设备可以作为 PLC 的输入设备和输出设备。
3. 在 PLC 输入/输出电路中，为什么要设立光耦合器。
4. 简述 PLC 的工作原理。
5. 梯形图中的触点为什么可以使用无限次？
6. FX 系列 PLC 的编程元件有哪些？
7. 用 PLC 改造正反转控制电路时，应如何保证互锁控制？

五、编程题

1. 分别用起保停电路和置位/复位指令设计两套电动机起/停控制的 PLC 梯形图，控制要求分别如下：

（1）起动时，电动机 M1 先起动，M2 才能起动；停止时 M1、M2 同时停止。

（2）起动时，电动机 M1 和 M2 同时起动；停止时，只有在电动机 M2 停止时，电动机 M1 才能停止。

2. 请用置位/复位指令设计如图 2-22 所示的三相异步电动机正反转控制电路。

任务二　PLC 改造三相异步电动机Y-△减压起动控制电路

学习目标

1. 掌握编程元件 M、T 的功能和使用方法，掌握时间控制程序的编制方法。
2. 掌握主控指令（MC、MCR）、块指令（ORB、ANB）和栈操作指令（MPS、MRD、MPP）的功能和使用方法。
3. 掌握根据继电-接触器控制电路设计 PLC 梯形图的方法。
4. 能用 PLC 改造三相异步电动机Y-△减压起动控制电路，并完成安装和调试。

任务描述

图 4-37 所示为 QX3—13 型Y-△自动起动器的电路图和时序图。这种起动器适用于正常工作时定子绕组为△联结的中、大功率的三相异步电动机。电动机采用Y-△减压起动

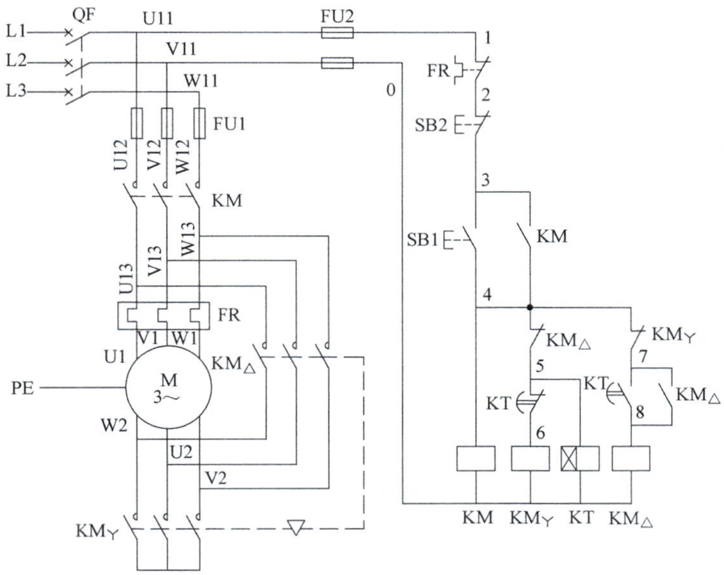

a) 电路图

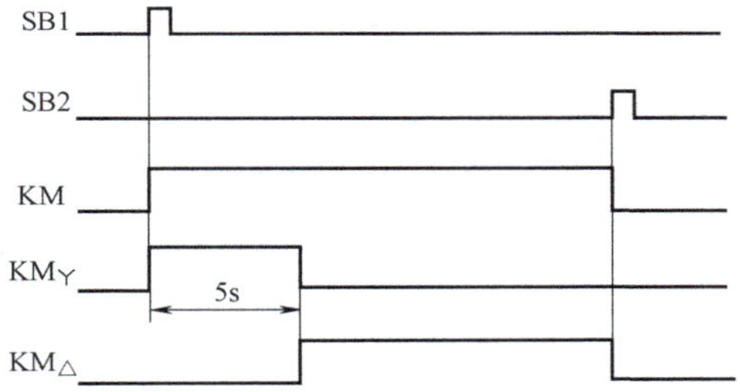

b) 时序图

图 4-37　QX3-13 型丫-△减压起动器的电路图和控制时序图

可使起动时电源线电流减小为△联结时的 1/3，有效地避免了过大电流对供电电路的影响。

本任务要求利用 PLC 改造如图 4-37 所示 QX3-13 型丫-△自动起动器电路，完成三相异步电动机丫-△减压起动 PLC 控制电路的安装和调试。

控制要求：

1）当按下起动按钮 SB1 时，电动机先做丫起动；经过一定的时间（例如 5s），电动机转速接近额定转速时，电动机做△联结运行；当按下停止按钮 SB2 或热继电器 FR 动作时，电动机停止运行。

2）具有短路保护和过载保护等必要的保护措施。

本任务涉及接触器 KM_{Y} 到 $KM_{\triangle}$ 的切换，即接触器 KM_{Y} 先于接触器 $KM_{\triangle}$ 动作，一段时间后，自动停止接触器 KM_{Y} 而起动接触器 $KM_{\triangle}$。这种时间上的先后控制可由 PLC 中的软继电器——定时器 T 来实现，这样就不需要时间继电器硬件了。另外在实施控制时，接触器 KM_{Y} 与接触器 $KM_{\triangle}$ 不能同时通电，否则会造成电源短路，所以必须考虑同时增加软件、硬件互锁控制。

知识链接

一、辅助继电器 M

在 PLC 内部有很多辅助继电器，其功能相当于继电-接触器控制系统中的中间继电器。辅助继电器线圈与输出继电器线圈一样，由 PLC 内部各软元件的触点驱动。辅助继电器有无数对常开和常闭触点供用户编程使用，使用次数不受限制。但是，这些触点不能直接驱动外部负载，外部负载只能由输出继电器驱动。

辅助继电器 M 以十进制进行编号。按功能来分，一般分为普通（通用型）辅助继电器、断电（失电）保持型辅助继电器和特殊辅助继电器，见表 4-12。

表 4-12　FX_{2N} 系列 PLC 辅助继电器的分类

分类	范围	个数
普通（通用型）辅助继电器	M0 ~ M499	500
断电（失电）保持型辅助继电器	M500 ~ M3071	2572
特殊辅助继电器	M8000 ~ M8255	256

1. 普通（通用型）**辅助继电器**（M0 ~ M499）

FX_{2N} 系列 PLC 内有普通（通用型）辅助继电器 500 点，其地址按十进制编号（除输入/输出继电器 X、Y 外，所有的软元件地址号均为十进制数），从 M0 到 M499。这些辅助继电器只能在 PLC 内部起辅助作用，在使用时，它除了不能驱动外部负载外，其他功能与输出继电器非常类似。

（1）编程实例　普通（通用型）辅助继电器的编程实例如图 4-38 所示。

（2）实例说明　当 X001 置 1 时，辅助继电器 M1 线圈得电，M1 其中一副常开触点闭合，使 M1 线圈自保持；另一副常开触点闭合，使输出继电器 Y001 得电。当 X000 置 1 时，M1 线圈失电，M1 的常开触点断开，Y001 断电。

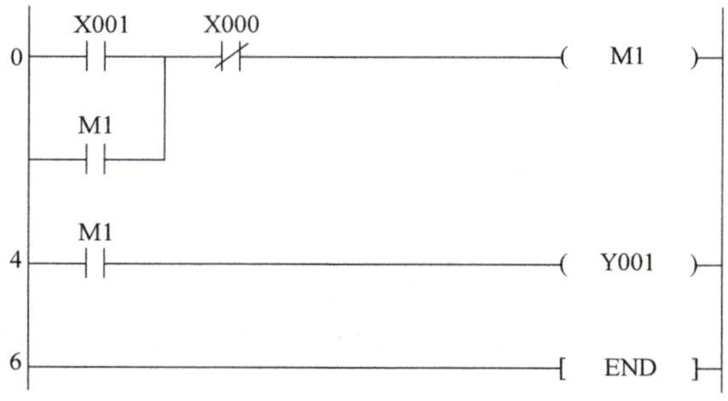

图 4-38　普通（通用型）辅助继电器的编程实例

（3）普通（通用型）辅助继电器的特点　线圈得电触点动作，线圈失电触点复位。

2. 断电（失电）**保持型辅助继电器**（M500 ~ M3071）

在如图 4-38 所示的梯形图中，若 PLC 在运行中发生停电，输出继电器和通用辅助继电器将全部成为断开状态，通电后再运行时，除 PLC 运行时就接通的触点外，其他触点仍处于断开状态，使断电前的运行状态发生了改变。在生产中，有时需要保持失电前的状态，以使来电后再运行时能继续失电前的工作，这时就需要用一种能保存失电前状态的辅助继电器，即断电（失电）保持型辅助继电器。断电（失电）保持型辅助继电器并不是真正能在它自身电源切断的条件下保存原工作状态，只不过是它在 PLC 失去外部供电时立即由 PLC 内部的备用电池供电而已。

（1）编程实例　断电（失电）保持型辅助继电器的编程实例如图 4-39 所示。

（2）实例说明　当 X001 接通后，M500 动作，其常开触点闭合自锁，输出继电器 Y001 得电；即使 X001 再断开，M500 的状态仍保持不变。假如此时 PLC 失去供电，等 PLC 供电恢复后再运行时，只要停电前后 X000 的状态不发生改变，M500 仍能保持动作，Y001 保持得电。

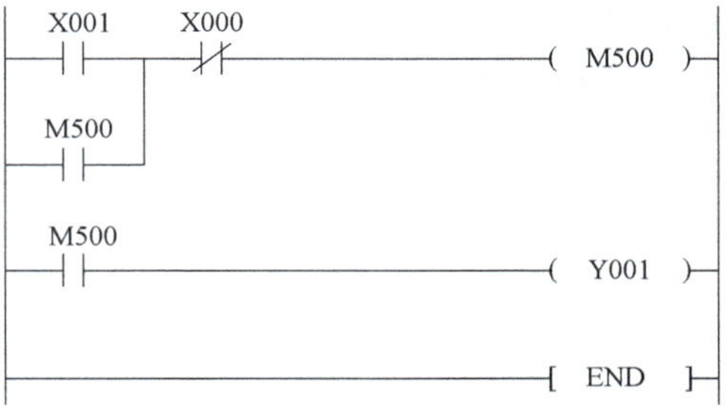

图 4-39　断电（失电）保持型辅助继电器的编程实例

小提示

M500 的状态不发生变化并不是因为自锁触点的作用，而是因为辅助继电器 M500 有后备电池的缘故。

（3）断电（失电）保持型辅助继电器的特点　断电时线圈由后备锂电池供电，当再恢复供电时能记忆断电前的状态（注意：对于这类继电器，要用 RST 命令清除其记忆内容）。

3. 特殊辅助继电器（M8000～M8255）

PLC 的特殊辅助继电器很多，都具有不同的功能。其中有些特殊辅助继电器在 PLC 运行时，能自动驱动其线圈，用户仅可利用其触点功能，常用的特殊辅助继电器的元件编号和功能如下：

M8000——作运行监视用（在运行中常接通）。

M8002——初始脉冲（仅在运行开始瞬间接通一个扫描周期）。

M8011——产生 10ms 连续脉冲（占空比 50%）。

M8012——产生 100ms 连续脉冲（占空比 50%）。

M8013——产生 1s 连续脉冲（占空比 50%）。

M8014——产生 1min 连续脉冲（占空比 50%）。

另外，一些特殊辅助继电器仅使用其线圈。当线圈被驱动时，完成一定的功能。例如：

M8030——锂电池电压指示特殊辅助继电器。其线圈被驱动时，PLC 面板上的锂电池电压降低，指示灯熄灭。

M8034——禁止全部输出特殊辅助继电器。其线圈被驱动时，所有的输出都停止输出。

M8039——定时扫描特殊辅助继电器。其线圈被驱动时，PLC 以 D8039 中指定的扫描时间工作。

二、定时器 T

PLC 中的定时器 T 相当于继电-接触器控制系统中的通电型时间继电器，它是通过对一定周期的时钟脉冲计数实现定时的。时钟脉冲的周期有 1ms、10ms、100ms 三种，当所计脉冲个数达到设定值时触点动作，它可以提供无限对常开常闭延时触点。三菱 FX_{2N} 系列 PLC 中的定时器有通用型和积算型两种，这里仅介绍通用型定时器。设定值可用常数 K 或数据寄存器 D 来设置。

1. 通用定时器的分类（见表 4-13）

表 4-13 通用定时器的类型

T 的元件号	定时精度	定时范围	总点数	备注
T0 ~ T199	100ms	0 ~ 3276.7s	200	其中 T192 ~ T199 为子程序和中断服务程序专用定时器
T200 ~ T245	10ms	0 ~ 327.67s	46	M8028 置 ON

2. 通用定时器的工作原理

定时器中有一个设定值寄存器（一个字长）、一个当前值寄存器（一个字长）和一个用来存储其输出触点的映像寄存器（一个二进制位），这三个量使用同一地址编号。通用定时器的特点是不具备断电保持功能，即当输入电路断开或停电时定时器复位。通用定时器的内部结构示意图如图 4-40 所示。

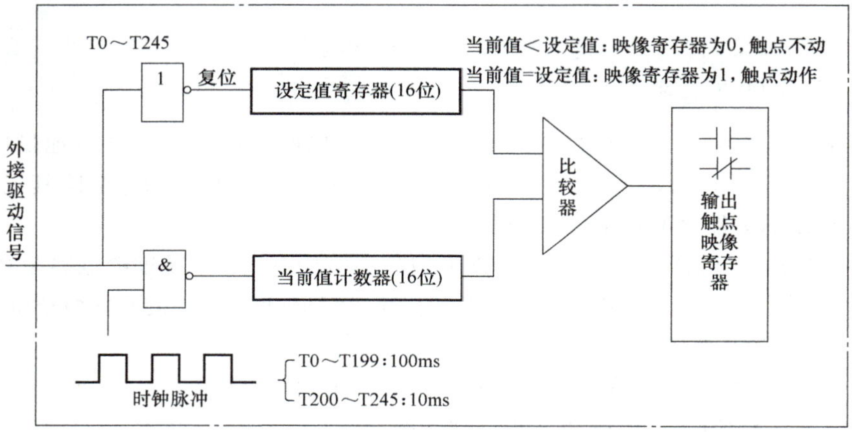

图 4-40 通用定时器的内部结构示意图

通用定时器的工作原理如图 4-41 所示，当输入 X000 接通时，定时器 T0 从 0 开始对 100ms 时钟脉冲进行累积计数，当 T0 当前值与设定值 K1000 相等时，定时器 T0 的常开触点接通，Y000 接通，经过的时间为 1000 × 0.1s = 100s。当 X000 断开时定时器 T0 复位，当前值变为 0，其常开触点断开，Y000 也随之断开。若外部电源断电或输入电路断开，定时器也复位。

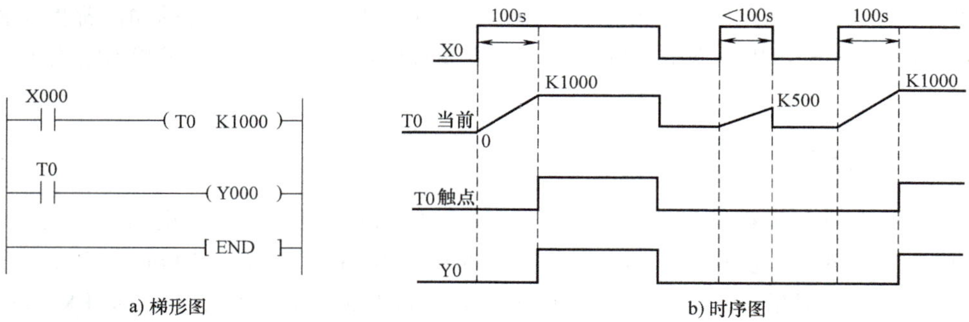

图 4-41 通用定时器的工作原理

3. 典型的定时器应用电路

（1）通电延时接通控制　在图4-42所示电路中，当输入信号X001接通时，内部辅助继电器M100接通并自锁，同时接通定时器T200。T200的当前值计数器开始对10ms的时钟脉冲进行累积计数。当该计数器累积到设定值500时（从X001接通到此刻延时5s），定时器T200的常开触点闭合，输出继电器Y001接通。当输入信号X002接通时，内部继电器M100断电，其常开触点断开，定时器T200复位，定时器T200的常开触点断开，输出继电器Y001断电。

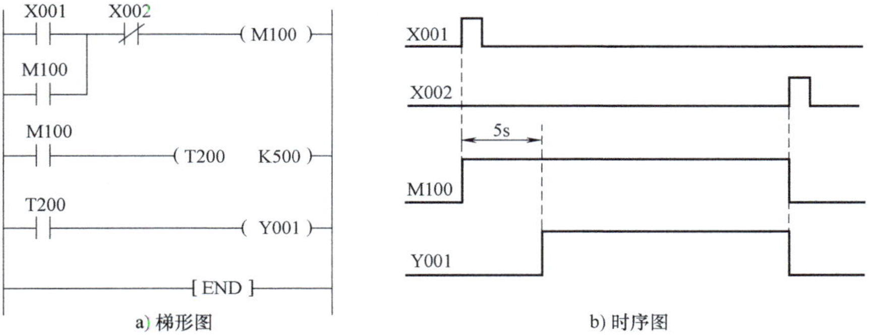

a) 梯形图　　b) 时序图

图4-42　通电延时接通控制程序

（2）通电延时断开控制　在图4-43所示电路中，当输入信号X001接通时，内部辅助继电器M100和输出继电器Y001同时接通并均实现自锁，内部辅助继电器M100的常开触点接通定时器T0，T0的当前值计数器开始对100ms的时钟脉冲进行累积计数。当该计数器累积到设定值200时（从X001接通到此刻延时20s），定时器T0的常闭触点断开，输出继电器Y001断电。输入信号X002可以在任意时刻接通，内部辅助继电器M100断电，其常开触点断开，定时器T0被复位。

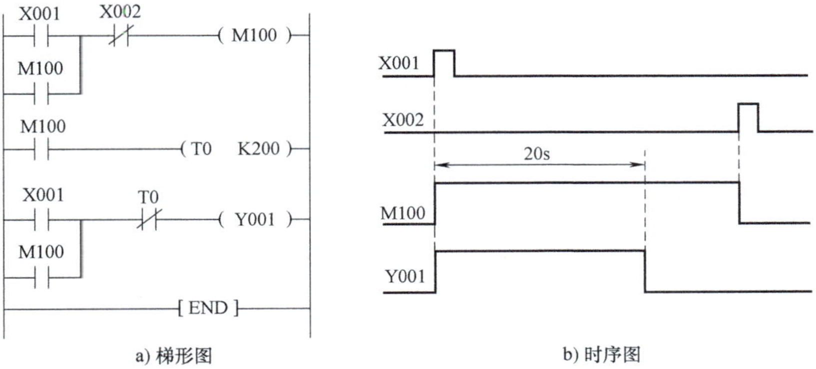

a) 梯形图　　b) 时序图

图4-43　通电延时断开控制程序

（3）定时器串级使用　定时器定时时间的长短都由常数设定值决定，FX_{2N}系列PLC中，编号为T0～T199的定时器常数设定值的取值范围为1～32767，即最长的定时时间为$t = 32767 \times 0.1s = 3276.7s$，不到1h。如果需要设计定时时间为1h或更长的定时器，则可采用定时器串级使用的方法实现长时间延时。

图4-44所示是定时时间为1h的时间控制程序。由图4-44b所示的时序图可以看到，从输入触点X014闭合，经过1h（3600s）的延时，输出信号Y004才接通，从而实现了长时间

定时。为实现这种功能，采用两个定时器 T14 和 T15 串级使用。当 T14 开始定时后，经 1800s 延时，T14 的常开触点闭合，使 T15 再开始定时，又经 1800s 的延时，T15 的常开触点闭合，输出继电器 Y004 线圈接通。这样，从输入触点 X014 接通，到 Y004 产生输出信号，其延时时间为 1800s + 1800s = 3600s = 1h。定时器串级使用就是先启动一个定时器定时，时间一到，用第一个定时器的常开触点控制第二个定时器定时，如此下去，使用最后一个定时器的常开触点去控制所要控制的对象。

定时器串级使用时，其总的定时时间为各定时器常数设定值之和。N 个定时器串级使用，其最长定时时间为 3676.7N（s）。

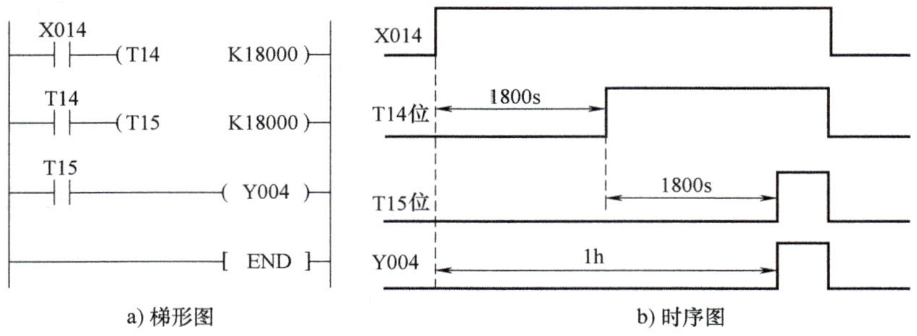

图 4-44　定时器串级使用

4. 定时器应用实例

如图 4-45 所示车库自动门控制系统，当感应开关探测到车接近自动门，给 PLC 发出控制信号，延时 10s 后，驱动开门电动机打开自动门，门到位后停；车进门后，自动门自动关闭。

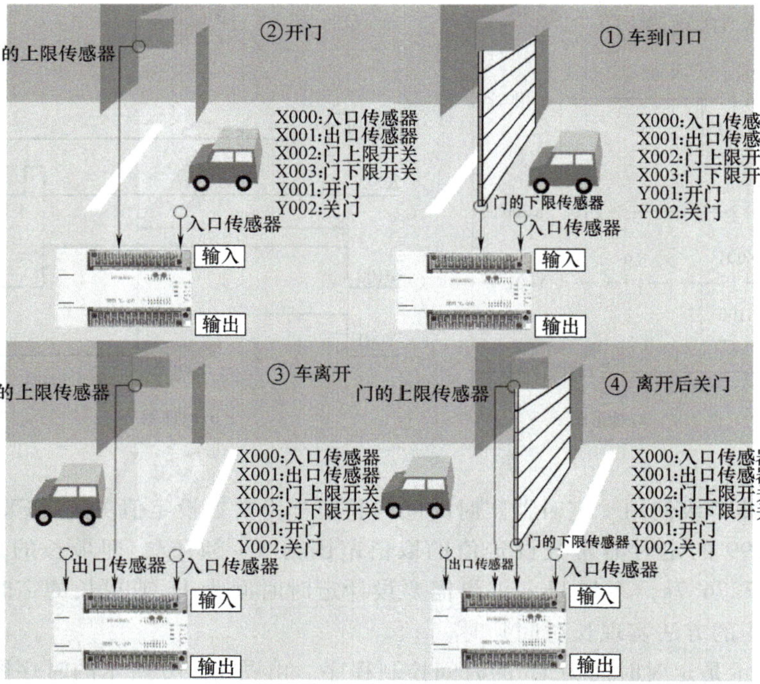

图 4-45　车库自动门控制系统

编程思路：当车接近自动门时，感应开关给 PLC 发出信号，X000 线圈得电，X000 常开触点闭合，定时器 T0 线圈得电，延时时间到，T0 常开触点闭合，控制 Y001 线圈得电，PLC 输出点 Y001 有信号输出，KM1 线圈得电，KM1 主触点闭合，自动门驱动电动机正转，自动门上升，当自动门上升到位后，停止上升。梯形图如图 4-46 所示。为保证自动门是处于关门状态时执行这段程序，采用 X003 与 X000 串联来控制 T0 线圈。

车进车库后，另一个感应开关接收到信号，X001 的常开触点闭合，当自动门处于开门状态时（X002 常开触点闭合），给 PLC 发出信号后，通过定时器 T1 延时，控制 Y002 线圈得电，PLC 输出点 Y002 有信号输出，KM2 线圈得电，KM2 主触点闭合，控制电动机反转，自动门下降，当自动门下降到位后，停止下降。梯形图如图 4-47 所示。

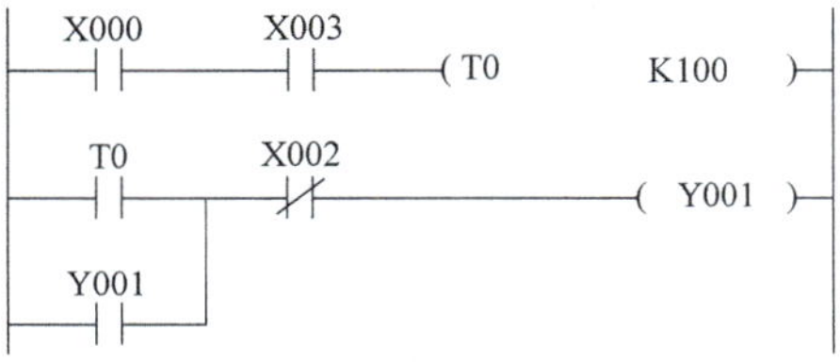

图 4-46　自动门开门程序

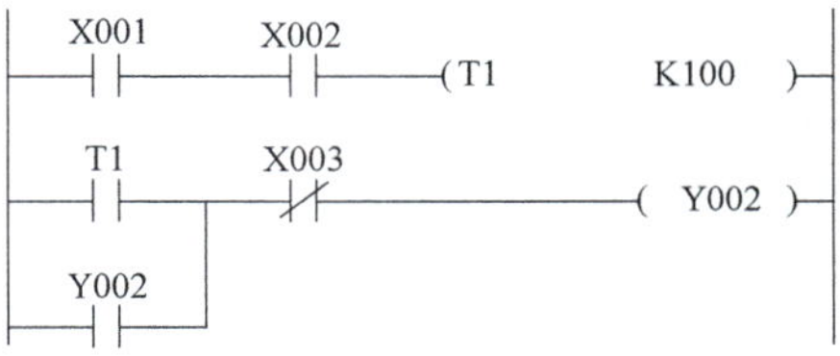

图 4-47　自动门关门程序

当车要驶出车库时，先接近自动门，X001 和 X003 常开触点闭合，完成自动门延时上升动作；出车库后，X000 和 X002 常开触点闭合，完成自动门延时下降动作，梯形图和语句表如图 4-48 所示。

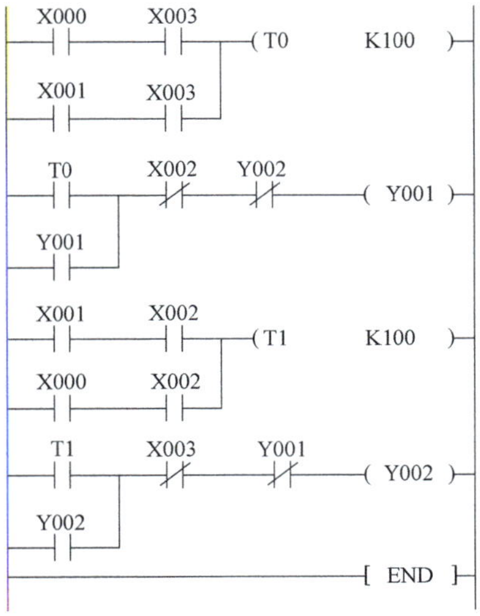

a) 梯形图

```
LD   X000
AND  X003
LD   X001
AND  X003
ORB
OUT  T0     K100
LD   T0
OR   Y001
ANI  X002
ANI  Y002
OUT  Y001
LD   X001
AND  X002
LD   X000
AND  X002
ORB
OUT  T1     K100
LD   T1
OR   Y002
ANI  X003
ANI  Y001
OUT  Y002
END
```

b) 语句表

图 4-48　车库自动门控制程序

三、块指令（ORB、ANB）

两个或两个以上触点串联连接的电路称为串联电路块，两个或两个以上触点并联连接的电路称为并联电路块。在梯形图中除了单个触点的串联与并联形式外，还有电路块的串联、并联和混联形式。电路块串联的逻辑运算要使用 ANB 指令，电路块并联的逻辑运算要使用 ORB 指令。

1. 指令的功能及应用（见表 4-14）

表 4-14 ORB 指令和 ANB 指令的功能及应用

指令名称	功能	操作数	梯形图	语句表
块或指令（串联电路块的并联指令）ORB	并联一个串联电路块	无	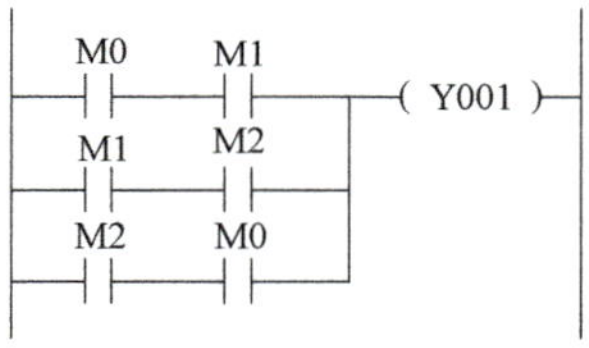	LD M0 AND M1 LD M1 AND M2 ORB LD M2 AND M0 ORB OUT Y001 或 LD M0 AND M1 LD M1 AND M2 LD M2 AND M0 ORB ORB OUT Y001
块与指令（并联电路块的串联指令）ANB	串联一个并联电路块	无	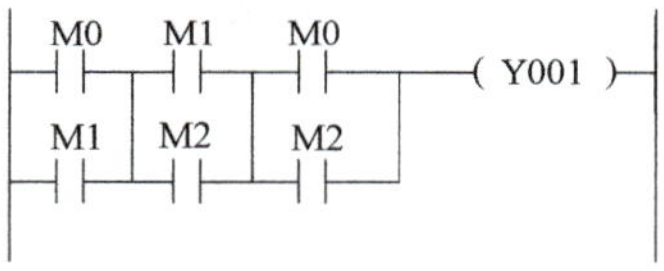	LD M0 OR M1 LD M1 OR M2 ANB LD M0 OR M2 ANB OUT Y001 或 LD M0 OR M1 LD M1 OR M2 LD M0 OR M2 ANB ANB OUT Y001

2. 指令的综合编程实例（见表 4-15）

表 4-15 ORB 指令和 ANB 指令的综合编程实例

梯形图	语句表		
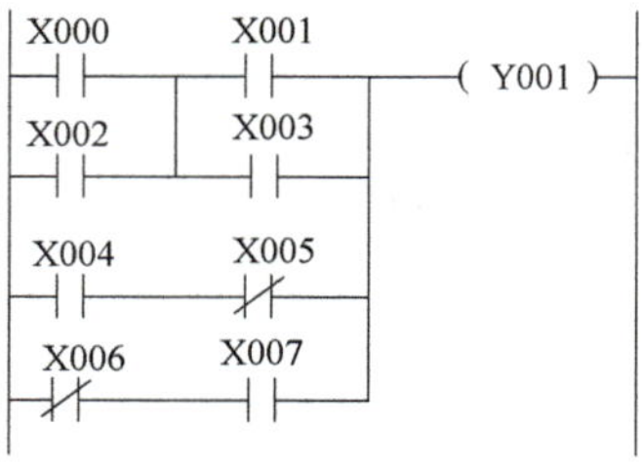	LD	X000	
	OR	X002	
	LD	X001	分支的起点
	OR	X003	
	ANB		与前面的电路块串联连接
	LD	X004	分支的起点
	ANI	X005	
	ORB		与前面的电路块并联连接
	LDI	X006	分支的起点
	AND	X007	
	ORB		与前面的电路块并联连接
	OUT	Y001	

3. ORB 指令和 ANB 指令使用说明

1）并联连接几个串联支路时，其支路的起点以 LD/LDI 开始，并联结束后用 ORB。

2）可以顺次使用 ORB 指令并联多个串联电路块，支路数量没有限制。

3）并联电路块与前面电路串联连接时，使用 ANB 指令。分支的起点用 LD/LDI 指令，并联电路结束后使用 ANB 指令与前面电路串联。

4）可以顺次使用 ANB 指令串联多个并联电路块，支路数量没有限制。

5）ORB 指令和 ANB 指令无操作数。

四、栈操作指令（MPS、MRD、MPP）

在 FX_{2N} 系列 PLC 中，有 11 个存储中间运算结果的存储器，称为栈存储器，如图 4-49a 所示。这个栈存储器将触点之间的逻辑运算结果存储后，可以用指令将这个结果读出，再参与其他触点之间的逻辑运算。

在梯形图中，栈操作指令也叫多重输出指令。多重输出是指从某一点经串联触点驱动线圈之后，再由这一点驱动另一线圈，或再经串联触点驱动另一线圈的输出方式。

1. MPS 指令

MPS 指令称为进栈指令，没有操作元件。其功能是将触点的逻辑运算结果推入栈存储器 1 号单元中，存储器每个单元中原来的数据依次向下推移。

执行一次 MPS 指令后，完成两个动作，如图 4-49b 所示。第一个动作是栈存储器的每个单元的数据依次向下一个单元推移，栈存储器中 11 号单元的结果移出存储器，10 号单元中结果移至 11 号单元……1 号单元中结果移向 2 号单元，这时，腾出 1 号单元，这个动作称为数据下压。第二个动作是将新的逻辑运算结果存入 1 号单元中。

2. MRD 指令

MRD 指令称为读栈指令，没有操作元件，其功能是将栈存储器中 1 号单元的内容读出。

执行 MRD 指令时，栈存储器中每个单元中内容不发生变化，既不会使数据下压，也不会使数据上托，如图 4-49c 所示。

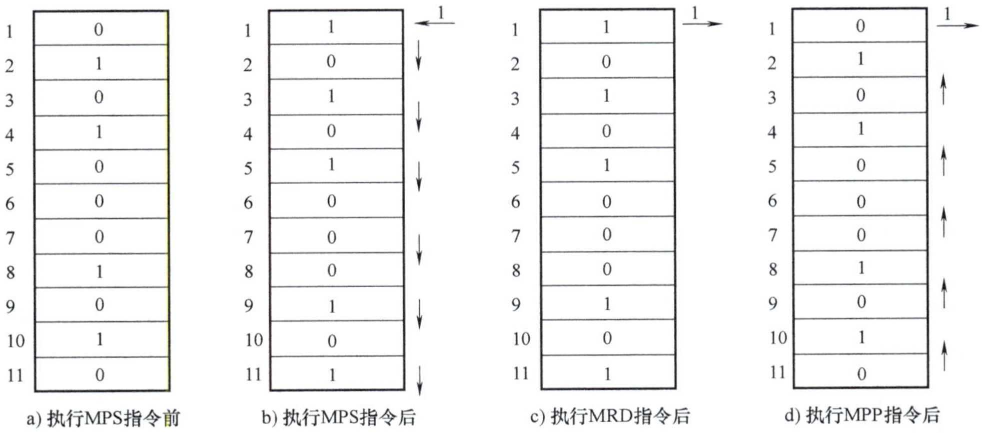

图 4-49　栈操作指令 MPS、MRD、MPP 执行过程

3. MPP 指令

MPP 指令称为出栈指令，没有操作元件，其功能是将栈存储器中 1 号单元的结果取出，存储器中其他单元的数据依次向上推移。

在多重输出的最后一个分支，采用 MPP 指令时，完成两个动作，如图 4-49d 所示。第一个动作是将栈存储器中 1 号单元的结果取出。第二个动作是将 2 号单元中结果移到 1 号单元中……，11 号单元中结果移到 10 号单元中，这个动作称为数据上托。

MPS、MRD 和 MPP 指令的应用如图 4-50 所示。在这一段程序中，使用 MPS 指令后，将常开触点 X000 的逻辑值（X000 闭合为“1”，X000 断开为“0”）存入栈存储器 1 号单元，同时，这个结果与常开触点 X001 的逻辑值进行“与”逻辑运算，运算结果为“1”时，线圈 Y000 被驱动。

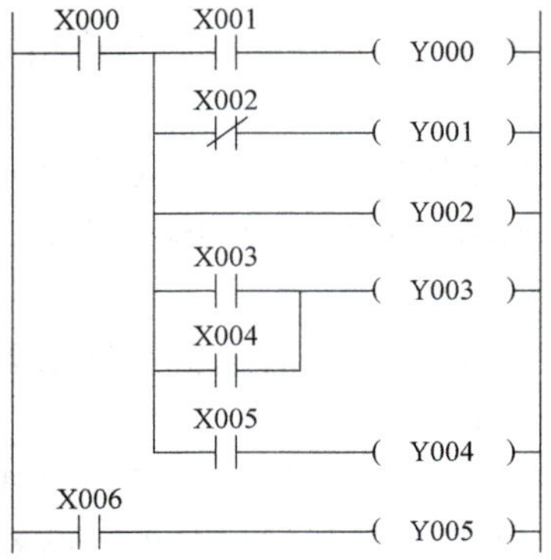

a) 梯形图

LD	X000	LD	X003
MPS		OR	X004
AND	X001	ANB	
OUT	Y000	OUT	Y003
MRD		MPP	
ANI	X002	AND	X005
OUT	Y001	OUT	Y004
MRD		LD	X006
OUT	Y002	OUT	Y005
MRD			

b) 指令表

图 4-50 MPS、MRD 和 MPP 指令的应用

第一次执行 MRD 指令时，栈存储器中 1 号单元结果被读出，与多路输出中第二个逻辑行触点 X002 的逻辑值进行“与”逻辑运算，其运算结果如果为“1”，线圈 Y001 被驱动。第二次执行 MRD 指令时，栈存储器中 1 号单元结果如果为“1”，将直接驱动线圈 Y002。第三次执行 MRD 指令时，栈存储器中 1 号单元结果与多路输出第四个逻辑行中电路块进行“与”逻辑运算，如果运算结果为“1”，将驱动线圈 Y003。

在执行 MPP 指令后，将栈存储器中 1 号单元内容取出，与多路输出最后一个逻辑行中触点 X005 的逻辑值进行“与”逻辑运算，如果运算结果为“1”，将驱动线圈 Y004。执行这一条指令后，栈存储器中数据发生上托。

4. MPS 指令、MRD 指令和 MPP 指令使用说明

1）MPS 指令和 MPP 指令必须成对使用，缺一不可，MRD 指令有时可以不用。

2）MPS 指令连续使用次数最多不能超过 11 次。图 4-51 所示梯形图中，MPS 指令连续使用 3 次。

3）MPS 指令、MRD 指令或 MPP 指令之后若有单个常闭触点或常开触点串联，则应该用 AND 指令或 ANI 指令，如图 4-50 所示指令表中第 3 句和第 6 句。

4）MPP 指令、MRD 指令或 MPP 指令之后若有触点组成的电路块串联，则应该用 ANB 指令，如图 4-50 所示指令表中第 13 句。

5）MPP 指令、MRD 指令或 MPP 指令之后若无触点串联，直接驱动线圈，则应该用 OUT 指令，如图 4-50 所示指令表中第 9 句。

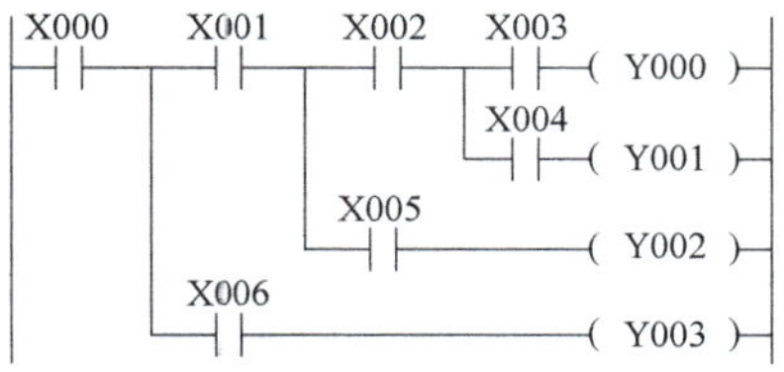

a) 梯形图

```
LD   X000      AND  X004
MPS            OUT  Y001
AND  X001      MPP
MPS            AND  X005
AND  X002      OUT  Y002
MPS            MPP
AND  X003      AND  X006
OUT  Y000      OUT  Y003
MPP
```

b) 指令表

图 4-51 MPS 指令连续使用

五、主控和主控复位指令（MC、MCR）

在编程时常遇到具有主控触点的电路，使用主控触点移位和复位指令往往会使编程简化。

1. 指令的功能及操作数（见表 4-16）

表 4-16 主控和主控复位指令的功能及操作数

指令名称	功能	操作数
主控指令 MC	公共串联主控触点的连接	N(层次),Y,M(特殊 M 除外)
主控复位指令 MCR	公共串联主控触点的清除	N(层次)

2. 编程实例

在编程时，经常会遇到多个线圈同时受一个或一组触点控制的情况，如果在每个线圈的控制电路中都串入同样的触点，将占用很多存储单元。图 4-52 所示就是多个线圈受一个触点控制的普通编程方法，MC 和 MCR 指令可以解决这一问题。使用主控指令的触点称为主控触点，它在梯形图中一般垂直使用，主控触点是控制某一段程序的总开关。对图 4-52 中的控制程序可采用主控指令进行简化编程，简化后的梯形图和语句表如图 4-53 所示。

由图 4-53 可知，当常开触点 X001 接通时，主控触点 M0 闭合，执行 MC 到 MCR 的指令，输出线圈 Y001、Y002、Y003、Y004 分别由 X002、X003、X004、X005 的通断来决定各自的输出状态。而当常开触点 X001 断开时，主控触点 M0 断开，MC 到 MCR 的指令之间的程序不执行，此时无论 X002、X003、X004、X005 是否通断，输出线圈 Y001、Y002、Y003、Y004 全部处于 OFF 状态。输出线圈 Y005 不在主控范围内，所以其状态不受主控触点的限制，仅取决于 X006 的通断。

3. 指令功能的说明

1）当控制触点接通，执行主控 MC 指令，相对于母线（LD、LDI 点）移到主控触点后，直接执行从 MC 到 MCR 之间的指令。MCR 令其返回原母线。

2）当多次使用主控指令（但没有嵌套）时，可以通过改变 Y、M 地址号实行，通过常用的 N0 进行编程。N0 的使用次数没有限制。

3）MC、MCR 指令可以嵌套，嵌套级数最多为 8 级。嵌套时，MC 指令的嵌套级 N 的地址号从 N0 开始按顺序增大。使用返回指令 MCR 时，嵌套级地址号顺次减少。

4）MC 指令里的继电器 M（或 Y）不能重复使用，如果重复使用会出现双重线圈的输

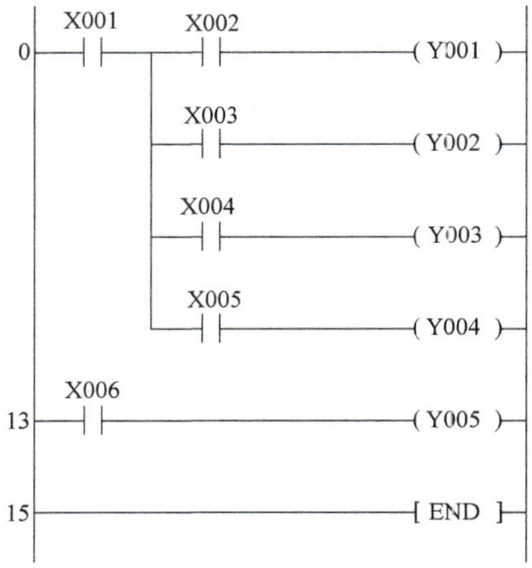

a) 梯形图

LD	X001
MPS	
AND	X002
OUT	Y001
MRD	
AND	X003
OUT	Y002
MRD	
AND	X004
OUT	Y003
MPP	
AND	X005
OUT	Y004
LD	X006
OUT	Y005
END	

b) 语句表

图 4-52　多个线圈受一个触点控制的普通编程方法

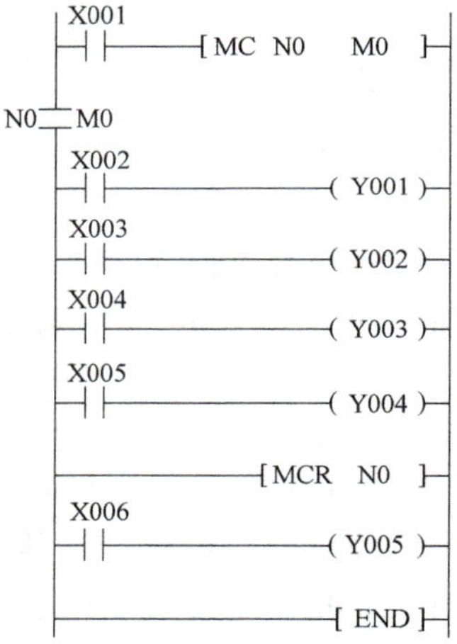

a) 梯形图

LD	X001	
MC	N0	M0
LD	X002	
OUT	Y001	
LD	X003	
OUT	Y002	
LD	X004	
OUT	Y003	
LD	X005	
OUT	Y004	
MCR	N0	
LD	X006	
OUT	Y005	
END		

b) 语句表

图 4-53　MC、MCR 指令编程

出。MC 到 MCR 在程序中是成对出现的。

六、根据继电-接触器控制电路设计 PLC 梯形图的方法

根据继电-接触器控制电路设计 PLC 梯形图的方法也称为 PLC 梯形图的移植设计法或转换设计法。PLC 使用与继电-接触器控制电路图极为相似的梯形图语言，如果用 PLC 改造继电器控制系统，根据继电-接触器控制电路图来设计梯形图是一条捷径。这是因为原有的继电-接触器控制系统经过长期使用和考验，已经被证明能完成系统要求的控制功能，而继电-接触器控制电路图又与梯形图有很多相似之处，因此可以将继电-接触器控制电路图“翻

译”成梯形图。继电-接触器控制电路图是一个纯粹的硬件电路图，将它改为 PLC 控制时，需要用 PLC 的外部接线图和梯形图来等效继电-接触器控制电路图，即用 PLC 的外部硬件接线和梯形图软件来实现继电-接触器控制系统的功能。

1. 设计步骤

1）了解和熟悉被控设备的工艺过程和机械的动作情况，根据继电-接触器控制电路图分析和掌握控制系统的工作原理，这样才能做到在设计和调试控制系统时心中有数。

2）确定 PLC 的输入信号和输出负载，以及在梯形图中与它们对应的输入位和输出位的地址，画出 PLC 的外部接线图。

继电-接触器控制电路图中的交流接触器和电磁阀等执行机构用 PLC 的输出继电器来控制，它们的线圈接在 PLC 的输出端。按钮、操作开关、限位开关、接近开关等用来给 PLC 提供控制命令和反馈信号，它们的触点接在 PLC 的输入端，一般使用常开触点。继电-接触器控制电路图中的中间继电器和时间继电器的功能用 PLC 内部的辅助继电器和定时器来完成，它们与 PLC 的输入继电器和输出继电器无关。

3）确定与继电-接触器控制电路图中的中间继电器、时间继电器对应的梯形图中的辅助继电器和定时器的地址。

4）根据上述的对应关系画出梯形图。

2. 注意事项

1）应遵守梯形图语言中的语法规定和编程规则。

2）适当的分离继电-接触器控制电路图中的某些电路，以便于阅读和理解所设计出的梯形图。

3）尽量减少 PLC 的输入和输出点，以降低 PLC 硬件费用。

4）时间继电器的处理。在梯形图中，可以通过在定时器的线圈两端并联辅助继电器的线圈，获得相当于时间继电器的瞬动触点（即该辅助继电器的触点）。

5）设置中间单元。在梯形图中，若多个线圈都受某一触点串并联电路的控制，这时为了简化电路，在梯形图中可以设置中间单元，即用该电路来控制某辅助继电器，在各线圈的控制电路中使用其常开触点。这种中间元件类似于继电-接触器控制电路中的中间继电器。

6）设立外部硬件互锁电路。控制异步电动机运行的交流接触器如果同时动作会造成三相电源短路，那么就必须在 PLC 外部设置硬件互锁电路。例如，正反转控制、Y-△减压起动控制等。

7）外部负载的额定电压问题。PLC 的继电器输出模块和双向晶闸管输出模块一般只能驱动额定电压 AC 250V 的负载，如果系统原来的交流接触器的线圈额定电压为 AC 380V，应换成额定电压为 AC 220V 的线圈，或者设置外部中间继电器。

8）热继电器过载信号的处理。如果热继电器属于自动复位型，其触点提供的过载信号必须通过输入电路提供给 PLC，用梯形图实现过载保护（也称为软保护）；如果属于手动复位型热继电器，其常闭触点可以在 PLC 的输出电路中与控制电动机的交流接触器的线圈串联（也称为硬保护）。

任务实施

实施本任务所使用的工具、仪表及器材可参考表 4-17。

表 4-17　工具、仪表及器材表

类别	序号	名称	型号与规格	单位	数量	备注
工具	1	电工常用工具	测电笔、螺钉旋具、尖嘴钳、斜口钳、剥线钳、电工刀等	套	1	
仪表	2	万用表	MF47	块	1	
	3	兆欧表	500V,0～200MΩ	只	1	
	4	钳形电流表	0～50A	只	1	
器材	5	编程计算机	装有编程软件 GX-Developer Ver. 8	台	1	
	6	通信电缆	FX-422CAB-150 型 RS-422 缆线	条	1	
	7	可编程序控制器	FX_{2N}—48MR	台	1	
	8	导轨	C45	m	0.3	
	9	空气断路器	Multi9 C65N D20	只	1	三极
	10	空气断路器	Multi9 C65N D20	只	2	单极
	11	熔断器 FU1	RL1—60/25,380V,60A,配熔体 25A	只	3	
	12	熔断器 FU2	RL1—15/2,380V,15A,配熔体 2A	只	1	
	13	接触器 KM	CJT1—20,20A,线圈电压 220V	只	3	
	14	热继电器 FR	JR36—20,热元件 16A,整定电流 10～16A	只	1	
	15	按钮 SB	LA4—2H	只	1	
	16	接线端子排 XT	D—20	只	1	
	17	控制盘	600mm×900mm	块	1	
	18	电动机 M	Y112M—4,7.5kW,380V,15.4A,△联结	台	1	

一、分析控制要求，分配 PLC 输入点和输出点

输入/输出地址表，见表 4-18。

表 4-18　输入/输出地址表

输入			输出		
元件代号	作用	输入继电器	元件代号	作用	输出继电器
SB2	停止按钮	X000	KM	电源控制	Y000
SB1	起动按钮	X001	$KM_{\triangle}$	三角形控制	Y001
			KM_{Y}	星形控制	Y002

二、绘制并安装 PLC 控制电路

根据输入/输出地址表绘制三相异步电动机Y-△减压起动 PLC 控制电路，如图 4-54 所示。请自行绘制实际接线图。

安装 PLC 控制电路时，接触器 KM、$KM_{\triangle}$、KM_{Y}线圈暂时先不接到 PLC 输出端 Y0、Y1、Y2，待梯形图程序的模拟调试通过后再连接。

三、设计梯形图程序

1. 采用起保停电路设计程序

(1) Y-△减压起动电源控制程序的设计　编程思路：分析如图 4-37 所示的Y-△减压起

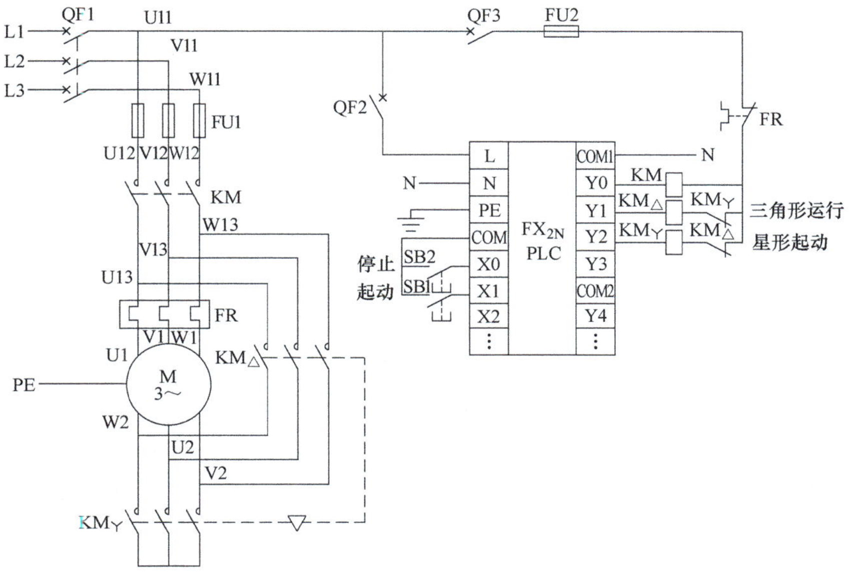

图 4-54　三相异步电动机Y-△减压起动 PLC 控制电路

> **注意**　在Y-△减压起动的过程中要完成Y联结到△联结的切换，Y联结起动和△联结运行不能同时通电。如果Y联结和△联结同时通电，会造成电源相间短路。因此在设计Y-△减压起动控制电路图时，由于 PLC 的扫描周期和接触器的动作时间不匹配，只在梯形图中加入“软继电器”的互锁会造成 Y002 虽然断开，可能接触器 KM_Y 还未断开，在没有外部硬件联锁的情况下，接触器 $KM_△$ 会得电动作，主触点闭合，会引起主电路电源相间短路；同理，在实际控制过程中，当接触器 $KM_△$ 或接触器 KM_Y 任何一个接触器的主触点熔焊时，由于没有外部硬件的联锁，只在梯形图中加入“软继电器”的互锁仍然会造成主电路电源相间短路。此外，还可以通过程序增加一个Y联结断电后的延时控制再接通△联结。

动的继电-接触器控制电路原理和控制时序图可知，无论是Y起动还是△运行，接触器 KM（Y000）始终保持得电。因此，可以采用项目四之任务一中所介绍的起保停电路进行接触器 KM（Y000）电源的控制设计，其控制程序如图 4-55 所示。

（2）Y-△减压起动中Y起动控制程序的设计　编程思路：由于Y起动控制时，除了接触器 KM（Y000）得电外，还必须使接触器 KM_Y（Y002）通电，因此可以通过 Y000 的辅助常开触点使 Y002 线圈获电，即将 Y000 的辅助常开触点与 Y002 线圈串联，其控制程序如图 4-56 所示。

（3）Y-△减压起动的Y起动延时控制程序的设计　编程思路：由于Y起动的延时时间为 5s，因此可采用编程元件定时器 T0 的辅助常闭触点与 Y002 线圈串联进行延时控制编程设计，如图 4-57 所示。值得一提的是，由于 T0 为 100ms 的通用定时器，因此在设置时间参数时应为 K50。

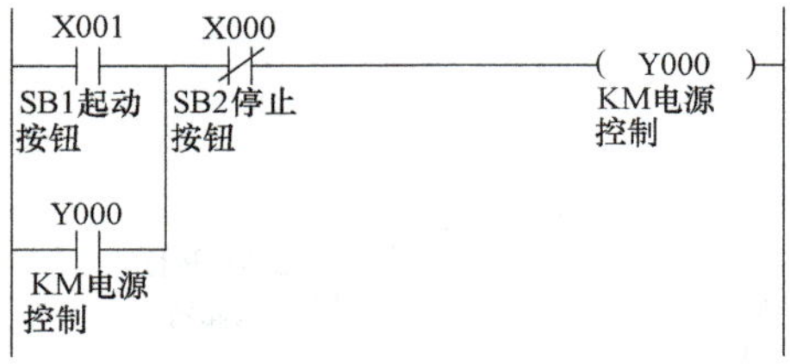

图 4-55 Y-△减压起动电源控制程序

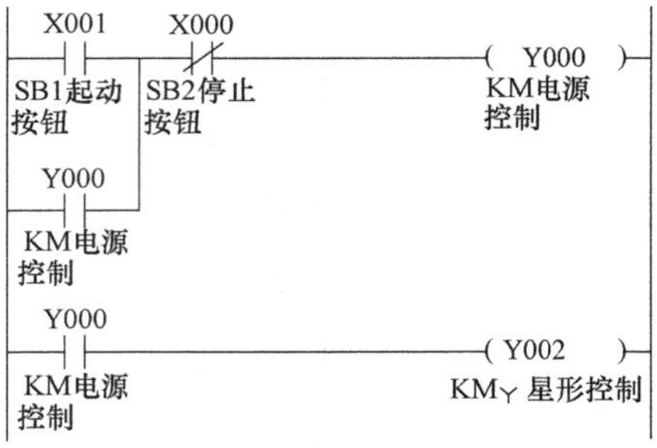

图 4-56 Y起动控制程序

（4）Y-△减压起动的△运行控制程序的设计　编程思路：当Y起动结束后，通过定时器 T0 的辅助常开触点接通△控制接触器 $KM_{\triangle}$（Y001）。由于△运行时必须保证 Y002 断电，因此在Y起动的支路中串联 Y001 的常闭触点。另外，为了保证在定时器 T0 断电后，使 Y001 线圈保持得电，用 Y001 的辅助常开触点与 T0 的辅助常开触点并联，实现 Y001 的自保持控制，其控制程序如图 4-58 所示。

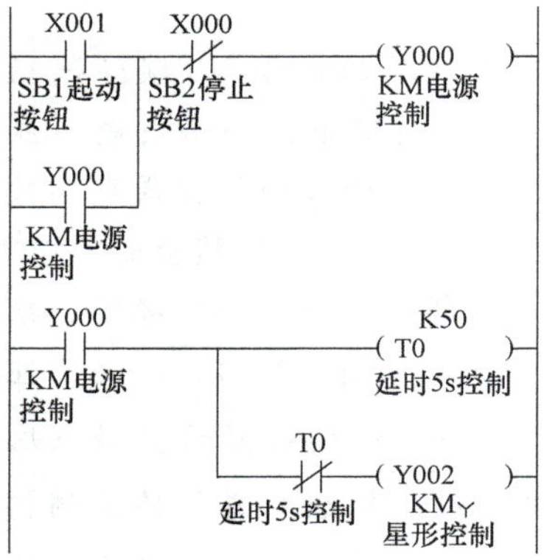

图 4-57 Y起动延时控制程序

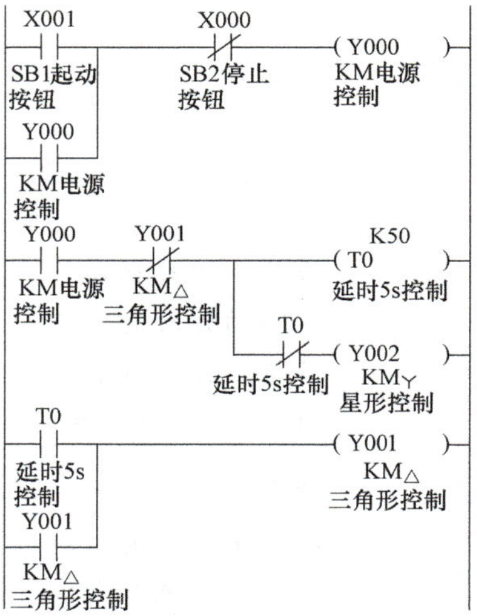

图 4-58 △运行控制程序

（5）添加必要的联锁保护，完善控制程序　编程思路：从如图 4-58 所示的程序可以看出，当按下停止按钮 SB2（X000）时，无法使 Y001 断电。因此，必须在△运行控制电路中串联 X000 的常闭触点。另外，由于Y起动时必须保证接触器 $KM_{\triangle}$ 线圈断电，因此，在△运行控制支路中还要串联 Y002 的常闭触点。这样经过逐步完善程序，得出采用起保停电路设计的三相异步电动机Y-△减压起动 PLC 控制程序，如图 4-59 所示。

2. 采用块指令和多重输出指令设计

编程思路：对于编程初学者，常常采用块指令和多重输出指令，根据继电-接触器电路设计 PLC 梯形图的方法，将原继电-接触器控制电路直接等效出 PLC 控制梯形图程序，如图 4-60 所示。

3. 采用主控指令进行设计

编程思路：分析如图 4-37 所示的Y-△减压起动的继电-接触器控制电路原理和控制时

序图可知，无论是Y起动还是△运行，电源控制接触器 KM（Y000）起着主控的作用，$KM_{\triangle}$（Y001）、KM_{Y}（Y002）线圈的通断，都直接受到 KM（Y000）常开辅助触点的控制。因此，可将 KM（Y000）常开辅助触点作为主控触点。根据主控指令的编程原则，采用主控指令设计的程序如图 4-61 所示。

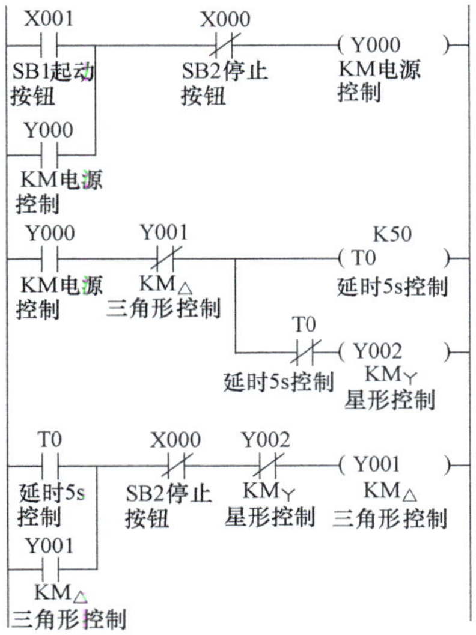

a) 梯形图

LD	X001	
OR	Y000	
ANI	X000	
OUT	Y000	
LD	Y000	
ANI	Y001	
OUT	T0	K50
ANI	T0	
OUT	Y002	
LD	T0	
OR	Y001	
ANI	X000	
ANI	Y002	
OUT	Y001	
END		

b) 语句表

图 4-59　采用起保停电路设计的Y-△减压起动控制程序

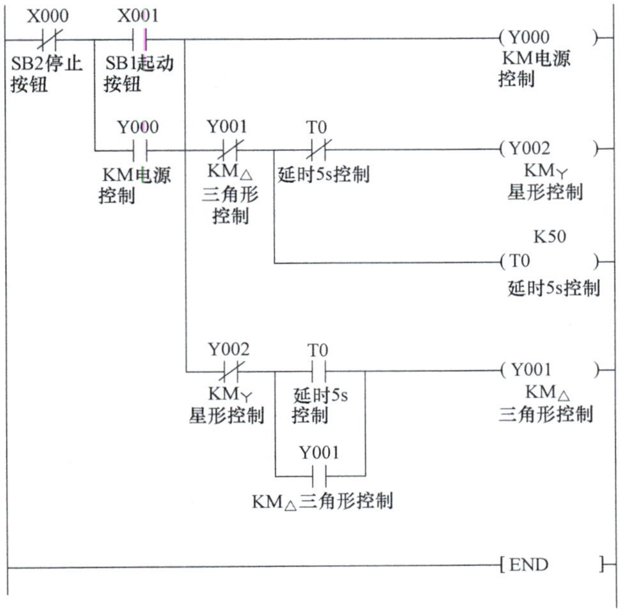

a) 梯形图

LDI	X000	
LD	X001	
OR	Y000	
ANB		
OUT	Y000	
MPS		
ANI	Y001	
MPS		
ANI	Y0	
OUT	Y002	
MPP		
OUT	T0	K50
MPP		
ANI	Y002	
LD	T0	
OR	Y001	
ANB		
OUT	Y1	
END		

b) 语句表

图 4-60　采用块指令和多重输出指令设计的Y-△减压起动控制程序

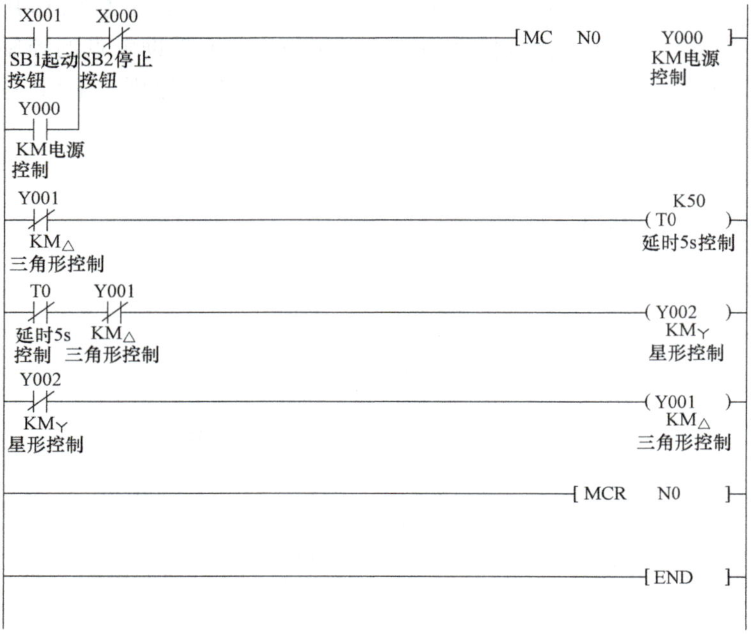

a) 梯形图

LD	X001	
OR	Y000	
ANI	X000	
MC	N0	Y000
LDI	Y001	
OUT	T0	K50
LDI	T0	
ANI	Y001	
OUT	Y002	
LDI	Y002	
OUT	Y001	
MCR	N0	
END		

b) 语句表

图 4-61 采用主控指令设计的Y-△减压起动控制程序

提示

由于 PLC 控制方式与继电-接触器控制方式是两种不同的控制方式，不是所有的继电-接触器控制电路都可以直接等效转换成梯形图，特别是较复杂的继电-接触器控制电路。例如，图 2-32 所示的Y-△减压起动控制电路就不能简单地直接等效转换成梯形图。

想一想

如果将如图 2-32 所示的Y-△减压起动控制电路简单地直接等效转换成梯形图会出现什么情况？

四、PLC 程序仿真运行

在项目四之任务一中曾介绍了“软元件测试法”的程序仿真运行方法。当梯形图程序较为复杂时，采用该方法进行仿真监控不太直观，一般会采用“继电器内存监视法”进行仿真，其操作过程如下（以图 4-61 所示采用主控指令设计的Y-△减压起动控制程序为例）：

1. 梯形图逻辑测试起动

单击工具栏中的“梯形图逻辑测试起动/结束”图标“”，会出现如图 4-62 所示的画面。

2. 打开“继电器内存监视”窗口

单击图 4-62 所示画面中“LADDER LOGIC TEST TOOL”对话框中的“菜单起动”，会

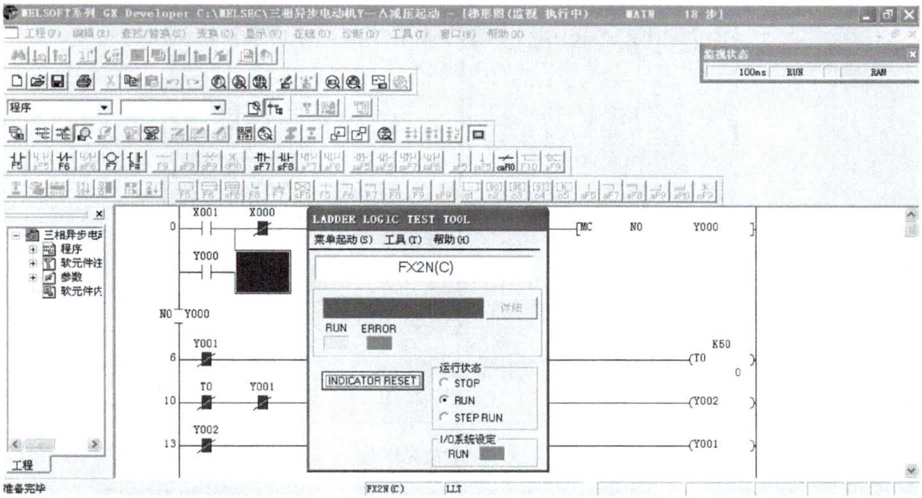

图 4-62　启动仿真软件

a) 选择“菜单起动”和“继电器内存监视”　　　　b)“继电器内存监视”画面

图 4-63　打开“继电器内存监视”窗口

出现如图 4-63a 所示的选择窗口。然后选择并单击“继电器内存监视”，会出现如图 4-63b 所示的画面。

3. 打开位软元件 X 的监视窗口

如图 4-64a 所示画面，将光标选择到“位软元件窗口”并单击位软元件“X”，出现图 4-64b 所示窗口。

4. 打开软元件 Y 和 T 的监视窗口

用上述同样的方法分别进行位软元件 Y 和字软元件 T 的选择，然后单击工具栏中的“窗口(W)”，选择“并列表示”并单击，会出现如图 4-65 所示的位软元件 X、Y 和字软元件 T 的并列表示监控窗口。

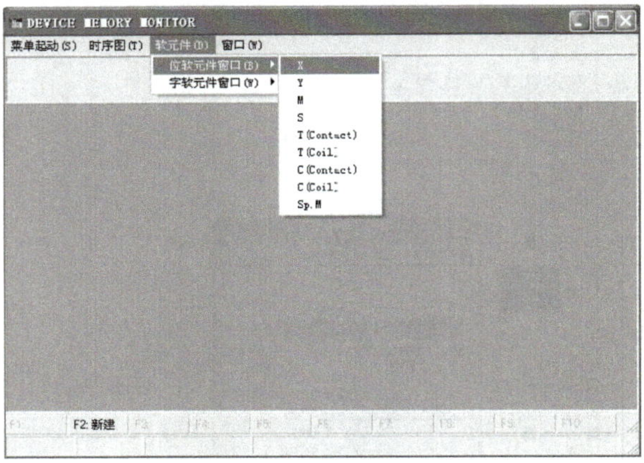

a) 选择位软元件X

b) 位软元件X监视窗口

图 4-64 打开位软元件 X 监视窗口

5. Y减压起动监控

双击图 4-65 中位软元件 X 监视窗口的"0001"，相当于按下起动按钮 SB1（X001），此时可观察到"0001"黄色的指示灯亮（说明按钮 SB1 已接通），同时位软元件 Y 监视窗口的"0000"（Y000 控制接触器 KM）和"0002"（Y002 控制接触器 KM_{Y}）的黄色指示灯亮（说明此时电动机已经作Y形起动），定时器 T0 从 0 开始计时，如图 4-66 所示。然后再双击位软元件 X 监视窗口的"0001"（相当于松开按纽 SB1），黄色的指示灯熄灭，同时位软元件 Y 监视窗口的"0000"和"0002"黄色指示灯保持亮。

6. △运行监控

当定时器 T0 计时 5s（即当前值等于设定值 K50）时，位软元件 Y 监视窗口的"0002"黄色指示灯熄灭（相当于接触器 KM_{Y}断开），此时位软元件 Y 监视窗口"0000"和"0001"的黄色指示灯亮（相当于接触器 KM 和接触器 $KM_{\triangle}$ 接通）电动机进入△运行状态，如图 4-67 所示。另外，字软元件 T 监视窗口的定时器 T0 的当前值也清 0。

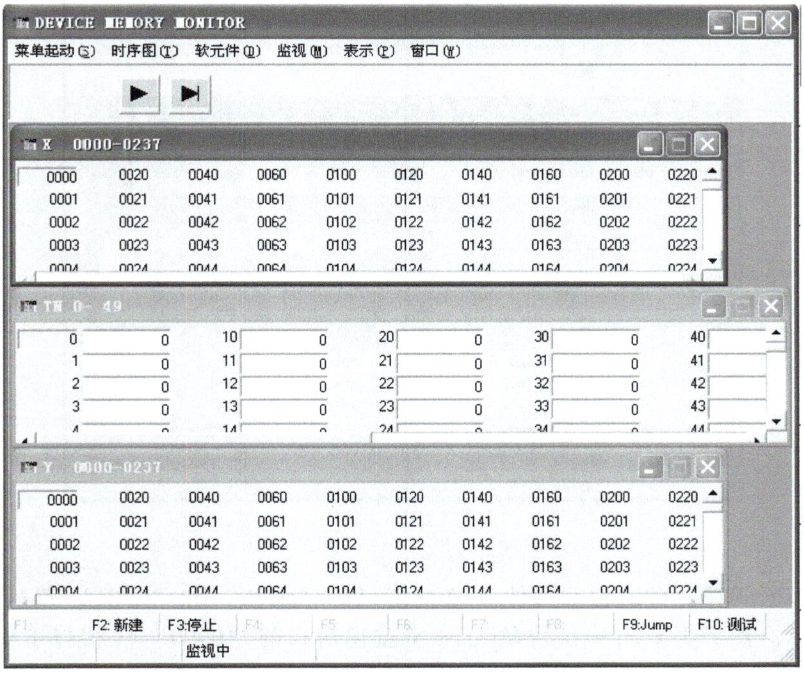

图 4-65　软元件 X、Y、T 的并列表示监控窗口

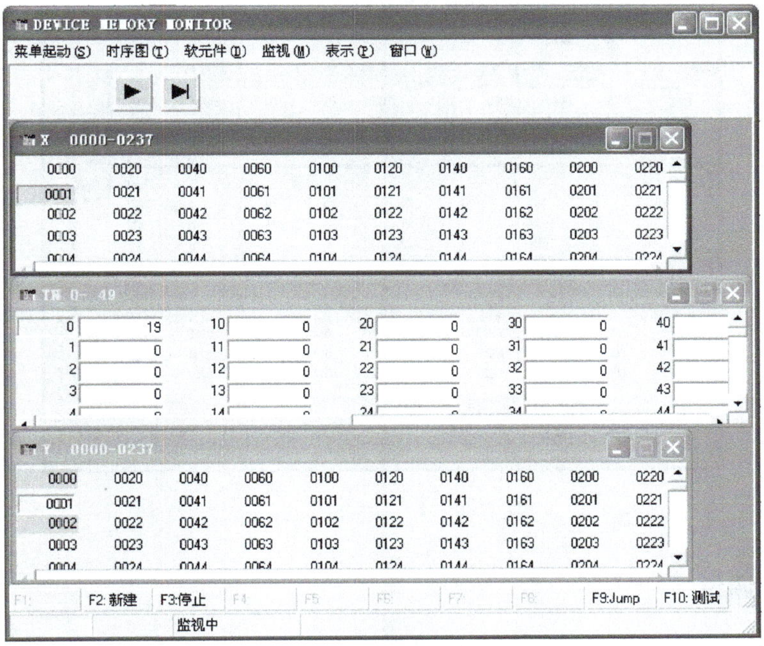

图 4-66　Y减压起动监控画面

7. 停止控制监控

当需要停止时，只要双击图 4-67 所示画面中的位软元件 X 监视窗口的“0000”（相当

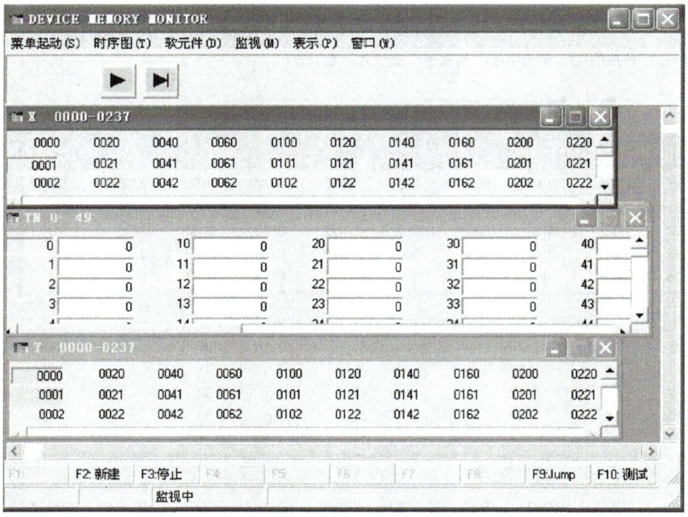

图 4-67 △全压运行监控画面

于按下停止按钮 SB2)，此时位软元件 Y 监视窗口的“0000”和“0001”黄色指示灯熄灭，如图 4-68 所示。然后再双击一次位软元件 X 监视窗口的“0000”（相当于松开停止按钮 SB2）回到初始状态，等待第二次起动。

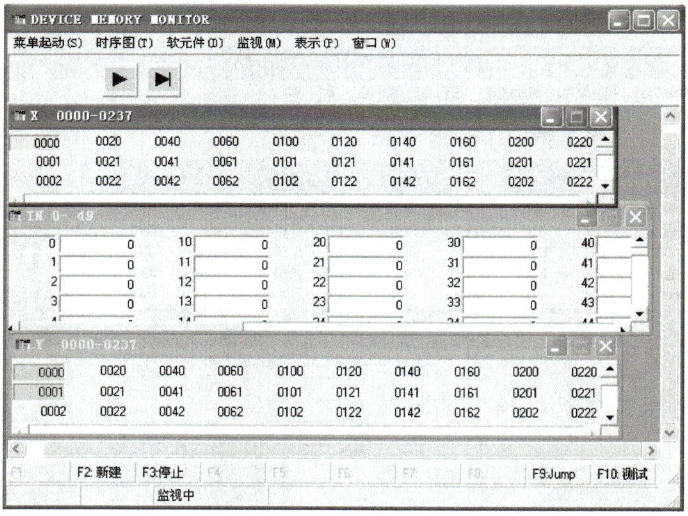

图 4-68 停止控制监控画面

五、模拟调试

按照模拟调试的方法和步骤进行梯形图程序的模拟调试。

六、联机调试

梯形图程序模拟调试成功后，接上实际的负载，按照表 4-19 进行联机调试和记录。

表 4-19　联机调试记录表

操作步骤	操　作　内　容	观　察　内　容	观察结果
1	RUN/STOP 转换开关拨在 STOP 位置，合上电源开关 QF1、QF2 和 QF3	RUN 指示灯状态	
2	RUN/STOP 转换开关拨在 RUN 位置		
3	按下起动按钮 SB1	I/O 指示灯状态，接触器 KM、KM_Y 和 $KM_\triangle$，以及电动机 M 的运行情况	
4	按下停止按钮 SB2		
5	RUN/STOP 转换开关拨在 STOP 位置	STOP、RUN 指示灯状态	
	调试完毕，关断电源开关 QF1、QF2 和 QF3		

任务评价

三相异步电动机Y-△减压起动 PLC 控制电路的安装与调试任务评价参见表 4-10。

任务拓展

定时器的拓展应用

1. 断开延时控制程序

PLC 中定时器都是接通延时，图 4-69 所示为断开延时程序的梯形图和时序图，程序的运行过程是：当定时起动信号 X013 接通时，M0 线圈接通并自锁，输出继电器 Y003 线圈接通，这时定时器 T13 因 X013 常闭触点断开而没有定时。当起动信号 X013 断开时，X013 的常闭触点恢复闭合，T13 线圈得电，开始定时。经过 10s 延时后，T13 常闭触点断开，使 M0 复位，输出继电器 Y003 线圈失电，Y003 常开触点断开，从而实现从输入信号 X013 断开，经 10s（定时器常数设定值决定）延时后，输出信号 Y003 才断开的延时功能。

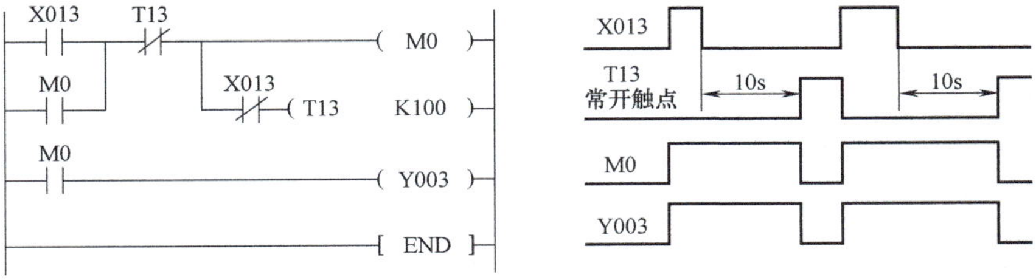

a) 梯形图　　b) 时序图

图 4-69　断开延时控制程序

2. 接通延时和断开延时控制程序

图 4-70 所示是接通延时和断开延时程序的梯形图和时序图。程序运行过程是：当起动信号 X013 接通时，M0 线圈接通且自锁触点闭合，T12 线圈得电，开始定时。如果 X013 接通时间不到 10s，则 Y003 不会工作。如果 X013 接通时间超过 10s，T12 触点闭合，Y003 工作。当起动信号 X013 断开时，X013 的常闭触点恢复闭合，T13 线圈得电，开始定时，超过 10s 后，T13 常闭触点断开，Y003 停止工作。从而实现输入信号 X013 接通 10s（定时器常数设定值决定）Y003 线圈工作，输入信号 X0013 断开 10s 后 Y003 线圈才不工作的延时

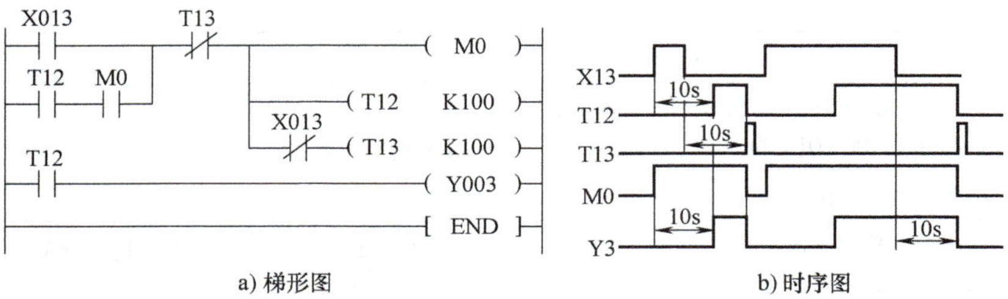

图 4-70 接通延时和断开延时控制程序

功能。

课后测评

一、填空题

1. PLC 运行时总是 ON 的特殊辅助继电器是________，在第一个扫描周期接通可用于初始化子程序的特殊辅助继电器是________。

2. 特殊辅助继电器________产生周期为 1min 的时钟脉冲，特殊辅助继电器________产生周期为 1s 的时钟脉冲。

3. 定时器中有一个________、一个________和一个用来存储其输出触点的________，这三个量使用同一地址编号。

4. PLC 中定时器可在程序中做________控制，FX_{2N} 系列 PLC 常见定时器的时钟脉冲有________ ms、________ ms 和________ ms 三种不同周期。

5. 采用 FX_{2N} 系列 PLC 实现定时 10s 的控制功能，如果选用定时器 T0，其定时时间常数值应该设定为 K ________；如果选用定时器 T200，其定时时间常数值应该设定为 K ________。

二、判断题（正确的打“√”，错误的打“×”）

1. 特殊继电器 M8013 是 100ms 时钟脉冲。（ ）

2. OUT T0 K10 指令必须在 T0 后面键入 SP 空格键才可正常输入程序。（ ）

3. MPS、MPP 指令必须成对使用。（ ）

4. 并联连接几个串联支路时，其支路的起点以 LD/LDI 开始，并联结束后用 ORB。（ ）

5. 使用 ANB 指令时，分支的起点用 LD/LDI 指令，并联电路结束后使用 ANB 指令与前面电路串联。（ ）

三、选择题（请把正确答案的字母填入括号中）

1. PLC 的内部辅助继电器是（ ）。

A. 内部软件变量，非实际对象，可多次使用　B. 内部微型电器

C. 一种内部输入继电器　D. 一种内部输出继电器

2. PLC 中有许多辅助继电器，其作用相当于继电-接触器控制系统中的（ ）。

A. 接触器　B. 中间继电器　C. 熔断器　D. 时间继电器

3. PLC 的特殊辅助继电器指的是（ ）。

A. 提供具有特定功能的内部继电器　B. 断电保护继电器

C. 内部定时器和计数器　　　D. 内部状态指示继电器和计数器

4. FX_{2N}系列 PLC 的运行监控触点是（　　）。

A. M8000　　B. M8002　　C. M8011　　D. M8012

5. 在 PLC 运行时，总为 ON 的特殊辅助继电器位是（　　）。

A. M8000　　B. M8002　　C. M8011　　D. M8012

四、问答题

1. 简述采用定时器串级使用实现长时间延时的方法。
2. FX_{2N}系列 PLC 的栈操作指令有哪些?
3. 简述根据继电-接触器电路设计 PLC 梯形图的方法和步骤。

五、编程题

1. 将图 4-71 所示梯形图转换成语句表。

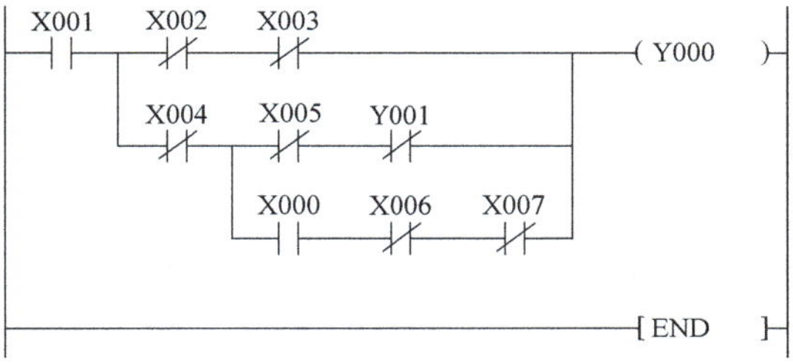

图 4-71　习题图 1

2. 根据语句表画出对应梯形图。

0	LD	X000	11	ORB	
1	MPS		12	ANB	
2	LD	X001	13	OUT	Y001
3	OR	X002	14	MPP	
4	ANB		15	AND	X007
5	OUT	Y000	16	OUT	Y002
6	MRD		17	LD	X010
7	LDI	X003	18	ORI	X011
8	AND	X004	19	ANB	
9	LD	X005	20	OUT	Y003
10	ANI	X006			

3. 试设计满足图 4-72 所示波形的梯形图程序。

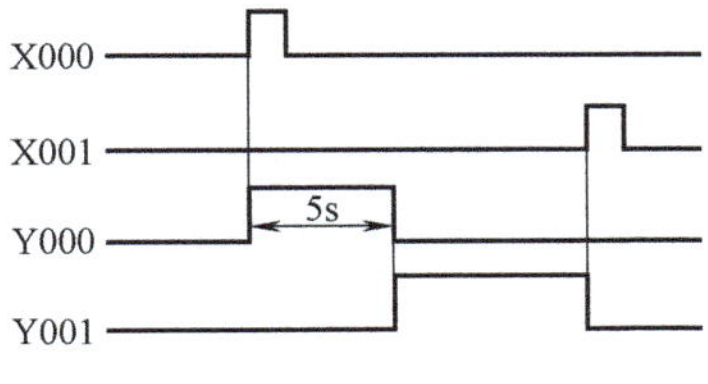

图 4-72　习题图 2

4. 用PLC控制一盏灯，按下起动按钮SB1，灯亮3s，灭2s，并循环下去；当按下停止按钮SB2后，灯熄灭，停止循环。请设计梯形图。

任务三　应用PLC设计机床工作台自动往返循环控制电路

学习目标

1. 掌握编程元件计数器C的功能和使用方法，掌握计数控制程序的编制方法。
2. 掌握脉冲检测指令（LDP、LDF、ANDP、ANDF、ORP、ORF）及脉冲输出指令（PLS、PLF）的功能和使用方法。
3. 掌握功能添加法设计程序的原则，能使用功能添加法设计较复杂的PLC控制程序。
4. 能设计机床工作台自动往返循环PLC控制电路，并完成安装和调试。

任务描述

图4-73所示为某机床工作台自动往返循环工作示意图，工作台的前进、后退由电动机通过丝杠驱动。

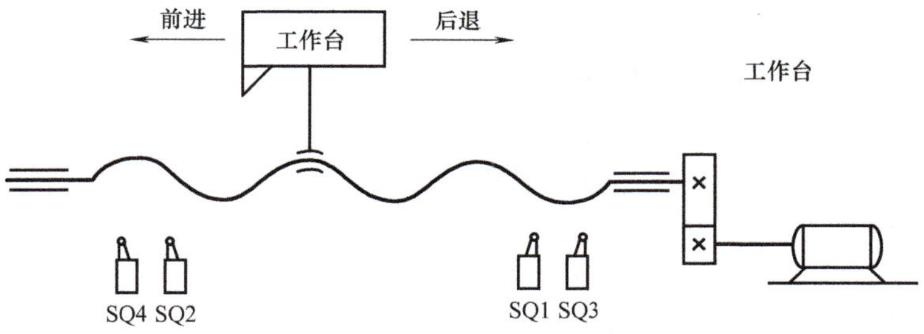

图4-73　机床工作台自动往返循环工作示意图

本任务要求使用PLC控制方式实现如图4-73所示工作台自动往返循环工作，完成工作台自动往返循环PLC控制电路的设计、安装和调试。

控制要求：

1）自动往返循环工作，且工作台在两端各停留5s后再返回。

2）点动控制（供调试用）。

3）单循环运行，即工作台前进、后退一次循环后停在原位。

4）3次循环计数控制。即工作台前进、后退一次为一个循环，循环3次后自动停止在原位。

5）具有短路保护和过载保护等必要的保护措施。

知识链接

一、脉冲检测指令（LDP、LDF、ANDP、ANDF、ORP、ORF）

1. 指令的功能及操作数（见表4-20）

表4-20　脉冲检测指令的功能及操作数

指令名称	功　能	操作数
取脉冲上升沿指令 LDP	上升沿检测运算开始	X,Y,M,S,T,C
取脉冲下降沿指令 LDF	下降沿检测运算开始	
与脉冲上升沿指令 ANDP	上升沿检测串联连接	
与脉冲下降沿指令 ANDF	下降沿检测串联连接	
或脉冲上升沿指令 ORP	上升沿检测并联连接	
或脉冲下降沿指令 ORF	下降沿检测并联连接	

2. 脉冲检测指令功能说明

1）脉冲检测指令（LDP、LDF、ANDP、ANDF、ORP、ORF）只适用于 FX_{1S}、FS_{1N}、FX_{2N}和 FX_{2NC}机型。

2）LDP、ANDP、ORP 指令使指定的位软元件上升沿时接通一个扫描周期，而 LDF、ANDF、ORF 指令使指定的位软元件下降沿时接通一个扫描周期。

3. 编程实例（见表4-21）

表4-21　脉冲检测指令应用的梯形图、语句表和时序图

梯形图	语句表	时序图
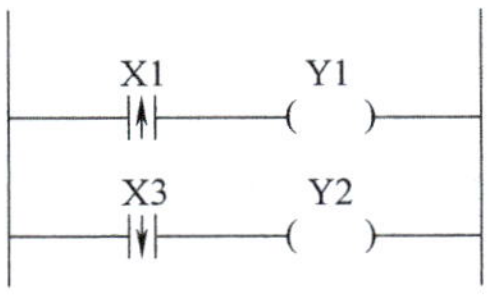	LDP X1 OUT Y1 LDF X3 OUT Y2	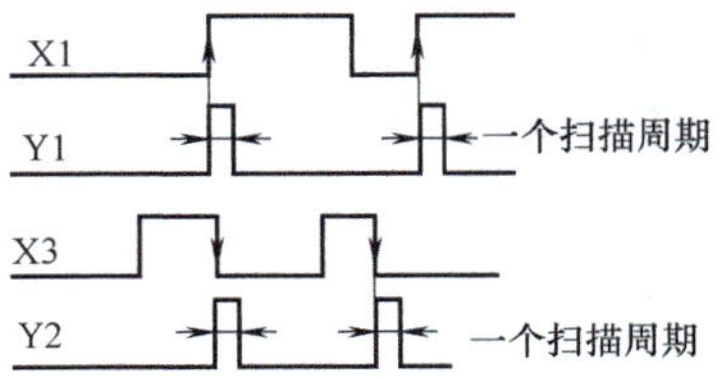
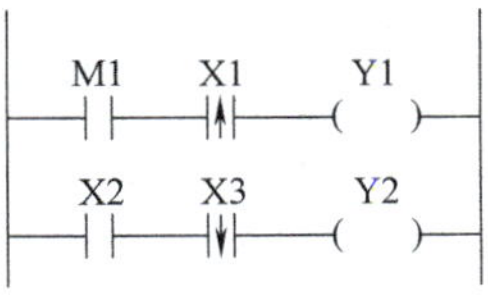	LD M1 ANDP X1 OUT Y1 LD X2 ANDF X3 OUT Y2	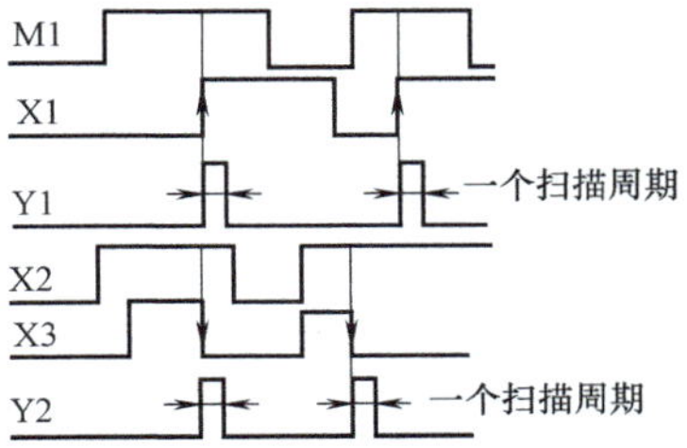

（续）

梯 形 图	语 句 表	时 序 图
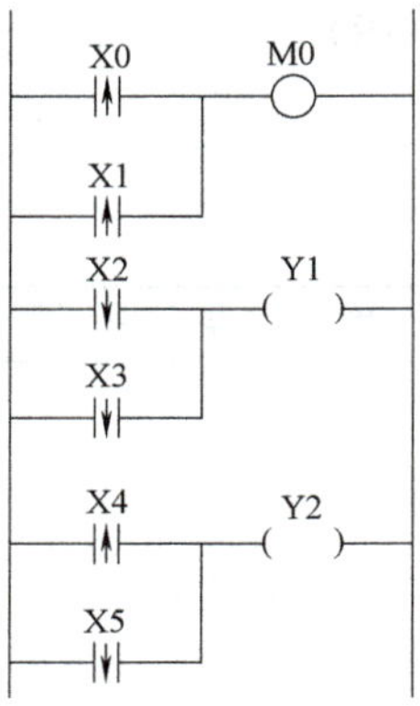	LDP X0 ORP X1 OUT M0 LDF X2 ORF X3 OUT Y1 LDP X4 ORF X5 OUT Y2	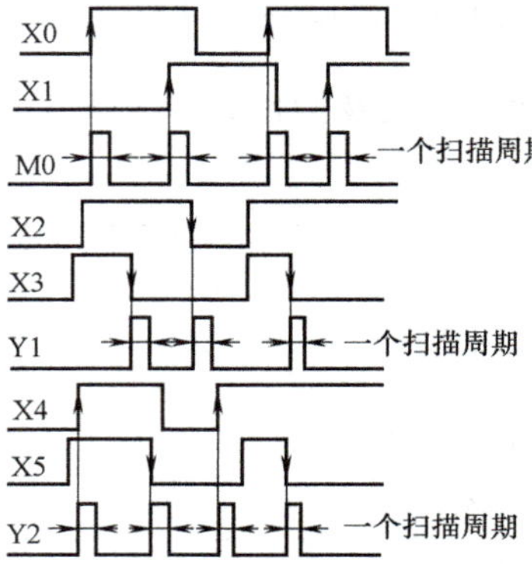

二、脉冲输出指令（PLS、PLF）

1. 指令的功能及操作数（见表 4-22）

表 4-22　脉冲输出指令的功能及操作数

指 令 名 称	功　　能	操　作　数
上升沿脉冲指令 PLS	上升沿微分输出	Y，M（特殊 M 除外）
下降沿脉冲指令 PLF	下降沿微分输出	Y，M（特殊 M 除外）

2. 指令功能的说明

1）使用 PLS 指令时，仅在驱动输入 ON 后一个扫描周期内，软元件 Y、M 动作。

2）使用 PLF 指令时，仅在驱动输入 OFF 后一个扫描周期内，软元件 Y、M 动作。

3. 编程实例

PLS 指令的编程实例如图 4-74 所示。图中 X001 接通（由 OFF→ON）时，M0 接通（ON）一个扫描周期，同时使得输出线圈 Y001 接通（ON）并保持；当 X002 接通（由 OFF→ON）时，使得输出线圈 Y001 断开（OFF）即复位。

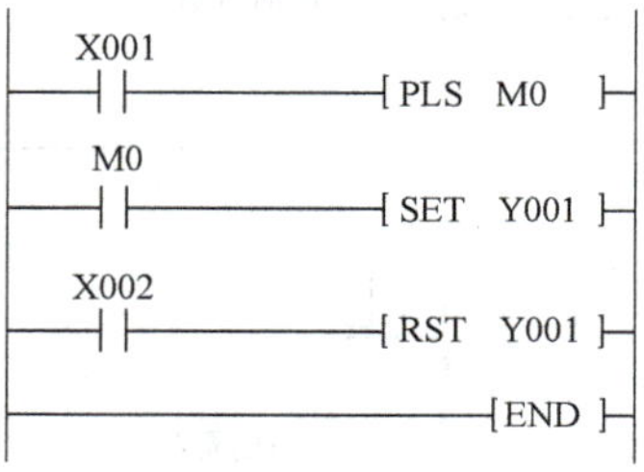

a) 梯形图

```
LD    X001
PLS   M0
LD    M0
SET   Y001
LD    X002
RST   Y001
END
```

b) 语句表

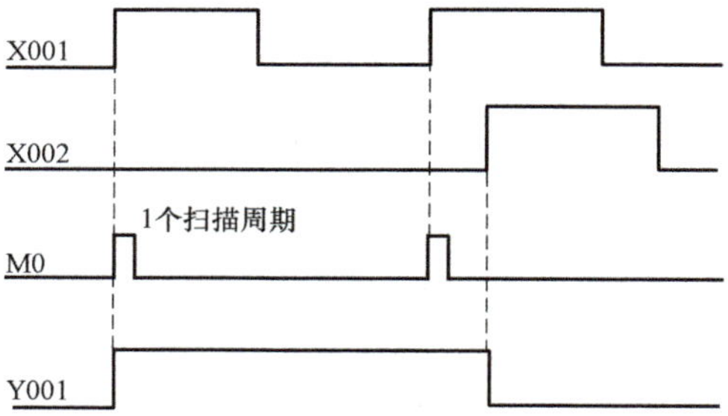

c) 时序图

图 4-74　PLS 指令的编程实例

分频器的编程实例如图 4-75 所示。待分频的脉冲信号加在 X000 端，在第一个脉冲信号到来时，M100 产生一个扫描周期的脉冲，使 M100 的常开触点闭合一个扫描周期。这时确定 Y000 状态的前提是 Y000 置 0，M100 置 1。图中 Y000 工作条件的两个支路中 1 号支路接通，2 号支路断开，Y000 置 1。第一个脉冲到来一个扫描周期后，M100 置 0，Y000 置 1，在这样的条件下分析 Y000 的状态，第二个支路使 Y000 保持置 1。

PLF 指令的编程实例如图 4-76 所示。图中 X001 接通（由 OFF→ON）时，M0 接通（ON）一个扫描周期，同时使得输出线圈 Y001 接通（ON）并保持；当 X002 断开（由ON→OFF）时，M1 接通（ON）一个扫描周期，同时使得输出线圈 Y001 断开（OFF）即复位。

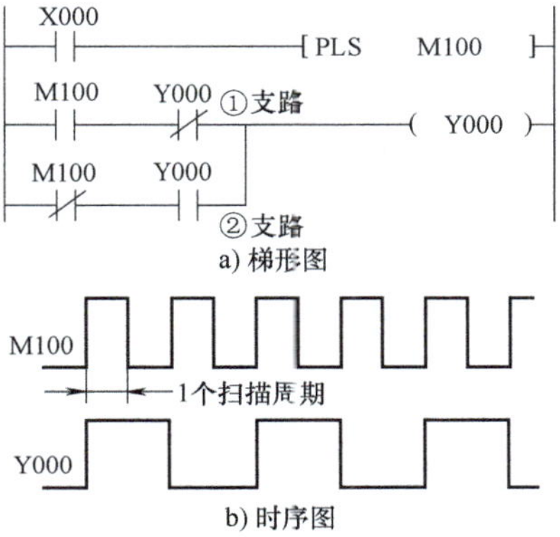

图 4-75　分频器

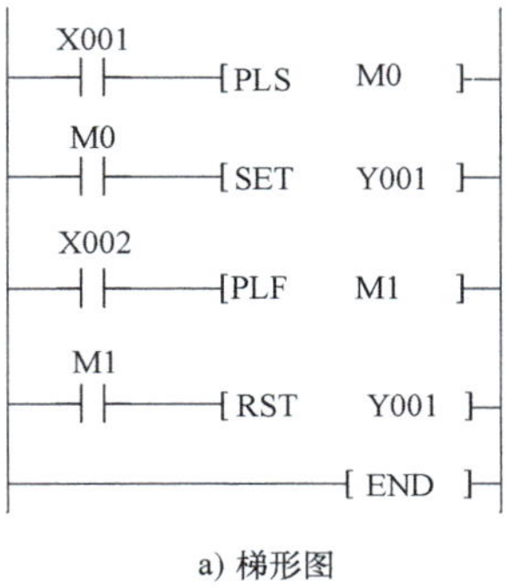

LD	X001
PLS	M0
LD	M0
SET	Y001
LD	X002
PLF	M1
LD	M1
RST	Y001
END	

b) 语句表

图 4-76　PLF 指令的编程实例

想一想

请画出图 4-75 所示程序的时序图。

三、计数器 C

1. 计数器的分类

FX_{2N} 系列 PLC 提供了两类计数器，一类为内部计数器，它是 PLC 在执行扫描操作时间对内部信号等进行计数的计数器，要求输入信号的接通或断开时间应大于 PLC 的扫描周期；另一类是高速计数器，其响应速度快，因此对于频率较高的计数就必须采用高速计数器。内部计数器分为 16 位加计数器和 32 位加/减计数器两类，计数器采用 C 和十进制共同组成编号。在此仅介绍 16 位加计数器。

C0 ~ C199 共 200 点是 16 位加计数器，其中 C0 ~ C99 共 100 点为通用型，C100 ~ C199 共 100 点为断电保持型（断电保持型即断电后能保持当前值，通电后继续计数）。这类计数为递加计数，应用前先对其设置某一设定值，当输入信号（上升沿）个数累加到设定值时，计数器动作，其常开触点闭合、常闭触点断开。16 位加计数器的设定值为 1 ~ 32767，设定值可以用常数 K 或者通过数据寄存器 D 来设定。

2. 计数器的工作原理

16 位加计数器的工作过程如图 4-77 所示。图中计数输入 X000 是计数器的工作条件，X000 每次驱动计数器 C0 的线圈时，计数器的当前值加 1。K5 为计数器的设定值。当第 5 次执行线圈指令时，计数器的当前值和设定值相等，输出触点就动作。Y000 为计数器 C0 的工作对象，在 C0 的常开触点接通时置 1。而后即使计数器输入 X000 再动作，计数器的当前值也保持不变。由于计数器的工作条件 X000 本身就是断续工作的，外电源正常时，其当前值寄存器具有记忆功能，因而即使是非掉电保持型的计数器也需复位指令才能复位。图 4-77 中 X001 为复位条件。当复位输入 X001 在上升沿接通时，执行 RST 指令，计数器的当前值复位为 0，输出触点也复位。

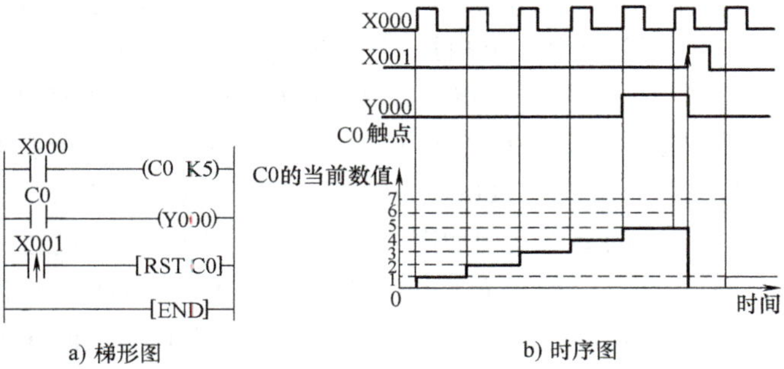

图 4-77 计数器的工作过程

想一想

为什么计数器的设定值为 0 和 1 时，执行结果是一样的？

3. 编程实例

【例 4-1】 一个计数器最大计数值为 32767，在实际应用中，如果计数范围超过该值，就需要对计数器的计数范围进行扩展。如图 4-78 所示计数器扩展电路，其中图 4-78a 为错误程序，C1、C2 不计数，原因是计数器的复位程序应该放在计数程序的上面，正确的程序如图 4-78b 所示。

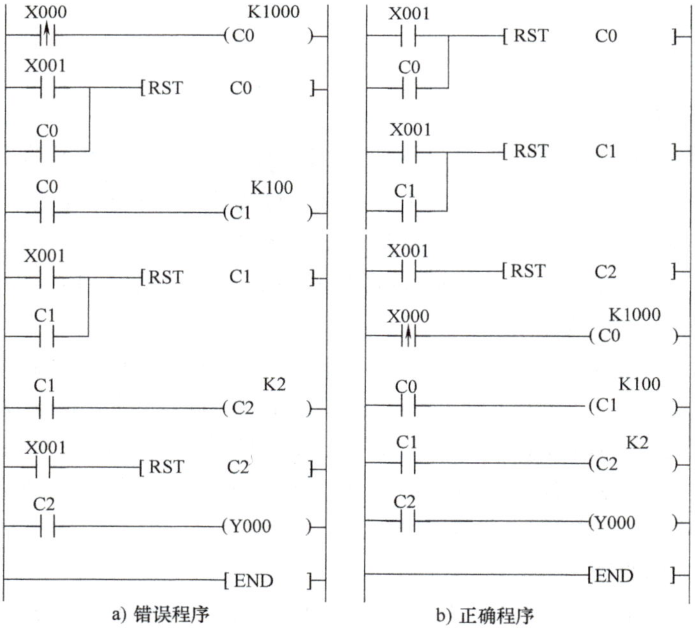

图 4-78 计数器扩展电路

图 4-78b 中，输入信号 X000 作为 C0 的计数端输入信号，它的每一个上升沿都使 C0 计数 1 次；C0 的常开触点作为计数器 C1 的计数输入信号，C0 计数到 1000 时，使计数器 C1 计数 1 次；C1 的常开触点作为计数器 C2 的计数输入信号，C1 每计数到 100 时，C2 计数 1 次。这样当 C2 累计 X000 的上升沿脉冲数到 200000（即 $1000 \times 100 \times 2$）时，Y0 才被置位。这种扩展计数范围的方法也形象地称为接力计数法。

使用时应注意，计数器复位端要保证各计数器能准确及时复位。图 4-78b 中，X001 为外置公共复位信号。C0 计数到 1000 时，在使计数器 C1 计数 1 次之后的下一个扫描周期，它的常开触点使自己复位；同理，C1 计数到 100 时，在使计数器 C2 计数 1 次之后的下一个扫描周期，它的常开触点使自己复位。

【例 4-2】 如图 4-79 所示报警器，要求当条件 X001 = ON 满足时蜂鸣器鸣叫，同时，报警灯连续闪烁 16 次，每次亮 2s，熄灭 3s，此后，停止声光报警。请设计控制程序。

图 4-79　报警器实物

（1）分析控制要求，分配 PLC 的输入点和输出点　报警灯开始工作的条件可以是按钮，也可以是行程开关或接近开关等来自现场的信号，现假定是行程开关。蜂鸣器和报警灯分别占有一个输出点。报警灯亮、暗闪烁，可以采用两个定时器分别控制亮和暗的时间，而闪烁的次数则由计数器控制。

PLC 的输入点和输出点见表 4-23。

表 4-23　输入/输出地址表

输　入　信　号			输　出　信　号		
元件代号	作用	输入继电器	元件代号	作用	输出继电器
SQ	行程开关	X001	HA	报警蜂鸣器	Y001
			HL	报警灯	Y002

（2）接线图　PLC 控制报警器接线图如图 4-80 所示。

（3）设计梯形图

1）起动和停止控制程序设计。

起动和停止控制程序的梯形图如图 4-81 所示。起动信号为 X001，当碰到 SQ 时，X001

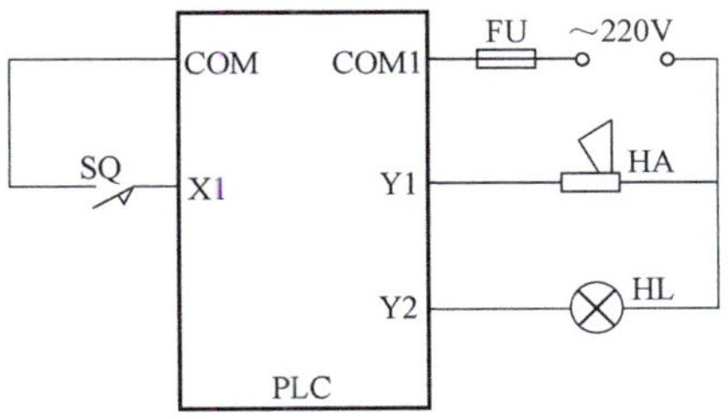

图 4-80　PLC 控制报警器接线图

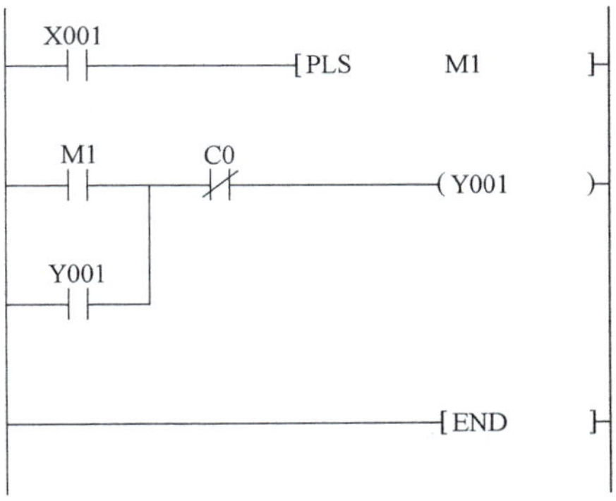

图 4-81　报警器起动和停止程序

常开触点闭合，利用脉冲微分指令 PLS 产生一个脉冲信号，使输出继电器 Y001 线圈得电并自锁，Y001 产生的输出信号，使蜂鸣器鸣叫。停止信号是计数器的常闭触点，当报警灯闪烁 16 次后，计数器的常闭触点断开，使 Y001 线圈失电，Y001 的触点复位，报警电路停止报警。

2）声光报警控制程序设计。

如图 4-82a 所示，报警灯在蜂鸣器鸣叫的同时闪烁，所以采用 Y001 的常开触点控制报警灯闪烁。采用定时器 T0 控制报警灯亮的时间，定时器 T1 控制报警灯的熄灭时间。当 Y001 常开触点闭合时，Y002 线圈与 T0 线圈同时得电。Y002 线圈得电后，Y002 产生的输出信号使报警灯亮。T0 线圈得电后，开始计时，经 2s 延时后，T0 常闭触点断开，使 Y002 线圈失电，Y002 的触点复位，报警灯熄灭。同时，T0 常开触点闭合，使 T1 线圈得电，开始定时，经 3s 延时，T1 常闭触点断开，使 T0 线圈失电，T0 常开触点瞬间断开，T1 线圈也随之失电，T1 常闭触点闭合，定时器 T1 的触点只动作了一个扫描周期。当 T1 常闭触点闭合后，Y002 和 T0 线圈又得电，重复以上动作。该段程序的时序图如图 4-82b 所示。

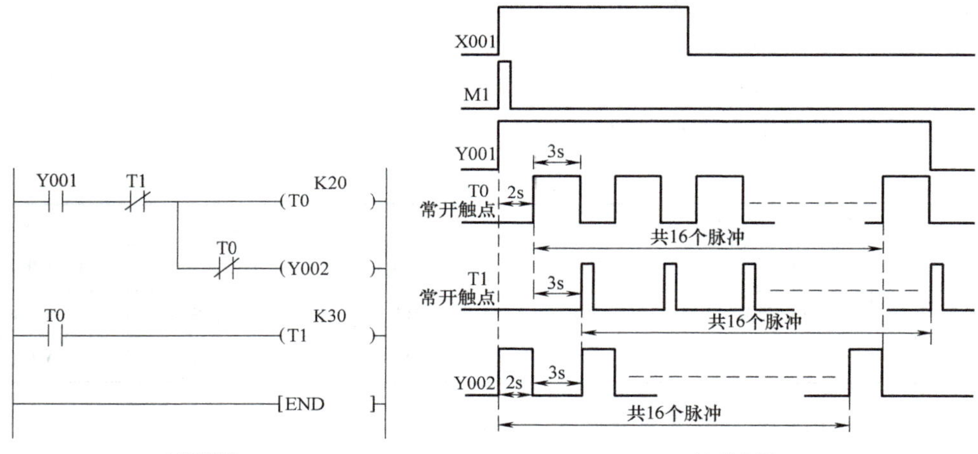

a) 梯形图　　b) 时序图

图 4-82　报警灯闪烁控制程序

由时序图可以看到，Y002 常开触点接通时间为 2s，断开时间为 3s，是一个连续脉冲信号，而且 Y002 常开触点接通和断开的时间可分别由 T0 和 T1 的常数设定值改变，可以改变 Y002 常开触点闭合的时间。这一段程序也可以作为基本控制程序，在日后编程中使用。

3）报警灯闪烁次数控制程序设计。

采用计数器 C0 进行闪烁次数的控制。这时，要考虑计数输入信号和计数器复位信号两个方面。

由图 4-82b 所示的时序图可看到，Y002 产生的脉冲信号下降沿正好是 T0 脉冲的上升沿。当 Y002 第 16 个脉冲结束，即报警闪烁 16 次后，T0 正好产生第 16 个脉冲，将 T0 触点的动作作为计数输入信号。这样，当计数器累计到第 16 个脉冲时，计数器 C0 线圈得电，C0 常闭触点断开，报警器停止工作。

计数器 C0 的复位信号，可以采用 C0 常开触点。当计数器 C0 线圈得电，C0 常开触点闭合时，RST　C0 指令执行，使 C0 复位。但这时 C0 常开触点应并联 M8012 常开触点，在 PLC 开机时，对 C0 进行清零。也可以采用 Y001 的常闭触点，当蜂鸣器鸣叫时，Y001 常闭触点是断开的，RST C0 指令不执行，说明计数器 C0 正在计数，当累计到 16 个脉冲时，则 C0 常闭触点断开，Y001 线圈失电，Y001 常闭触点恢复闭合，RST C0 指令执行，计数器 C0 被复位，为报警器下次工作做好准备。

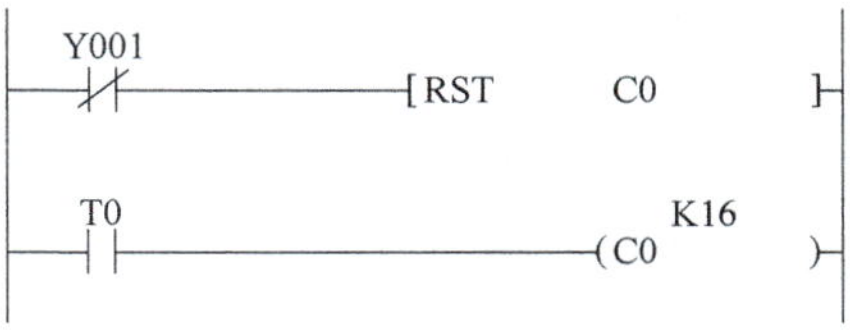

图 4-83　报警灯闪烁次数控制程序

报警灯闪烁次数控制程序如图 4-83 所示。

4）将以上各段程序合并成完整的程序，如图 4-84 所示。

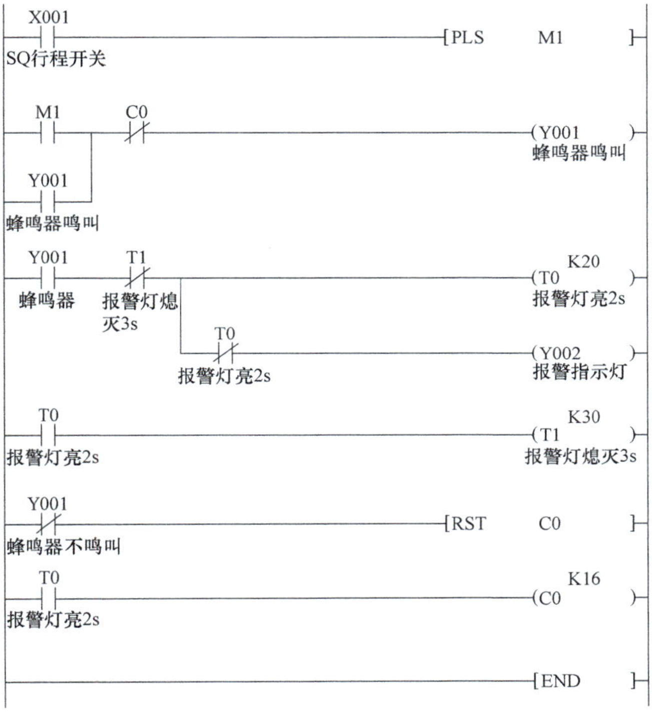

图 4-84　PLC 控制报警器程序

试一试

用计数器实现单按钮控制电动机起停。

任务实施

实施本任务所使用的工具、仪表及器材可参考表 4-24。

一、分析控制要求，分配 PLC 输入点和输出点

工作台前进与后退是通过电动机正反转来控制的，所以完成这一动作只要用电动机正反

表 4-24　工具、仪表及器材

类别	序号	名　称	型号与规格	单位	数量	备注
工具	1	电工常用工具	测电笔、螺钉旋具、尖嘴钳、斜口钳、剥线钳、电工刀等	套	1	
仪表	2	万用表	MF47	块	1	
	3	兆欧表	500V，0～200MΩ	只	1	
	4	钳形电流表	0～50A	只	1	
器材	5	编程计算机	装有编程软件 GX Developer Ver. 8	台	1	
	6	通信电缆	FX-422CAB-150 型 RS-422 缆线	条	1	
	7	可编程序控制器	FX_{2N}-48MR	台	1	
	8	导轨	C45	m	0.3	
	9	空气断路器	Multi9 C65N D20	只	1	三极
	10	空气断路器	Multi9 C65N D20	只	2	单极
	11	熔断器 FU1	RL1—60/25，380V，60A，配熔体 25A	只	3	
	12	熔断器 FU2	RL1—15/2，380V，15A，配熔体 2A	只	1	
	13	接触器 KM	CJT1—20，20A，线圈电压 220V	只	2	
	14	热继电器 FR	JR36—20，热元件 16A，整定电流 10～16A	只	1	
	15	按钮 SB	LA4—2H	只	1	
	16	行程开关	YBLX19—222	只	4	
	17	接线端子排 XT	D—20	20	1	
	18	控制盘	600mm×900mm	块	1	
	19	电动机 M	Y112M—4，4kW，380V，8.8A，△联结	台	1	

转控制基本程序即可。工作台在两端各停留 5s 后再返回，所以要使用定时器进行时间控制。

工作台的工作方式有点动控制和自动连续控制两种方式，可以采用程序（软件的方法）实现两种运行方式的转换，也可以采用控制开关 SA1（即硬件的方法）来选择。设控制开关 SA1 闭合时，工作台工作在点动控制状态；SA1 断开时，工作台工作在自动连续控制状态。

工作台有单次循环与多次循环两种工作状态，也可以采用控制开关来选择。设控制开关 SA2 闭合时，工作台实现单次循环工作；SA2 断开时，工作台实现多次循环工作。多次循环工作需要限定循环次数，所以要选择计数器进行控制。

输入/输出地址表见表 4-25。

二、绘制并安装 PLC 控制电路

根据输入/输出地址表绘制机床工作台自动往返循环 PLC 控制电路，如图 4-85 所示。请自行绘制实际接线图。安装 PLC 控制电路时，接触器 KM1、KM2 线圈暂时先不接到 PLC 输出端 Y0、Y1，待梯形图程序的模拟调试通过后再连接。

表 4-25　输入/输出地址表

输入			输出		
元件代号	作用	输入继电器	元件代号	作用	输出继电器
SA1	点动/自动选择开关	X000	KM1	接触器(控制正转/前进)	Y000
SB1	停止按钮	X001	KM2	接触器(控制反转/后退)	Y001
SB2	正转起动按钮	X002			
SB3	反转起动按钮	X003			
SA2	单次循环/多次循环选择开关	X004			
SQ1	右行程限位	X005			
SQ2	左行程限位	X006			
SQ3	右行程终端保护	X007			
SQ4	左行程终端保护	X010			

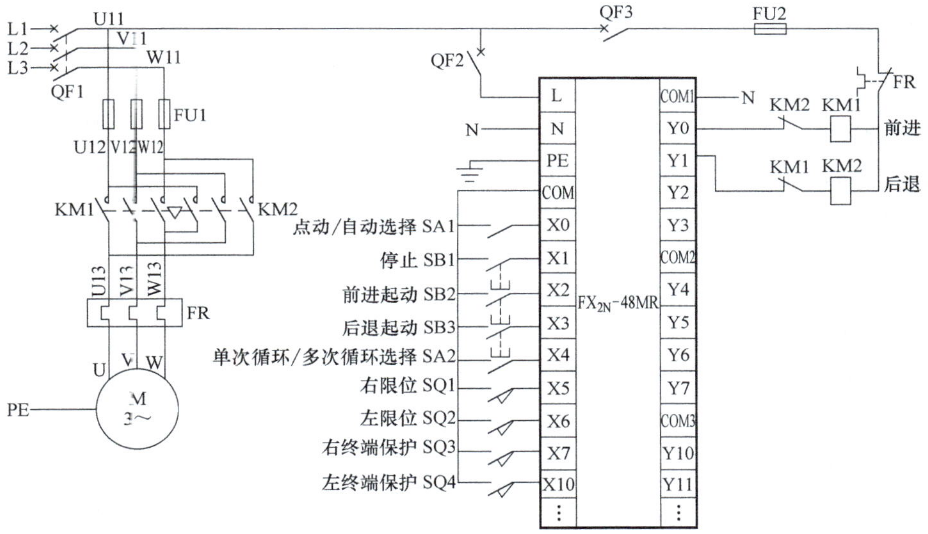

图 4-85　机床工作台自动往返循环 PLC 控制电路

三、设计梯形图程序

对于生产工艺要求比较简单的 PLC 控制系统，在进行 PLC 程序设计时，一般采用经验设计法设计，而在经验设计法中用得最多的方法则是功能添加法。所谓功能添加法，就是在一个基本控制环节的程序基础上逐步添加功能，而每添加一种功能，原控制程序的基本功能保持不变。随着功能的不断添加，使程序设计逐步达到生产工艺要求且比较完善和合理。功能添加法是对 PLC 控制系统进行 PLC 控制程序设计的一种非常实用而有效的基本方法，下面利用功能添加法设计本任务的 PLC 控制梯形图程序。

1. 根据控制对象，设计基本控制环节的程序

本任务的控制对象是工作台，其工作方式有前进和后退。电动机正转时，通时丝杠使工作台前进；电动机反转时，通过丝杠使工作台后退。因此，工作台自动往返循环 PLC 控制是建立在三相异步电动机正反转控制的基础上的，即基本控制环节的程序应该是电动机正反转的控制程序，如图 4-86 所示。

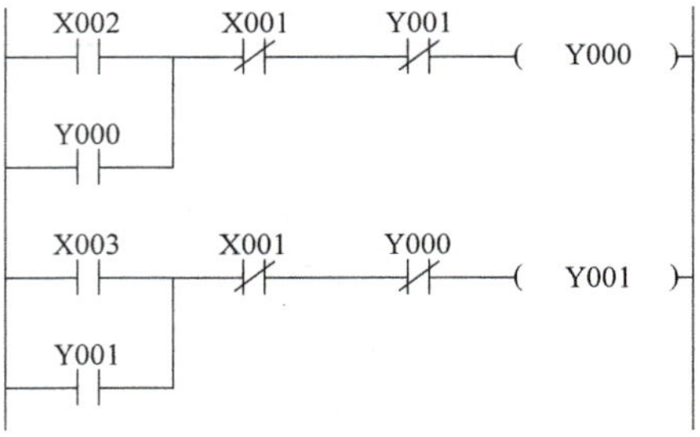

图 4-86 基本控制环节的梯形图程序

2. 添加自动往返功能

在图 4-86 所示基本控制环节的程序中，可以通过人工分别按下前进起动按钮 SB2（X002）和后退起动按钮 SB3（X003）来控制工作台两点往返循环，但这样会相当繁琐，不但增加了劳动强度，还影响工作台往返运行的准确性。现在生产工艺要求工作台自动来回往返运动，如何实现呢？只要在两端点分别加两个位置检测装置，问题就解决了。假设在两端点分别安装的位置检测装置是行程开关，而每个行程开关至少有一对常开和常闭触点，把这些触点添加到控制程序中，就得到了能控制工作台自动往返运动的控制程序，如图 4-87 所示。

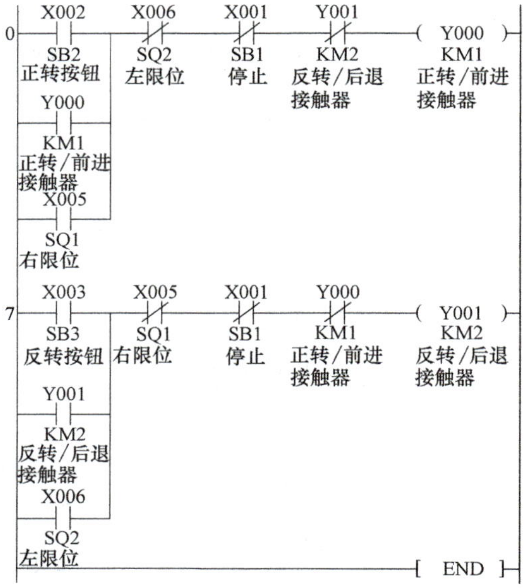

图 4-87 添加了自动往返功能的梯形图程序

其中，SQ1（X005）和 SQ2（X006）表示两端点安装的行程开关。工作台前进中撞块压合左行程开关 SQ2 后，SQ2 动作，X006 常闭触点应先断开 Y000 线圈，KM1 线圈断电，电动机停转使工作台停止前进，然后 X006 常开触点再接通 Y001 线圈，KM2 线圈通电，电动机反转起动使工作台后退，完成工作台由前进转为后退的动作。同样道理，撞块压合右行程开关 SQ1 后，工作台完成由后退转为前进的动作。

由图 4-87 所示程序可知，虽然在程序中添加了行程开关的触点，但电动机始终保持正反转运行的不变状态，满足“功能添加法”设计的原则。

3. 添加“点动/自动”选择功能

当要实现点动控制功能时，同样采用“功能添加法”。根据点动控制的概念可知，如果解除自锁功能，就能实现点动控制。例如，利用开关 SA1 来实现点动控制与自动控制的选择，设 SA1 闭合时，实现工作台点动往返控制；反之，实现工作台自动往返控制。因此，只要在图 4-87 所示程序中的正反转自锁回路里添加串入实现点动和自锁的切换开关 SA1（X000）即可，梯形图程序如图 4-88 所示。

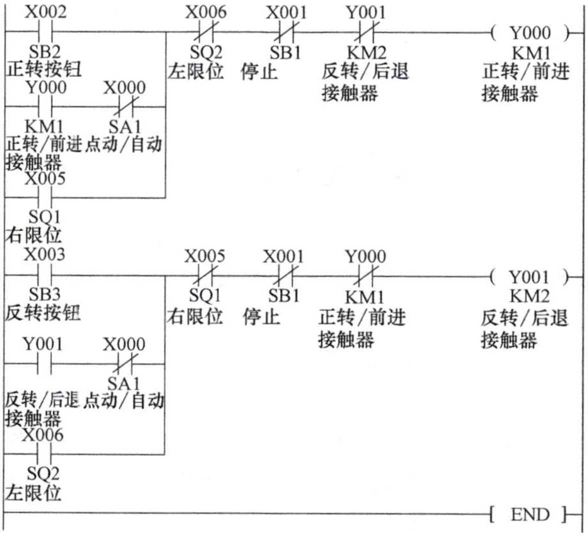

图 4-88 添加了点动功能的梯形图程序

图 4-88 中，利用 X000 常闭触点分别与实现自锁控制的 Y000、Y001 常开触点串联，实现点动与自动控制的选择。SA1 闭合时，输入继电器 X000 线圈得电，则 X000 常闭触点断开，使 Y000、Y001 失去自锁作用，实现了点动控制。SA1 断开时，输入继电器 X000 线圈断电，则 X000 常闭触点恢复闭合，使 Y000、Y001 保持自锁功能，实现了自动控制。

4. 添加单次循环控制功能

单次循环工作方式是指按下起动按钮后，工作台由原位向左前进，当撞块压合左行程开关 SQ2 后工作台由前进转为后退，后退到原位后撞块压合右行程开关 SQ1 后，使工作台停在原位。分析图 4-88 所示梯形图程序可知，如果撞块压合右行程开关 SQ1，则 X005 常闭触点断开，使 Y001 线圈失电，工作台停止后退。而 X005 常开触点闭合后，只要不使 Y000 线圈得电，工作台就不会前进，这样便实现了单次循环控制。

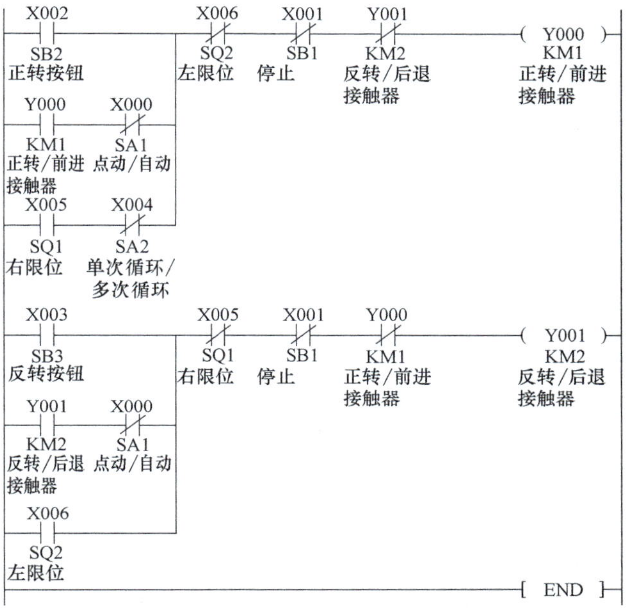

图 4-89　添加了单次循环功能的梯形图程序

利用开关 SA2 实现单次/多次循环控制的选择，设 SA2 闭合时，实现单次循环控制；反之，实现多次循环控制。因此，只要在图 4-88 所示程序中实现工作台由后退自动转换为前进控制的 X005 常开触点支路里添加串入实现单次/多次循环控制的切换开关 SA2（X004）即可，梯形图程序如图 4-89 所示。

图 4-89 中，当 SA2 闭合时，输入继电器 X004 线圈得电，X004 常闭触点断开，与 X004 常闭触点串联的 X005 常开触点失去作用，即在 X005 常开触点闭合后，Y000 线圈不能再得电，工作台不能再前进，实现了单次循环控制。

5. 添加循环计数控制功能

工作台由前进变为后退并使撞块压合右行程开关 SQ1 后，为一次工作循环。要求工作台循环 3 次后，自动停在原位，可由计数器 C0 累计工作台循环次数，梯形图程序如图 4-90 所示。

图 4-90 中，计数器的计数输入信号由 X005（SQ1）提供，计数复位信号由 X002（前进起动按钮 SB2）提供，即按下 SB2 时 X002 常开触点闭合，系统起动，同时计数器 C0 清零，为循环次数计数做准备。SQ1 被压合 3 次，X005 便通断 3 次，则 C0 就有 3 个计数脉冲输入，达到设定值 3，C0 常闭触点断开，使 Y000 线圈不可能得电，工作台停在原位，实现了 3 次循环控制。

6. 添加“工作台在两端停留 5s 后再返回”控制功能

图 4-90 所示的电路原理虽然正确，但还不能投入实际运行，原因是任何一个物体都有惯性，当工作台从右端点运动到左端点时，撞块压动左行程开关 SQ2，KM1 线圈会立即失

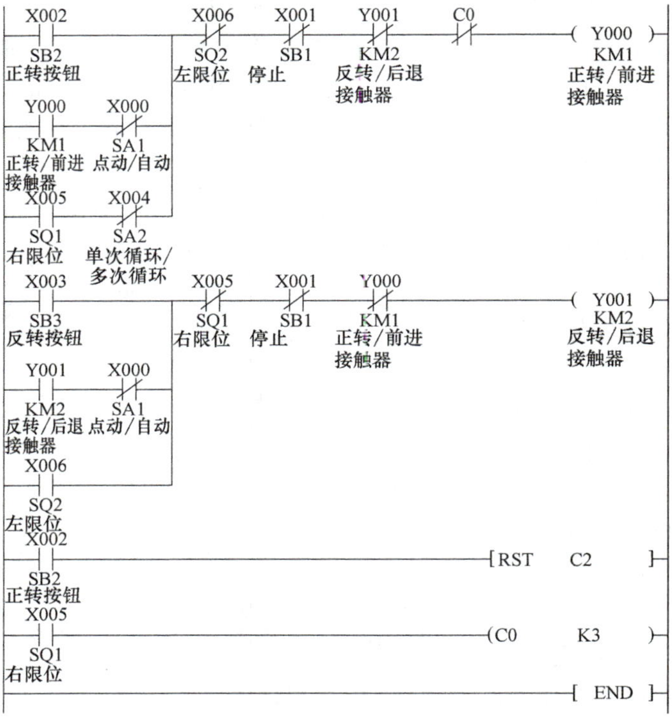

图 4-90 添加了循环计数功能的梯形图程序

电而 KM2 线圈会立即得电，电动机 M 要反转。但由于电动机依靠惯性的作用还在正转，这就导致电动机 M 反向时定子、转子间的相对速度（即反转的定子旋转磁场转速与正转的转子转速）过大而产生过电流。同理，当工作台从左端点运动到右端点时，电动机 M 要由反转变为正转，也会产生过电流。为此，还应利用 PLC 的定时器，设计出推迟一个接触器线圈断电时另一个接触器线圈的得电时间。这样，经过一段时间的延时（例如 5s）后，另一个接触器线圈才能得电，以避免发生立即反向电流而造成电动机损坏的事故。

图 4-90 所示梯形图程序是通过工作台前进、后退过程中使撞块压合左、右行程开关 SQ2、SQ1 自动往返工作的，现在要求工作台在两端各停留 5s 后再返回，只要利用两个定时器（例如 T0、T1）控制即可。另外，工作台自动往返控制，必须设置终端保护，以提高其安全性能，使控制系统更趋完善。因此，增加 SQ3、SQ4 分别为后退和前进方向的终端保护限位开关。最后得到完整的机床工作台自动往返循环 PLC 控制程序，如图 4-91 所示。

图 4-91 中，当撞块压动左行程开关 SQ4 时，X010 常闭触点断开，Y000 线圈失电，工作台停止前进，实现了前进终端限位保护。同样道理，压合撞块压动右行程开关 SQ3 可实现后退终端限位保护。这样，按照上述步骤通过逐步添加功能，就设计出了达到生产工艺要求且比较完善和合理的 PLC 控制程序。

由本任务梯形图设计过程，可总结出功能添加法设计梯形图的一般规律：先根据控制要求设计基本控制程序；然后再逐步添加所需的各个控制功能以补充完善程序，使其能完全满足控制要求；最后，设置必要的保护功能程序。采用“功能添加法”设计梯形图时，关键是找到设计的基本控制环节的程序，然后在基本控制环节程序的基础上不断地添加所需的功

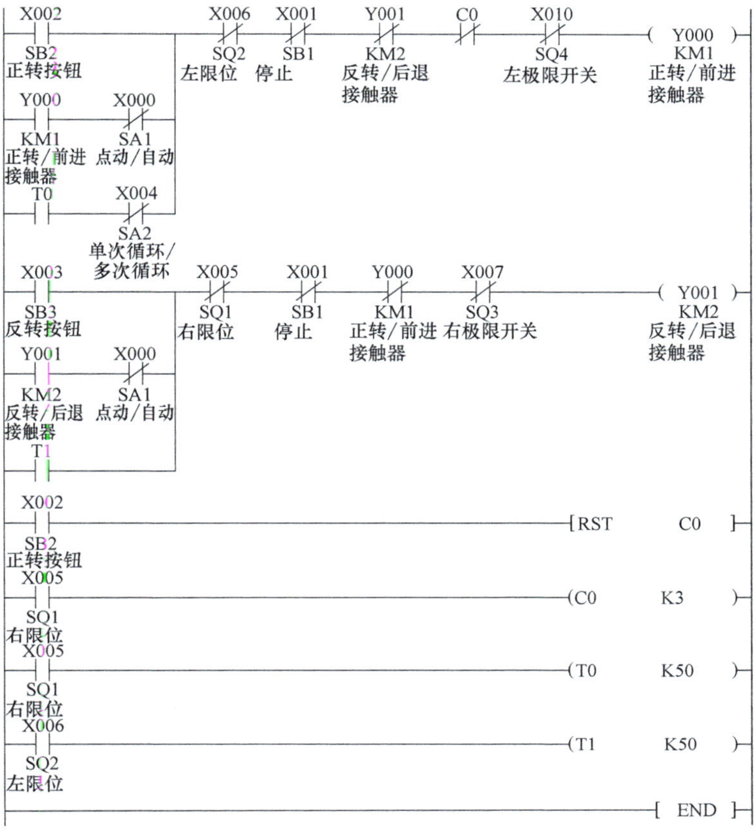

图 4-91　机床工作台自动往返循环 PLC 控制程序

能，但前提条件是必须保证添加功能后基本控制环节的程序功能保持不变。如本任务设计中，无论怎样添加功能，始终保证电动机正反转的这一基本控制功能不变。

从本任务梯形图设计过程还可看出，作为经验设计法之一的功能添加法，在设计梯形图程序的每一步，都要依靠平时所积累的程序设计经验来设计程序，但因为继电-接触器控制电路的一些设计经验能为梯形图程序设计所借鉴，所以，如果对继电-接触器控制电路的设计有一定的基础，这种方法就比较容易掌握。另外值得注意的是，用这种方法进行梯形图程序设计时，必须考虑到 PLC 的工作方式和画梯形图的基本规则。

小提示

功能添加法是一种设计 PLC 控制系统的实用而有效的方法，与其他设计方法相比，该方法简便、灵活、直观且易于掌握，但是对于生产工艺比较复杂的控制系统，则不适合采用此方法设计。

四、PLC 程序仿真运行

按照前面任务所介绍的“软元件测试法”或“继电器内存监视法”进行仿真运行。

五、模拟调试

按照模拟调试的方法和步骤进行梯形图程序的模拟调试。

六、联机调试

梯形图程序模拟调试成功后，接上实际的负载，按照表 4-26 进行联机调试和记录。

表 4-26　联机调试记录表

操作步骤	操作内容	观察内容	观察结果
1	RUN/STOP 转换开关拨在 STOP 位置，合上电源开关 QF1、QF2 和 QF3	RUN 指示灯状态	
2	RUN/STOP 转换开关拨在 RUN 位置		
3	按下前进起动按钮 SB2	I/O 指示灯、接触器 KM1、KM2 及电动机运行情况	
4	手动压合左端行程开关 SQ2		
5	手动压合右端行程开关 SQ1		
6	重复第 4、5 步骤，直至计数器 C0 当前值为 3		
7	按下停止按钮 SB1		
8	闭合单次/多次循环控制选择开关 SA2，重复第 3、4、5、7 步骤		
9	闭合单次/多次循环选择开关 SA2，且闭合点动/自动选择开关 SA1		
10	重复第 3、4、5、7 步骤		
11	断开单次/多次循环选择开关 SA2，且闭合点动/自动选择开关 SA1		
12	重复第 3、4、5、7 步骤		
13	RUN/STOP 转换开关拨在 STOP 位置	RUN 指示灯状态	
⚠	调试完毕，关断电源开关 QF1、QF2 和 QF3		

任务评价

机床工作台自动往返循环 PLC 控制电路的设计、安装和调试任务评价参见表 4-8。

任务拓展

计数器的拓展应用程序

1. 用 M8014 和计数器配合实现 1h 定时程序

用 M8014 和计数器配合实现 1h 定时控制程序如图 4-92 所示。

2. 用定时器和计数器实现 1h 定时控制程序

用定时器和计数器实现 1h 定时控制程序如图 4-93 所示。

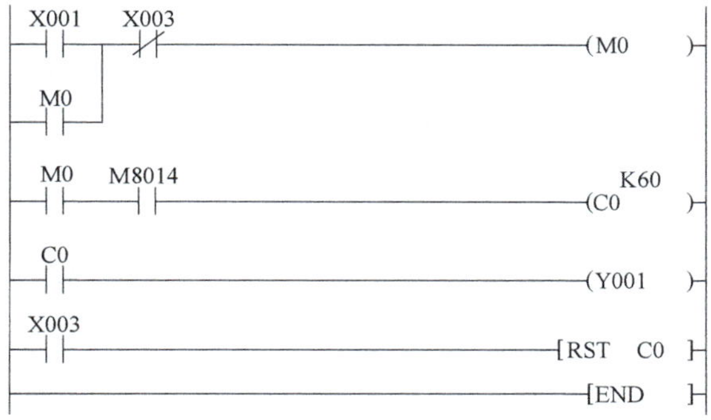

图 4-92　用 M8014 和计数器配合实现 1h 定时控制程序

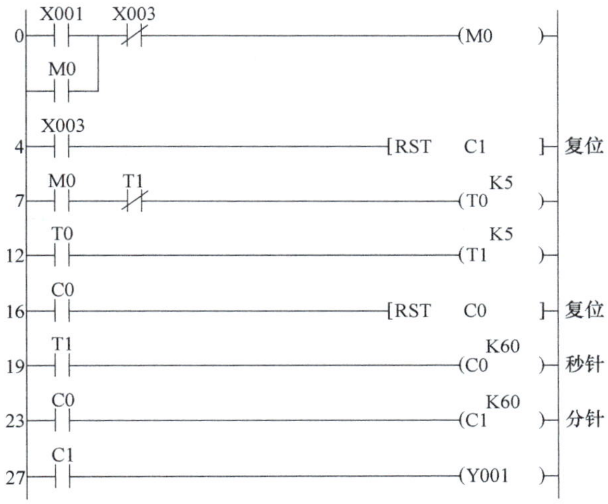

图 4-93　用定时器和计数器实现 1h 定时控制程序

课后测评

一、填空题

1. 计数器当前值达到设定值时，其常开触点________，常闭触点________。

2. LDP、ANDP、ORP 指令使指定的位软元件________时接通一个扫描周期，而 LDF、ANDF、ORF 指令使指定的位软元件________时接通一个扫描周期。

3. 使用 PLS 指令时，仅在驱动输入 ON 后，软元件 Y、M 线圈________________。

4. 使用 PLF 指令时，仅在驱动输入 OFF 后，软元件 Y、M 线圈________________。

二、单项选择题（请把正确答案的字母填入括号中）

1. PLC 的计数器是（　　）。

A. 硬件实现的计数继电器　　B. 一种输入模块

C. 一种定时时钟继电器　　D. 软件实现的计数单元

2. 无法由 PLC 的软元件代替的是（　　）。

A. 热保护继电器　　B. 定时器　　C. 中间继电器　　D. 计数器

3. PLC 中微分指令 PLS 的表现形式是（　　）。

A. 仅输入信号的上升沿有效　　B. 仅输入信号的下降沿有效

C. 仅输出信号的上升沿有效　　D. 仅高电平有效

三、多项选择题（请将正确答案的字母填入括号内）

1. 属于八进制编址的元件有（　　）。

A. X　B. Y　C. M　D. T　E. C

2. 属于十进制编址的元件有（　　）。

A. X　B. Y　C. M　D. T　E. C

3. 具有设定值的元件有（　　）。

A. X　B. Y　C. M　D. T　E. C

四、问答题

1. 脉冲检测指令与普通的常开触点有何区别？

2. 什么是功能添加法？运用功能添加法的原则是什么？

五、编程题

1. 根据如图 4-94 所示梯形图画出图中各继电器的时序图。

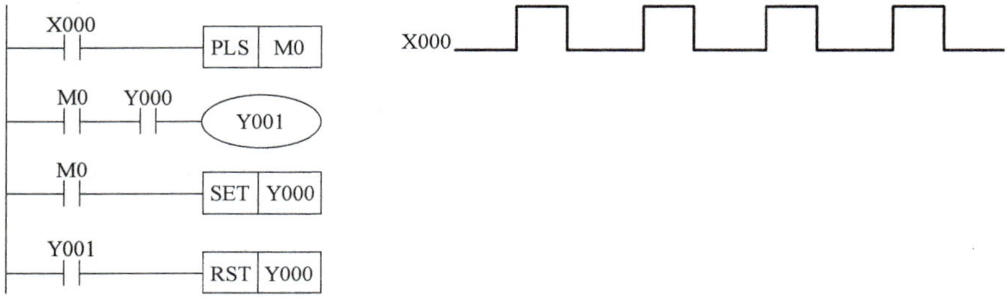

图 4-94　梯形图

2. 用 M8014 和计数器配合实现 24h 定时控制程序。

3. 用定时器和计数器实现 25000h 定时控制程序。

4. 图 4-95 所示为运料小车工作示意图，要求使用 PLC 设计运料小车控制系统。

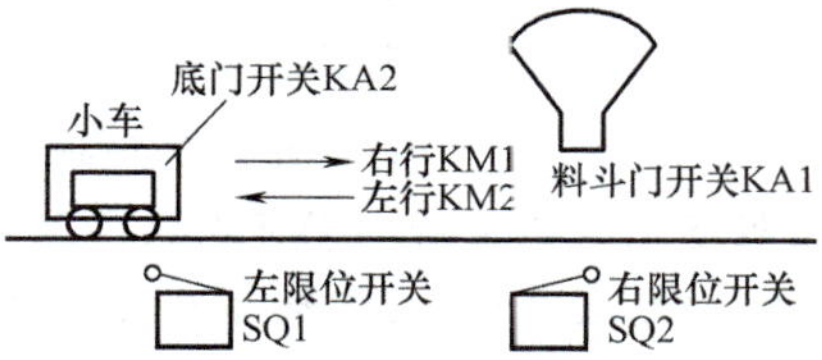

图 4-95　运料小车工作示意图

控制要求：小车原位在左终端，当小车压下左限位开关 SQ1 时，按下起动按钮 SB，小车右行前进；当运行至料斗下方时，右限位开关 SQ2 动作，此时打开料斗门给小车加料；加料延时 7s 后关闭料斗门，小车左行后退，回到左终端压下左限位开关时，打开小车底门卸料；卸料 5s 后结束，完成一次动作，如此循环 3 次后系统自动停止。

任务四　应用 PLC 改造 CA6140 型车床电气控制系统

学习目标

1. 掌握 PLC 改造普通机床的原则。
2. 掌握 PLC 改造普通机床的工艺步骤。
3. 能综合调试普通机床 PLC 控制硬件和软件系统。
4. 能应用 PLC 改造 CA6140 型车床电气控制系统，并完成安装和调试。

任务描述

机床在运行过程中，其电气设备受到许多不利因素的影响，如机械振动、触点烧蚀或高温、潮湿的环境因素，加上继电-接触器控制系统属于硬件接线逻辑，接点较多，致使继电-接触器控制系统难免出现这样或那样的电气故障而影响机床的正常运行。由于 PLC 控制系统的接点少，加上 PLC 本身软硬件的抗干扰能力较强，所以故障率很低。据统计，PLC 控制系统的故障率只有继电-接触器控制系统故障率的 5%。因此，将传统机床的继电-接触器控制系统升级改造为 PLC 控制系统，不但可以继续发挥老设备的作用，而且大大减轻了设备电气维修的工作量。

图 4-96 所示为 CA6140 型卧式车床电气控制图。卧式车床在机加工生产中使用极为广

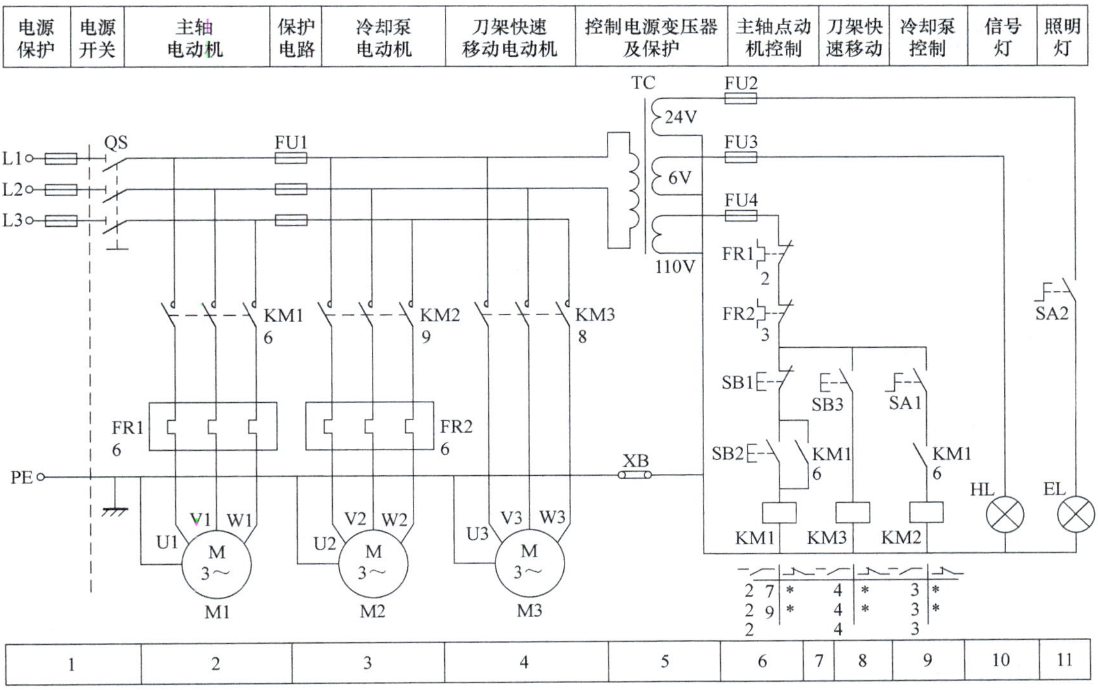

图 4-96　CA6140 型卧式车床电气控制图

泛，可以加工外圆、内圆、端面、圆锥面、切断及内外螺纹等。

本任务要求应用 PLC 升级改造原 CA6140 型卧式车床的继电-接触器控制系统，并完成安装和调试。

控制要求如下：

1）接通电源开关 QS，信号灯 HL 亮；接通开关 SA2，照明灯 EL 亮。

2）主轴电动机起动/停止控制。按下起动按钮 SB2，主轴电动机 M1 通电起动；按下停止按钮 SB1，主轴电动机 M1 停止。

3）冷却泵电动机起动/停止控制。主轴电动机 M1 通电起动后接通开关 SA1，冷却泵电动机 M2 通电起动；断开开关 SA1，冷却泵电动机 M2 停止。

4）刀架快速移动。按下点动按钮 SB3，刀架快速移动电动机 M3 通电起动；松开点动按钮 SB3，刀架快速移动电动机 M3 停止。

5）电动机停止。运行时按下停止按钮 SB1，主轴电动机 M1、冷却泵电动机 M2 同时停止工作。

6）过载保护。若热继电器 FR1 或 FR2 因为电动机 M1 或 M2 过载动作，则电动机 M1、M2、M3 均停止。

7）用 PLC 控制方式实现上述控制功能。

通过前面几个任务的学习，联系实际，应用 PLC 改造 CA6140 型卧式车床电气控制系统等比较简单的普通机床继电-接触器控制系统，可以锻炼和提高 PLC 的综合应用能力。

应用 PLC 改造普通机床，在深入了解机床的特点和性能，熟悉机床的电气工作原理和控制要求的基础上，需要掌握应用 PLC 改造普通机床的原则以及应用 PLC 改造普通机床的工艺步骤。

知识链接

一、CA6140 型卧式车床电气控制系统

图 4-96 中，主电路电源电压为 380V，QS 是总电源开关。主电路有主轴电动机 M1、冷却泵电动机 M2 和刀架快速移动电动机 M3，分别由接触器 KM1、KM2 和 KM3 控制。热继电器 FR1、FR2 分别作 M1 和 M2 的过载保护，因 M3 工作于点动方式，所以不需要过载保护。各电动机均有熔断器作短路保护。

经控制变压器 TC 降压，控制电路的电源电压为 110V，熔断器 FU4 作短路保护。SB1/SB2 为主轴电动机停止/起动按钮，SB3 为刀架快速移动按钮，SA1 为冷却泵控制开关。

经控制变压器 TC 降压，照明电路的电源电压为 24V，熔断器 FU2 作短路保护，SA2 为照明灯控制开关，EL 为照明灯；信号灯电路的电源电压为 6V，熔断器 FU3 作短路保护，HL 为信号灯。

工作原理如下：

1）接通电源开关 QS，信号灯 HL 亮。

2）主轴电动机 M1 起动/停止控制。按下起动按钮 SB2，接触器 KM1 通电自锁，主轴电动机 M1 通电起动；按下停止按钮 SB1，主轴电动机 M1 停止。

3）冷却泵电动机 M2 起动/停止控制。接通开关 SA1，因 KM1 常开触点已接通，所以

接触器 KM2 通电，冷却泵电动机 M2 通电起动；断开开关 SA1，冷却泵电动机 M2 停止。

4）刀架快速移动。按下点动按钮 SB3，接触器 KM3 通电，刀架快速移动电动机 M3 通电起动；松开点动按钮 SB3，刀架快速移动电动机 M3 停止。

5）电动机停止。运行时按下停止按钮 SB1，主轴电动机 M1、冷却泵电动机 M2 同时停止工作。

6）过载保护。若热继电器 FR1 或 FR2 因为电动机 M1 或 M2 过载动作，则电动机 M1、M2、M3 均停止。

7）照明灯工作。接通开关 SA2，照明灯 EL 亮。

8）工作结束后，断开电源开关 QS，信号灯 HL 灭。

二、PLC 改造普通机床的原则

将普通机床继电-接触器控制系统升级改造为 PLC 控制系统时，在满足控制功能的前提下应尽量使用原有的元器件，通常按以下原则进行处理：

1）如果在升级改造中不增加新的控制功能，则主电路保持不变，主电路中的电源开关、断路器、熔断器、热继电器和电动机保留。

2）控制电路中的接触器、电磁阀等负载如果线圈额定电压为 220V 及以下，可保留。如果线圈额定电压为 380V，应更换线圈电压为 220V 及以下。

3）控制电路中的中间继电器、时间继电器、计数装置全部去除，其功能由软件实现。

4）起动按钮、停止按钮、行程开关、热继电器保留，并且仍使用原来的常开或常闭触点。

5）酌情保留原控制系统的控制变压器，妥善处理 PLC 的使用电源。三菱 FX_{2N} 系列 PLC 使用的交流电源电压范围为交流 85 ~ 264V；额定电压为交流 100 ~ 240V，额定频率为 50/60Hz。

6）对于原控制系统的一般联锁功能可以用软件联锁来实现，但对于正反转接触器之类的重要互锁，除软件互锁外，还必须具有接触器触点的硬件互锁。

7）改造完成后将 PLC 控制系统的 I/O 地址分配、电气原理图和安装接线图、元器件明细表、PLC 程序等作为资料保存，以便于今后维修和保养。

三、PLC 改造普通机床的工艺步骤

1）深入了解常用机床的特点和性能，分析常用机床的控制要求和电气工作原理。

2）根据常用机床的控制功能确定 PLC 的输入、输出元件，同时考虑 PLC 硬件的性价比选配合适的 PLC，并分配 I/O 地址。

3）硬件改造。在满足控制功能的前提下应尽量使用原有的输入和输出元件。控制电路中的中间继电器、时间继电器等全部去除，其功能由软件实现。

4）软件设计。用户程序的编写，可借鉴原有机床继电-接触器控制电路原理图加以修改完善，也可根据控制要求灵活应用各种基本指令和功能指令采取别的方法灵活进行 PLC 的程序设计，力求程序简单易读。

5）软件的模拟调试。将设计好的程序输入 PLC 后应仔细检查和验证，在实验室模拟调试，观察各输入量、输出量之间的变化关系及逻辑状态是否符合设计要求，发现问题及时

修改。

6）现场调试。进行现场调试的前提是 PLC 的外部接线一定要准确无误，反复现场调试，发现问题现场解决，如果系统调试达不到指标要求，则可对硬件和软件作调整，通常只需修改用户程序即可达到调整目的。

7）编写技术文件，包括 I/O 地址分配表、PLC 的外部接线图以及梯形图（带注释）等。

任务实施

实施本任务所使用的工具、仪表及器材可参考表 4-27。

表 4-27　工具、仪表及器材

类别	序号	名　　称	型号与规格	单位	数量	备注
工具	1	电工常用工具	测电笔、螺钉旋具、尖嘴钳、斜口钳、剥线钳、电工刀等	套	1	
仪表	2	万用表	MF47	块	1	
	3	兆欧表	500V，0～200MΩ	只	1	
	4	钳形电流表	0～50A	只	1	
器材	5	编程计算机	装有编程软件 GX Developer Ver. 8	台	1	
	6	通信电缆	FX-422CAB-150 型 RS-422 缆线	条	1	
	7	可编程序控制器	FX_{2N}-48MR	台	1	
	8	导轨	C45	m	0.3	
	9	电源开关	HZ10—10/3	只	1	
	10	电源变压器	380V/110V、24V、6V	台	1	
	11	熔断器	RT28—32	只	6	
	12	按钮	LA4—3H	只	1	
	13	旋钮开关	LAY3—01Y/2	只	2	
	14	接触器	CJX1—22/22　AC 110V	只	3	
	15	热继电器	JR36—20	只	2	
	16	信号灯	ZSD—0、6V	只	1	
	17	照明灯	JC11、24V	只	1	
	18	接线端子	D—20	只	40	
	19	控制盘	600mm×900mm	块	1	
	20	电动机 M	型号根据实训条件自定	台	3	

一、分析控制要求，分配 PLC 输入点和输出点

根据原 CA6140 型车床的控制要求及应用 PLC 改造常用机床的原则，确定以下输入、输出元件：

1. 输入元件

1）原停止按钮 SB1、起动按钮 SB2、点动按钮 SB3 以及冷却泵电动机起动/停止控制开

关 SA1 保留，分别连接 PLC 输入端子。

2）为了节省输入点数，两个热继电器的常闭触点串联后连接 PLC 的一个输入端子。

3）照明灯不受 PLC 控制，保留原电路，因此不需要另外分配 PLC 输入端子。

4）信号灯仅表示车床的通电状态，不受 PLC 控制，保留原电路，因此也不需要另外分配 PLC 输入端子。

2. 输出元件

1）原线圈电压为 AC 110V 的接触器 KM1、KM2、KM3 可以保留。

2）照明灯、信号灯不受 PLC 控制，保留原电路，因此不需要另外分配 PLC 输出端子。

按照上述设计可以确定 PLC 有 5 个输入元件和 3 个输出元件。由于是简单的开关量控制系统，选择 FX_{2N}-16MR 型 PLC 即可。本书统一使用 FX_{2N}-48MR 型 PLC 进行教学，不另外选择 FX_{2N}-16MR 型 PLC。

输入/输出地址表见表 4-28。

表 4-28　输入/输出地址表

输入			输出		
元件代号	作用	输入继电器	元件代号	作用	输出继电器
SB1	主轴停止	X000	KM1	控制 M1	Y000
SB2	主轴起动	X001	KM2	控制 M2	Y001
SB3	刀架移动	X002	KM3	控制 M3	Y002
SA1	冷却泵起动	X003			

二、绘制并安装 PLC 控制电路

根据输入/输出地址表绘制 PLC 控制电路，如图 4-97 所示。请自行绘制实际接线图，并安装接线。其中，接触器 KM1、KM2、KM3 暂时先不接到 PLC 输出端 Y0、Y1、Y2，待模拟调试程序通过后再连接。

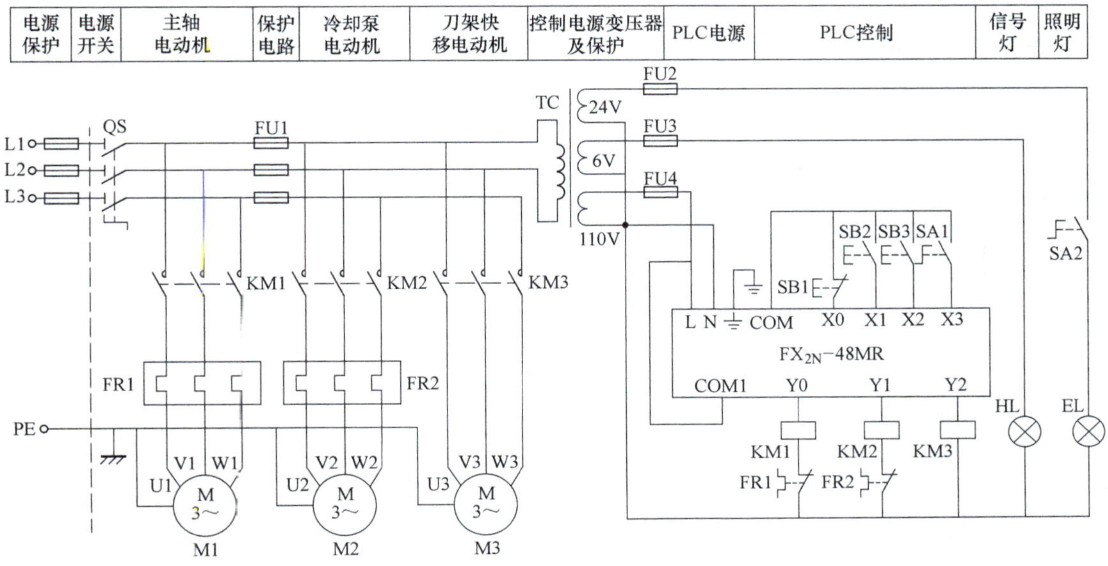

图 4-97　CA6140 型车床 PLC 控制电路

三、设计梯形图程序

CA6140 型车床 PLC 控制程序如图 4-98 所示。

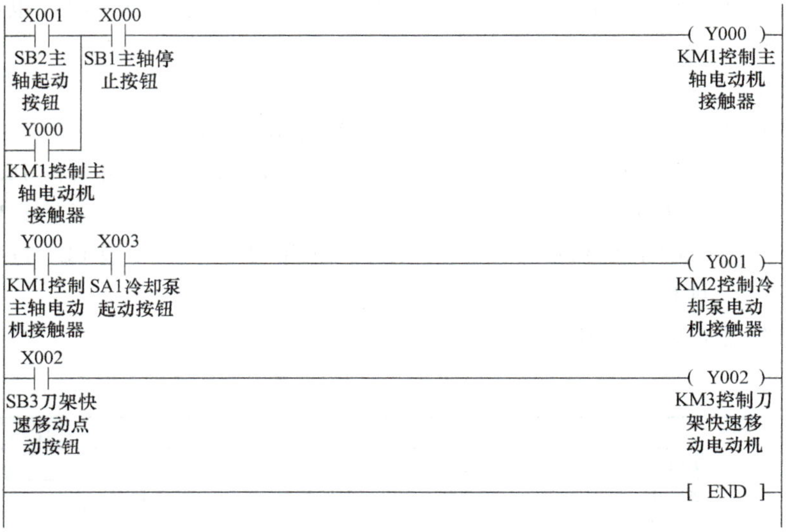

图 4-98　CA6140 型车床 PLC 控制程序

四、PLC 程序仿真运行

按照前面任务所介绍的“软元件测试法”或“继电器内存监视法”进行仿真运行。

五、模拟调试

按照模拟调试的方法和步骤进行梯形图程序的模拟调试。

六、联机调试

梯形图程序模拟调试成功后，接上实际的负载，按照表 4-29 进行联机调试和记录。

表 4-29　联机调试记录表

操作步骤	操作内容	观察内容	观察结果
1	RUN/STOP 转换开关拨在 STOP 位置，合上电源开关 QS	RUN 指示灯状态及信号灯 HL 点亮情况	
2	RUN/STOP 转换开关拨在 RUN 位置		
3	按下主轴起动按钮 SB2	I/O 指示灯、接触器 KM1、KM2 及电动机运行情况	
4	接通冷却泵开关 SA1		
5	按下主轴停止按钮 SB1		
6	按下刀架快速移动点动按钮 SB3		
7	松开刀架快速移动点动按钮 SB3		
8	按下 SB2、接通 SA1、按下 SB3		

（续）

操作步骤	操　作　内　容	观　察　内　容	观察结果
9	接通照明灯开关 SA2	照明灯 EL 点亮情况	
10	关断照明灯开关 SA2		
11	RUN/STOP 转换开关拨在 STOP 位置	RUN 指示灯状态及信号灯 HL 点亮情况	
⚠	调试完毕，关断电源开关 QS		

任务评价

PLC 改造 CA6140 型车床电气控制系统设计、安装和调试任务评价参见表 4-8。

课后测评

一、填空题

1. 将常用机床继电-接触器控制系统升级改造为 PLC 控制系统时，在满足控制功能的前提下应尽量________________。

2. 将常用机床继电-接触器控制系统升级改造为 PLC 控制系统时，如果不增加新的控制功能，则____________保持不变。

3. 将常用机床继电-接触器控制系统升级改造为 PLC 控制系统时，控制电路中的中间继电器、时间继电器、计数装置全部去除，其功能可以分别由软元件__________、__________、__________实现。

4. 将常用机床继电-接触器控制系统升级改造为 PLC 控制系统时，对于原控制系统的一般联锁功能可以用__________来实现，但对于正反转接触器之类的重要互锁，还必须具有________________。

5. PLC 的输入端或输出端接有感性元件时，应在它们两端并联____________（对于直流电路）或____________（对于交流电路），以抑制电路断开时产生的电弧对 PLC 的影响。

二、判断题（正确的打“√”，错误的打“×”）

1. PLC 控制正反转接触器时，已经采用了软件互锁，就可以不再采用接触器触点的硬件互锁。（　　）

2. 大量的工程实践表明，PLC 外部的输入、输出元件的故障率远远高于 PLC 本身的故障率。（　　）

3. 系统输出量变化不是很频繁时，一般选用继电器输出型 PLC。（　　）

4. PLC 与强电设备可以使用同一个接地装置。（　　）

三、问答题

1. 简述应用 PLC 改造普通机床的意义。

2. 简述应用 PLC 改造常用机床的原则。

3. 简述应用 PLC 改造常用机床的工艺步骤。

四、编程题

1. 应用 PLC 改造图 3-18 所示 X62W 型万能铣床电气控制电路。

2. 应用 PLC 改造图 3-34 所示 Z3050 型摇臂钻床电气控制电路。

附　录

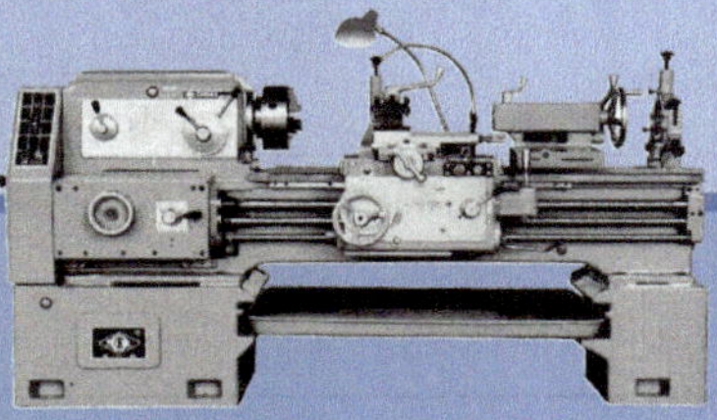

附录 A　常见电气图形符号及文字符号

类别	名称	图形符号	文字符号	类别	名称	图形符号	文字符号
熔断器	熔断器		FU	位置开关	常开触点		SQ
开关	单极开关		SA		常闭触点		SQ
	隔离开关	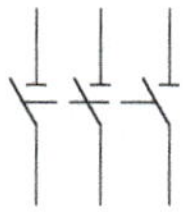	QS		复合触点		SQ
	低压断路器	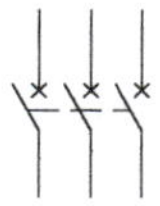	QF	按钮	常开按钮		SB
	控制器或操作开关	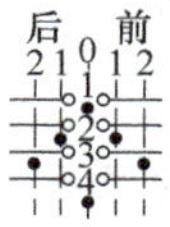	SA		常闭按钮		SB
接触器	常开主触点	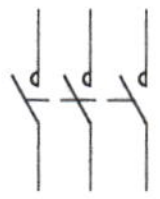	KM		复合按钮		SB
	辅助常开触点		KM		急停按钮		SB
	辅助常闭触点		KM		钥匙操作式按钮		SB

（续）

类别	名称	图形符号	文字符号
时间继电器	通电延时线圈	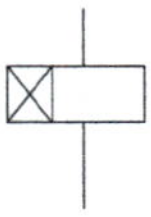	KT
	断电延时线圈	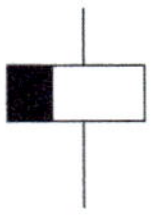	KT
	瞬时闭合的常开触点		KT
	瞬时断开的常闭触点		KT
	延时闭合的常开触点		KT
	延时断开的常闭触点		KT
	延时闭合的常闭触点		KT
	延时断开的常开触点		KT
灯	信号灯（指示灯）		HL
	照明灯		EL
热继电器	热元件	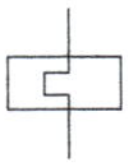	FR
	常闭触点		FR
中间继电器	线圈	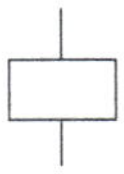	KA
	常开触点		KA
	常闭触点		KA
电动机	三相笼型异步电动机	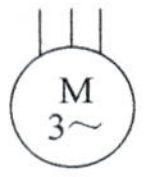	M
电磁操作器	电磁离合器	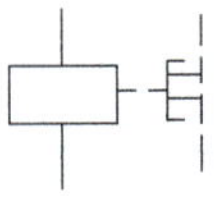	YC
	电磁阀	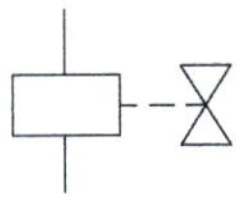	YV
变压器	单相变压器	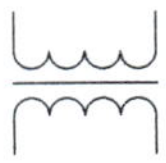	TC

附录 B 三菱 FX_{2N} 系列 PLC 基本指令一览表

助记符	名称	功能	操作数
LD	取	运算开始常开接点	X、Y、M、T、C、S
LDI	取反	运算开始常闭接点	X、Y、M、T、C、S
LDP	取上升沿脉冲	上升沿检出运算开始	X、Y、M、T、C、S
LDF	取下降沿脉冲	下降沿检出运算开始	X、Y、M、T、C、S
AND	与	串联连接常开接点	X、Y、M、T、C、S
ANI	与非	串联连接常闭接点	X、Y、M、T、C、S
ANDP	与上升沿脉冲	上升沿检出串联连接	X、Y、M、T、C、S
ANDF	与下降沿脉冲	下降沿检出串联连接	X、Y、M、T、C、S
OR	或	并联连接常开接点	X、Y、M、T、C、S
ORI	或非	并联连接常闭接点	X、Y、M、T、C、S
ORP	或上升沿脉冲	上升沿检出并联连接	X、Y、M、T、C、S
ORF	或下降沿脉冲	下降沿检出并联连接	X、Y、M、T、C、S
ANB	块与	回路块之间串联连接	
ORB	块或	回路块之间并联连接	
OUT	输出	线圈驱动指令	Y、M、T、C、S
SET	置位	线圈动作保持指令	Y、M、S
RST	复位	解除线圈动作保持指令	Y、M、S、T、C、D、V、Z
PLS	上升沿脉冲	线圈上升沿输出指令	Y、M
PLF	下降沿脉冲	线圈下降沿输出指令	Y、M
MC	主控	公共串联接点用线圈指令	Y、M
MCR	主控复位	公共串联接点解除指令	Y、M
MPS	进栈	运算存储	
MRD	读栈	存储读出	
MPP	出栈	存储读出和复位	
INV	非	运算结果取反	
NOP	空操作	无动作	
END	结束	程序结束	

参考文献

[1] 李敬梅．电力拖动控制线路与技能训练［M］．4版．北京：中国劳动社会保障出版社，2007.
[2] 谢京军．常用机床电气线路维修［M］．北京：中国劳动社会保障出版社，2012.
[3] 冯志坚．常用电力拖动控制线路安装与维修［M］．北京：机械工业出版社，2012.
[4] 王国海．可编程序控制器及其应用［M］．2版．北京：中国劳动社会保障出版社，2007.
[5] 宗慧．机床电气控制［M］．2版．北京：中国劳动社会保障出版社，2011.